高等教育城市轨道交通系列教材

城市轨道交通信号与通信概论

（修订本）

张　喜　主编
唐　涛　主审

北京交通大学出版社
·北京·

内 容 简 介

本书较全面地对城市轨道交通信号与通信系统进行了概述。内容包括：城市轨道交通信号的基础设备、联锁系统、列车自动控制（ATC）系统、列车自动防护（ATP）系统、列车自动驾驶（ATO）系统和列车自动监控（ATS）系统；城市轨道交通通信的传输系统、电话系统、无线集群调度系统、闭路电视监控系统、广播系统、时钟系统、商用通信系统和旅客向导系统等。并对每个系统的基本组成、系统功能及其控制方法进行了介绍。

本书可作为高等学校城市轨道交通相关专业教材，还可作为城市轨道交通信号与通信专业相关技术人员的参考书或培训教材。

图书在版编目（CIP）数据

城市轨道交通信号与通信概论/张喜主编．—北京：北京交通大学出版社，2011.11（2023.1 修订）
（高等教育城市轨道交通系列教材）
ISBN 978-7-5121-0793-9

Ⅰ. ①城…　Ⅱ. ①张…　Ⅲ. ①城市铁路-交通信号-信号系统-高等学校-教材
Ⅳ. ①U239.5

中国版本图书馆 CIP 数据核字（2011）第 233917 号

责任编辑：贾慧娟　陈跃琴
出版发行：北京交通大学出版社　　电话：010-51686414
　　　　　北京市海淀区高梁桥斜街 44 号　　邮编：100044
印 刷 者：北京时代华都印刷有限公司
经　　销：全国新华书店
开　　本：185×260　印张：16.5　字数：384 千字
版 印 次：2023 年 1 月第 2 次修订　2023 年 1 月第 14 次印刷
书　　号：ISBN 978-7-5121-0793-9/U・79
定　　价：46.00 元

本书如有质量问题，请向北京交通大学出版社质监组反映。对您的意见和批评，我们表示欢迎和感谢。
投诉电话：010-51686043，51686008；传真：010-62225406；E-mail：press@bjtu.edu.cn。

《高等教育城市轨道交通系列教材》

编 委 会

出版说明

为促进城市轨道交通专业教材体系的建设，满足目前城市轨道交通专业人才培养的需要，北京交通大学交通运输学院、远程与继续教育学院和北京交通大学出版社组织以北京交通大学从事轨道交通研究教学的一线老师为主体、联合其他交通院校教师，并在北京地铁公司、广州市地下铁道总公司、南京地下铁道有限责任公司、北京市轨道交通建设管理有限公司、香港地铁公司等单位有关领导和专家的大力支持下，编写了本套“高等教育城市轨道交通系列教材”。

教材编写突出实用性。本着“理论部分通俗易懂，实操部分图文并茂”的原则，侧重实际工作岗位操作技能的培养。为方便读者，本系列教材采用“立体化”教学资源建设方式，配套有教学课件、习题库、自学指导书，并将陆续配备教学光盘。本系列教材可供相关专业的全日制或在职学习的本专科学生使用，也可供从事相关工作的工程技术人员参考。

本系列教材的出版得到施仲衡院士的关注和首肯，多年从事城市轨道交通研究的毛保华教授和朱晓宁教授对本系列教材的编写给予具体指导，《都市快轨交通》杂志社的主办和协办单位专家也给予本教材多方面的帮助和支持，在此一并致谢。

本系列教材从2011年8月起陆续推出，首批包括：《城市轨道交通设备》、《列车运行计算与设计》、《城市轨道交通系统运营管理》、《城市规划》、《轨道交通需求分析》、《交通政策法规》、《城市轨道交通规划与设计》、《企业发展战略》、《城市轨道交通土建工程》、《城市轨道交通车辆概论》、《城市轨道交通牵引电气化概论》、《城市轨道交通信号与通信概论》、《城市轨道交通列车运行控制》、《城市轨道交通信息技术》、《城市轨道运营统计分析》、《城市轨道交通安全管理》、《交通运营统计分析》、《城市轨道交通客流分析》、《城市轨道交通服务质量管理》、《轨道交通客运管理》。

希望本套教材的出版对城市轨道交通的发展、对城市轨道交通专业人才的培养有所贡献。

教材编写委员会

2011年6月

总　　序

近年来，中国经济飞速发展，城市化进程逐步加快。在大城市中，地面建筑越来越密集，人口越来越多，交通量越来越大，交通拥堵对社会效益和经济效益都带来了很大影响。据统计，国内每年由于交通拥堵造成的损失将近一千多亿元。

解决交通拥堵，有各种各样的方法，其中城市轨道交通在土地利用、能源消耗、空气质量、景观质量、客运质量等方面具有一定优势，正逐步成为许多大城市交通发展战略中的骨干，并形成以地铁、城市快速铁路、高架轻轨等为主的多元化发展趋势。

我国城市轨道交通从20世纪50年代开始筹划。1965年7月，北京市开始兴建中国第一条地下铁道。经过近50年，特别是近十年的发展，截至2010年年底，我国已有13个城市拥有49条运营线路，总里程达1 425.5 km。另有16个城市，总计96条、2 000余公里的线路正在建设中。目前已发展和规划发展城市轨道交通的城市总数已经接近50个，全部规划线路超过300条，总里程超过10 000 km。

随着城市轨道交通在全国范围的迅猛发展，各地区均急需轨道交通建设、运营管理的大批技术人员和应用型人才。目前全国有近百所高等院校和高等职业院校已开设或准备开设城市轨道交通及相关专业。全国几十家相关企业也都设立自己的培训中心或培训部门。

从目前的情况看，在今后几年，城市轨道交通人才的培养应该处于大专院校的学历教育与企业、社会的能力培训相结合的状态。但现实情况是相关的教材，特别是培养应用型人才的优质教材、教学指导书的建设和出版严重不足，落后于城市轨道交通发展的需要。

2011年年初，北京交通大学远程与继续教育学院、交通运输学院、北京交通大学出版社共同筹划出版了“高等教育城市轨道交通系列教材”。这套教材的出版，恰逢其时。首先，这套教材由国内该领域学术界和企业界的知名专家执笔。他们的参与，既保证了对中国轨道交通探索与实践的传承，同时也突出了本套教材的实用性。其次，它丰富、实用的内容和多样性的课程设置，为行业内“城市轨道交通”各类人才的培养，提供了专业的、实用的教材。

祝愿中国轨道交通事业蓬勃发展，也祝愿北京交通大学出版社这套“高等教育城市轨道交通系列教材”能够为促进我国城市轨道交通又好又快地发展提供支撑！

中国工程院院士 施仲衡

2011年5月

前言

近年来，随着科学技术的进步和城市化的快速发展，世界各国的城市轨道交通都得到了迅速发展，并已成为现代化都市所必需的交通工具。我国北京、天津、上海、广州、深圳、南京、武汉、重庆、大连、长春已建成档次和规模不同的城市轨道交通系统，并继续进行扩展和延伸；成都、沈阳、青岛、西安、哈尔滨、杭州、苏州、无锡、宁波、福州、南昌、长沙、昆明、郑州等城市轨道交通也正在建设中。目前，我国的城市轨道交通出现了前所未有的建设高潮，前景十分广阔。

城市轨道交通信号与通信系统是城市轨道交通的重要基础设备，不仅技术含量高，而且具有网络化、综合化、数字化、智能化的现代化系统技术特征。为了满足我国城市轨道交通迅速发展对技术人才的迫切需求，使更多从事城市轨道交通工作的人员掌握现代化信号与通信系统的基本知识和基本技能，针对现场技术人员和相关院校城市轨道交通信号与通信专业的学生学习的需要，我们编写了本教材。

本书较全面地对城市轨道交通信号与通信系统进行了概述。全书共分十六章，内容包括：城市轨道交通基础信号设备、联锁系统、列车自动控制（ATC）系统、列车自动防护（ATP）系统、列车自动驾驶（ATO）系统和列车自动监控（ATS）系统，城市轨道交通通信的传输系统、电话系统、无线集群调度系统、闭路电视监控系统、广播系统、时钟系统、商用通信系统和旅客信息系统等。本书突出概念，注重实用，对每一系统内容从最基本的设备组成、系统功能和系统控制几个方面讲述，不过多涉及较难的技术原理分析。每章都附有复习思考题供学生自我考核，及时检查学习效果。

本书由北京交通大学张喜主编，北京交通大学唐涛主审。全书由张喜负责统稿，参加本书编写工作的还有梁英慧、姚运梅、张艳芬、于璐、胡颖、薛艳青、张帅、杨志远等。

由于本书编写时间仓促和编者水平所限，难免存在诸多错误、疏漏、不妥之处，恳望广大读者批评指正。

编者

2011 年 4 月

目　录

第5章 列车自动防护（ATP）系统

第6章 列车自动驾驶（ATO）系统

第7章 列车自动监控（ATS）系统

第8章 实用的 ATC 系统

第9章 通信传输系统

第 10 章　电话系统

第 11 章　无线调度通信系统

第 12 章　闭路电视监控系统

第 13 章　广播系统

第 14 章　时钟系统

第 15 章　商用通信系统

第 16 章　旅客信息系统

1 第1章 绪　论

本章主要对城市轨道交通信号系统和通信系统的作用、特点、系统组成，以及目前状况和今后发展进行概括性描述。

知识点

1. 城市轨道交通对通信信号的要求；
2. 城市轨道交通信号与通信系统的作用及组成；
3. 我国城市轨道交通信号与通信技术的发展。

技能目标

1. 掌握城市轨道交通信号系统对列车的指挥作用；
2. 掌握城市轨道交通信号系统各组成部分之间的联系；
3. 掌握城市轨道交通通信系统对地铁运营安全和效率的作用。

1.1 城市轨道交通对通信信号的要求

城市轨道交通（包括地下铁道和轻轨铁路）是指以轨道运输方式为主要技术特征，以城市客运公共交通为服务形式的交通运输方式，是现代化都市的重要基础设施。在城市的各种公共交通方式中，城市轨道交通具有运量大、速度快、安全可靠、污染低、受其他交通方式干扰小等特点，是改变和解决城市交通拥挤、乘车困难、行车速度下降、环境污染等城市问题的行之有效的交通方式。自1863年在英国伦敦出现世界上第一条地下铁道线路以来，城市轨道交通经历了曲折的发展历程。近年来，随着科学技术的进步和城市化的快速发展，世界各国的城市轨道交通都得到了迅速发展，已成为现代化都市所必需的交通工具。我国的北京、天津、上海、广州、深圳、南京、武汉、重庆、大连、长春已建成档次和规模不同的轨道交通并进行了扩展和延伸，成都、沈阳、青岛、西安、哈尔滨、杭州、苏州、无锡、宁波、福州、南昌、长沙、昆明、郑州等城市轨道交通也正处于建设之中。目前，我国的城市轨道交通出现了前所未有的建设高潮，前景十分广阔。

1.1.1 城市轨道交通的特点

1. 城市轨道交通有别于城市道路交通的特点

城市轨道交通具有城市道路交通无可比拟的优势，主要表现在以下几个方面。

① 运能大：地下铁道单向每小时运送能力可达30 000 ～ 70 000人次，轻轨交通在10 000 ～ 30 000人次之间，而公共汽车、电车仅为8 000人次。城市轨道交通能够充分满足现代化城市大量公交客流的需要。

② 准时速达：地下铁道列车最高时速可达到100 km/h，旅行速度可达到35 ～ 45 km/h，是最快的城市交通方式。城市轨道交通有自己的专用线路，与道路交通相隔离，不受其他交通工具的干扰，不会出现交通阻塞而延误运行时间，可保证乘客准时、迅速地到达目的地。

③ 安全可靠：城市轨道交通或于地下或高架，即使在地面也与道路交通相隔离，与其他交通工具无相互干扰，如果不遇到自然灾害或发生意外，运行安全有充分的保障。

④ 利于环境保护：城市轨道交通噪声小，污染轻，对城市环境不造成破坏。

⑤ 节省土地资源：城市轨道交通多建于地下或高架，大大减少了城市土地的占用，充分利用了城市空间，又因其为大运量集团化运输，可使乘客的交通行为人均道路占用面积进一步减小，节省了日益宝贵的土地资源。

但是城市轨道交通也存在一定的局限性，如建设费用高、周期长、难度大，线路建成后不易调整，技术含量高，运输组织复杂等；一旦遇有自然灾害尤其是火灾，乘客疏散困难，容易造成人员伤亡。

2. 城市轨道交通有别于城间铁路交通的特点

城市轨道交通虽然和城间铁路同为轨道交通，但和城间铁路有不少不同之处。

① 运营范围不同：城市轨道交通运行范围是城市市区及郊区，往往只有几十千米，不像城间铁路那样纵横数千千米，而且连接城乡。

② 运行速度不同：城市轨道交通因在城市范围内运行，站间距离短，且站站须停车，列车运行速度通常不超过 80 km/h。而城间铁路的运行速度比较高，许多线路在 120 km/h 以上，高速铁路在 300 km/h 以上。

③ 服务对象不同：城市轨道交通的服务对象单一，只有市内客运服务，不像城间铁路那样可提供客、货混运服务。

④ 路网布局结构差异：城市轨道交通大部分线路在地下或高架通行，均为双线，各线路之间一般不过线运营。正线一般采用 9 号道岔，车辆段采用 7 号道岔，这些都与城间铁路有异。另外城市轨道交通还有城间铁路没有的跨座式和悬挂式结构。

⑤ 站段构成及功能差异：城市轨道交通一般车站多为正线，多数车站也没有道岔，换乘站多为立体方式，不像城间铁路那样车站有数量不等的道岔及股道，有较复杂的咽喉区，换乘也为平面方式。城市轨道交通的车辆段不同于城间铁路的车辆段的只有车辆检修的功能，而是类似于城间铁路的区段站，要进行车辆检修、停放以及大量的列车编解、接发车和调车作业。

⑥ 车辆差异：城市轨道交通采用电动车组，没有城间铁路那样的机车和车辆的概念，也没有城间铁路那样众多类型的车辆。

⑦ 供电设施差异：城市轨道交通的供电包括牵引供电和动力照明供电。城市轨道交通均为直流电力牵引，没有电气化铁路的说法。城市轨道交通的动力、照明供电尤为重要，一旦供电中断，将陷入整体瘫痪状况。

⑧ 通信信号要求：城市轨道交通列车密度高，行车间隔短，普遍采用列车自动监控和列车自动运行的信号控制方式。城市轨道交通为了迅速、准确、可靠地传递信息，需建有自成体系的独立完整的内部通信网，还包括广播和闭路电视。

⑨ 运输组织管理差异：城市轨道交通运营条件十分单纯，除了进、出段和折返外，没有越行，没有交会，正线上一般没有调车作业，易于实现自动监控。

1.1.2 城市轨道交通对信号系统的要求

城市轨道交通，尤其是地下铁道对信号系统的要求主要有以下几方面。

① 通过能力要求：城市轨道交通一般不设站线，进站列车均停在正线上，先行列车停站时间直接影响后续列车接近车站，所以要求信号设备必须满足高密度（通过能力大）的要求。由于不设站线使列车正常运行的顺序是固定的，所以有利于实现行车调度自动化。另一方面，为满足城市轨道交通大运量运输需求，要求采用先进的信号技术尽量提高通过能力。

② 安全性要求：大运量的城市轨道交通，尤其是地下部分隧道空间小、行车密度大，

故障排除难度大，若发生事故难以救援，损失将非常严重，所以对行车安全保障要求更高，即对信号系统提出了更高的安全要求。

③ 信号显示要求：城市轨道交通地下部分背景暗，且不受天气影响，直线地段瞭望条件好，但曲线地段受隧道壁的遮挡，信号显示距离受到限制，所以高质量保证信号系统的显示也是一个重要的问题。

④ 抗干扰能力要求：城市轨道交通均为直流电力牵引，要求信号系统设备必须对其有较强的抗电气化干扰能力。

⑤ 可靠性要求：由于城市轨道交通隧道净空小，且装有带电的牵引接触轨或接触网，行车时不便下洞维修和排除设备故障，所以要求信号系统设备必须具有高可靠性，尽量做到平时不维修或少维修。

⑥自动化程度要求：城市轨道交通站间距短、列车密度大，行车工作仅依靠人工难以满足安全和高效运营的需求，所以要求尽量采用自动化程度高的先进技术设备，以减少工作人员，并减轻他们的劳动强度。

1.1.3 城市轨道交通对通信系统的要求

城市轨道交通对通信系统的要求是能迅速、准确、可靠地传递和交换各种信息。

① 行车组织要求：通信系统应能保证将各站的客流情况、工作状况、线路上各列车运行状况等信息准确、迅速地传输到控制中心。同时，将控制中心发布的调度指挥命令与控制信号及时、可靠地传送至各个车站及行进中的列车上。

② 组织管理要求：通信系统应能保证各部门之间、上下级之间保持畅通、有效、可靠的信息交流与联系。

③ 外部通信要求：通信系统应能保证本系统与外部系统之间便捷、畅通的联系。

④ 可靠性要求：通信系统主要设备、网络和软件模块应具有高可靠性，采取先进的可靠性冗余配置技术，故障时能自动切换和报警，控制中心可监测和采集各车站设备运行和检测的结果。

⑤ 多服务信息要求：包括音频服务信息、视频（CCTV 视频监控）服务信息、数字服务信息等的传递。

1.2 城市轨道交通信号系统概述

1.2.1 城市轨道交通信号系统的作用

城市轨道交通信号系统是城市轨道交通最重要的设备之一，它不仅保证列车运行的安全，防止列车追尾、正向和侧向撞车和超速等安全事故的发生，同时能够在有限的建设规模下，通过小编组、大密度，最大限度发挥线路的运输能力，提高列车速度、运输效率和服务质量，还能够通过现代化的设备大大降低工作人员的劳动强度，降低运营成本等。

1.2.2　城市轨道交通信号系统的组成

城市轨道交通信号系统已经不是传统意义上的简单的信号显示。随着通信技术、计算机技术和控制技术的飞速发展，城市轨道交通信号系统已经发展成一个具有列车自动防护（ATP）、列车自动驾驶（ATO）和列车自动监控（ATS）等功能的综合自动化系统。

城市轨道交通信号系统通常由列车运行自动控制系统（ATC）和车辆段信号控制系统两大部分组成，用于实现列车进路控制、列车间隔控制、调度指挥、信息管理、设备工况监测及维护管理等。城市轨道交通信号系统的基本组成如图1-1所示。

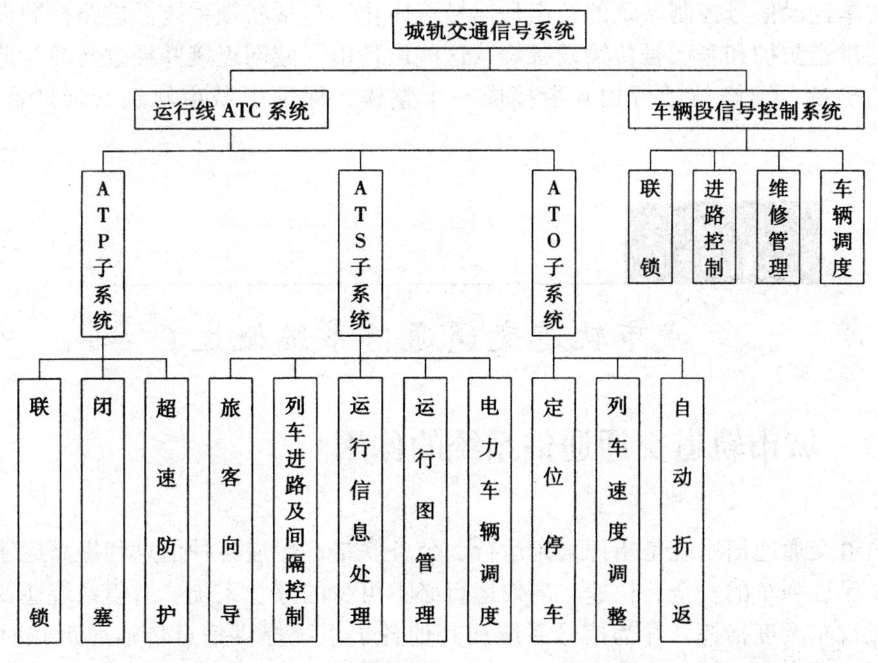

图1-1　城市轨道交通信号系统的组成

1. 列车运行自动控制系统

列车运行自动控制系统（ATC）包括列车自动防护（ATP）、列车自动驾驶（ATO）及列车自动监控（ATS）三个系统，简称“3A”。

① ATP系统的主要功能是列车的速度监控和超速防护，通过实时的测速和测距，保证列车在安全的速度下行驶，必要时给出各种信号的提醒，甚至自动启动紧急制动，同时还能对列车进行安全性停车点防护和列车车门控制，在列车不能停稳时不允许列车运

动等。

② ATO 系统的主要功能是完成站间自动运行，进行列车速度调节和进站定点停车，对车门和屏蔽门的控制，接受控制中心（OCC）的运行调度命令，实现站台扣车、站台跳停等。使用 ATO 系统，可以使列车处于一个最佳的运行状态，提高列车的正点率和乘客舒适度。

③ ATS 系统是整个城市轨道交通系统的运营核心，在 ATP、ATO 系统的支持下完成对列车状态的监督和控制，主要功能有：运行图的管理、运行调整、仿真培训、旅客向导等。

2. 车辆段信号控制系统

车辆段信号控制系统设一套联锁设备，用以实现车辆段的进路控制，并通过 ATS 车辆段分机与行车指挥中心交换信息。车辆段联锁设备前期采用 6502 电气集中联锁，近来均采用计算机联锁。

先进的车辆段信号控制系统的特点是信号一体化，包括联锁系统、进路控制设备、接近通知、终端过走防护和车次号传输设备等。这些设备由局域网连接并经过光缆与调度中心相通。列车的整备、维修与运行相互衔接成一个整体，保证了城市轨道交通的高效率和低成本。

1.3 城市轨道交通通信系统概述

1.3.1 城市轨道交通通信系统的作用

城市轨道交通通信系统是指挥列车运行、公务联络、传递各种信息和提高运输效率的重要手段，是保证列车的安全、快速、高效运行必不可少的综合系统。通信系统还要和信号系统共同完成行车调度指挥，并为信号系统和其他各子系统提供信息传输通道和时标（标准时间）信号。在发生火灾、事故等情况下，通信系统也是进行应急处理、抢险救灾的主要手段。

1.3.2 城市轨道交通通信系统的组成

城市轨道交通通信系统是保证列车安全运营的重要设备，主要由通信传输系统、电话系统、无线调度通信系统、录音系统、广播系统、闭路电视监控系统、时钟系统、旅客向导系统、商用通信系统等组成，如图 1–2 所示。

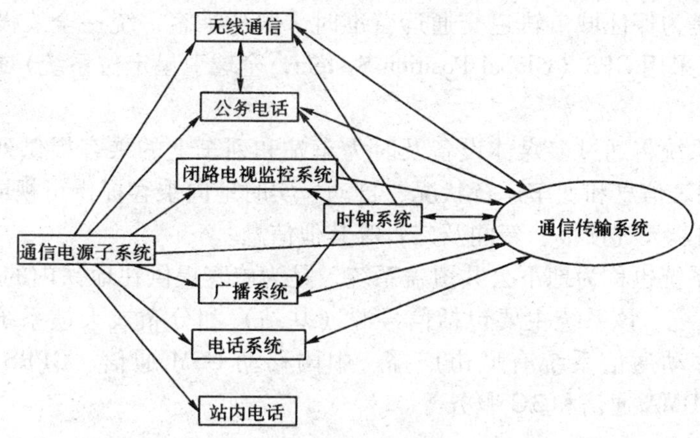

图1-2　城市轨道交通通信系统的组成

① 通信传输系统是一个能够承载音频、视频、数据等各种信息的综合业务数字通信网，是城市轨道交通通信系统的基础。城市轨道交通通信网由光纤数字传输系统、数字电话交换系统、广播系统、闭路电视监控系统、无线通信系统等组成。这些系统通过电缆、光缆、漏泄电缆和空间电磁波等传输媒介，在控制中心与各车站、列车之间构成多个互相关联、互相补充的业务信息传输和交换通道，为城市轨道交通提供综合通信能力。

② 电话系统为城市轨道交通管理、运营和维修人员提供语音通信。主要由公务电话和专用电话（包括调度、站内、站间和区间轨旁电话）两个子系统组成。

③ 无线调度通信系统，也称为无线集群通信系统，是调度与司机通信的手段，也是移动作业人员、抢险人员实现通信的重要手段。为了保证调度和司机通话的安全、畅通，城市轨道交通没有采用公众移动通信网络通信，而是建设了轨道交通专用的无线调度通信网络。

④ 录音系统是为确保地铁控制中心调度员与车站运营人员之间的调度指令和安全指令能正确保存而设置的系统。录音系统可对每个话路进行录音、监听、回放及识别来电号码，并运用信息化、网络化的技术，为调度提供现代化的管理手段，提高管理部门信息的收集、处理能力，联动及反应能力，为各级管理人员提供准确、及时的数据，提高管理工作效率。

⑤ 广播系统由正线广播和车辆段广播两个独立的系统组成，正线广播又分成控制中心广播和车站广播两级。该系统为控制中心调度员、车站值班员、车辆段值班员提供对相应区域进行有线广播，同时也为控制中心大楼提供广播的功能。

广播系统是城市轨道交通运营行车组织的必要手段，包括：对乘客广播，通知列车到站、离站、线路换乘、时间表变更、列车误点、安全状况，播放音乐改善候车室、站厅、站台、列车车厢环境；防灾广播，在突发或紧急情况下，组织指挥事故抢险，提高应急响应能力；对运营人员广播，发布有关通知信息，协同配合工作，告知办公区、站台、站厅、运用库、段内道岔群附近及人行道情况等信息。

⑥ 闭路电视监控系统为控制中心调度管理人员、车站值班员、站台管理人员和司机等对车站的站厅、站台、出入口等主要区域提供监视服务。通过实时监控车站客流、列车出入站、旅客上下车情况，为提高运营组织管理效率，保证列车安全、正点提供信息，并借助车站和中心录像进行安全事故的取证。

⑦ 时钟系统是为保证城市轨道交通运营准时，服务乘客，统一全线设备标准时间而设置的系统。该系统采用 GPS（Global Position System，全球卫星定位系统）或 CCTV 标准时间信息。

⑧ 旅客向导系统将通过多媒体设备及时为车站和列车上的乘客提供列车导乘信息，如根据现行列车时刻表信息和列车运行状况，自动、实时地向乘客提供可视或广播告示。同时也可提供诸如时间、天气预报、新闻及广告等其他信息。

⑨ 商用通信系统也称为地下公共覆盖系统，是为旅客提供在地铁内的无线通信、广播、无线上网等服务系统。该系统主要包括信号源（基站）和分布式天馈系统两大部分。目前引入的主要公用移动通信系统有城市广播、中国移动 GSM 通信、GPRS 上网、中国联通 GSM、中国电信 CDMA 通信和 3G 服务等。

1.4 我国城市轨道交通通信信号技术的发展

1.4.1 我国城市轨道交通信号系统的发展

我国城市轨道交通信号系统的发展大致可以分为以下三个阶段。

① 第一阶段，我国自主研发初创阶段。我国的地铁信号系统是随着北京地铁兴建而起步的。1965 年 7 月 1 日，我国第一条地下铁道——北京地铁一期工程动工兴建，1971 年通车。根据当时的国情，决定全部设备由国内自己研制，同时要求设备必须具有较高的技术水平。信号项目主要为自动闭塞（包括机车信号和自动停车）、调度集中、列车自动驾驶和继电联锁。通过这几项技术实现行车集中调度、集中监控和列车运行自动化。在 20 世纪 70 年代，结合北京地铁二期工程，我国又相继研发了 ATP 和 ATO 等列车自动控制系统，以实现列车行车指挥和运行的自动化，虽然系统的研制在当时接近国际先进水平，但由于当时我国的电子工业整体水平比较落后，调度集中设备在 1984 年进行了大修后使用到 1996 年。

② 第二阶段，对早期设备的改造和 ATP 的研制过渡阶段。20 世纪 80 年代，对北京地铁一期（北京地铁一号线）苹果园到复兴门段进行了技术改造。1990 年对环线调度集中设备进行了改造，研制微机调度集中系统。1998 年对北京地铁环线的车载设备进行了改造，自主研发了 ATP 车载系统，该设备极大地提高了列车运行的安全性，也在一定程度上减小了操作人员的工作强度。

③ 第三阶段，引进发展阶段。进入 21 世纪以来，随着我国改革开放的深入，经济的快速发展，城市人口的膨胀，开始了建设城市轨道交通的高潮。通过引进国外先进的地铁信号设备，信号系统得到了快速发展。北京、上海、广州、深圳、重庆和南京等新建的城市轨道交通项目相继引进阿尔卡特公司、美国 US&S 公司、德国西门子公司、法国阿尔斯通公司和日本信号公司等各具特色的先进的信号系统设备。这些设备的引入，大大缩短了行车间隔，

提高了运输的效率，提高了安全程度和通过能力。但也带来了诸多的问题，如造价昂贵，设备更新维护费用高，返修渠道不畅，备件不能保证，维修十分困难；制式混杂，给路网的扩张带来不便。

从 1999 年起，我国开始推行引进吸收国产化策略，近几年有了较快发展。如在通信信号一体化系统——基于通信的列车运行控制系统（CBTC）方面，在借鉴世界各国经验的基础上，结合中国国情和地域情况，我国部分轨道交通发达的城市已着手制定中国版的 CBTC 技术标准和规范。目前，除采用引进的西门子、阿尔卡特、阿尔斯通、USSI、庞巴迪等公司的 CBTC 系统外，北京交通大学研制开发了国产的 LCF—300 型 CBTC 系统，并在北京地铁亦庄线投入使用。

1.4.2　我国城市轨道交通通信系统的发展

我国城市轨道交通通信系统的建设始于北京地铁一期工程，当时 70% 以上的设备属于试验性产品。在通信的业务上只考虑了单一模拟制，一律是话音实线传输，设备统一为机电式，设备组网上基本上是分散多址、封闭型状态，通信手段只有有线一种方式。虽然 1981 年建成 150 MHz 调频、三话路、数话兼容、异频、双工电台，但是面对巨大沉重的运输任务，已不适应联动、协调的要求。

20 世纪 90 年代初，为了满足地铁运营安全、大容量、快捷的要求，必须要更换陈旧、损耗严重、质量低劣、故障频繁的设备，增加通信设备容量，扩大通信能力，提高通信的安全保障，建立光纤传输系统，光电复用，电视图像和文字、数据和传真兼容，有线和无线立体通信的多种业务的一体化网络。但是，这个阶段的设备仍然存在故障多、性能不稳定、设备功能不完善的状况。

进入 21 世纪，随着现代通信技术的快速发展和城市轨道交通的大规模兴建，通信系统已经成为由传输系统、电话系统、无线集群调度系统、录音系统、广播系统、闭路电视监控系统、时钟系统、旅客向导系统、商用通信系统等组成的一个功能强大的、一体化的集语音、文字、图像等多种媒体于一身的综合通信网系统。

复习思考题

1. 城市轨道交通的特点是什么？
2. 城市轨道交通对信号和通信的要求是什么？
3. 城市轨道交通信号和通信系统的作用是什么？
4. 城市轨道交通信号和通信系统由哪些部分组成？
5. 我国城市轨道交通信号和通信系统的发展特点是什么？

2 第2章 城市轨道交通基础信号设备

城市轨道交通基础信号设备包括信号机、转辙机、轨道电路、计轴器、应答器等，它们是城市轨道交通信号系统的重要基础设备，它们的运用质量和可靠性，是信号系统正常运行和充分发挥效能的保证。城市轨道交通信号基础设备沿袭铁路信号基础设备，但是有的基础设备，例如信号机的设置和显示、轨道电路的制式等，又不同于铁路。

知识点

1. 城市轨道交通信号的种类；
2. 转辙机的作用和要求；
3. 轨道电路的作用；
4. 计轴器的作用；
5. 查询应答器的功能。

技能目标

1. 掌握城市轨道交通信号的使用和显示含义；
2. 了解转辙机的作用及组成；
3. 掌握S型连接式音频轨道电路的工作原理；
4. 掌握计轴器的工作原理；
5. 掌握查询应答器的工作原理。

2.1 各种信号及显示设备

城市轨道交通列车在各自轨道上的行驶必须遵从一定的信号指挥。为了保证列车行驶的安全，提高运输的效率，设有多种信号来指挥列车的行车作业。城市轨道交通的信号主要有：固定信号、车载信号、轨旁指示标志和手信号等。

2.1.1 固定信号及显示设备

固定信号是将信号机固定在一个位置上，用颜色的变化显示信号指示列车运行。城市轨道交通固定信号采用色灯信号机，如图 2-1 所示。

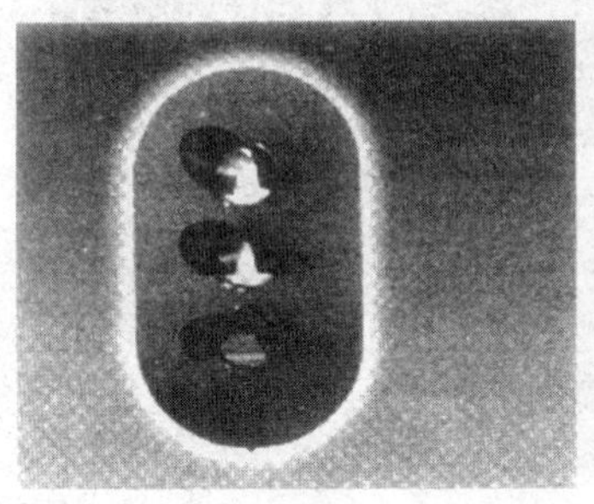

图 2-1　固定信号色灯信号机

色灯信号机以灯光的颜色、数目和亮灯的状态来表示信号。色灯信号机有高柱和矮柱两种。高柱信号机安装在钢筋混凝土信号机柱上，主要用于显示距离远、观察位置明显的地方，如车辆段的进段、出段。矮柱信号机安装在信号机水泥地基上，一般使用在信号显示距离近及隧道等安装空间有限的地方。

固定信号机设置原则：城市轨道交通采用右行车制，地面信号机设于列车运行方向的右侧，地下部分一般装在隧道壁上。特殊情况下，可设于列车运行方向的左侧或其他位置。

我国对城市轨道交通信号显示未作统一规定。一般固定信号机显示的基本颜色为红、黄、绿三种，再辅以蓝色、月白色构成信号的基本显示系统。因为人眼对红光最敏感，更能引起人的注意，所以以红色灯光作为停车信号。红色信号表示危险，列车须在红色灯光信号机前停车。除非是遵照规则所定，如列车在 TOD（列车显示屏）显示了目标速度时驶过信号机或获得行车调度员、值班站长或手执信号员授权时可以驶过该信号机，否则列车不得驶过红色信号。在城市轨道交通中，允许信号的绿灯、黄灯指示列车的运行进路是走道岔直股还是弯股，没有速度含义。黄色灯光作为注意和减速信号，黄色信号表示前方进路空闲并锁闭及道岔开通侧向方向或可进入场/段内的转换轨，列车必须注意或减低速度运行。绿色灯光作为按规定速度运行的信号，绿色信号表示前方进路空闲并锁闭及道岔开通直股方向，列车按 ATP 速度命令运行。有的城市把红色 + 黄色作为开放引导信号，列车在获得特别批准后，可按规定速度前进。白色信号表示在车辆段、停车场内，前方进路空闲并锁闭，列车按规定速度可安全行至下一个信号机或指示标志。

2.1.2　车载信号及显示设备

城市轨道交通为满足大容量和小间隔的运输，多采用列车自动控制（ATC）系统，所以更多地以车载信号作为司机驾驶的命令信息，图 2-2 为车载信号显示屏（TOD)。

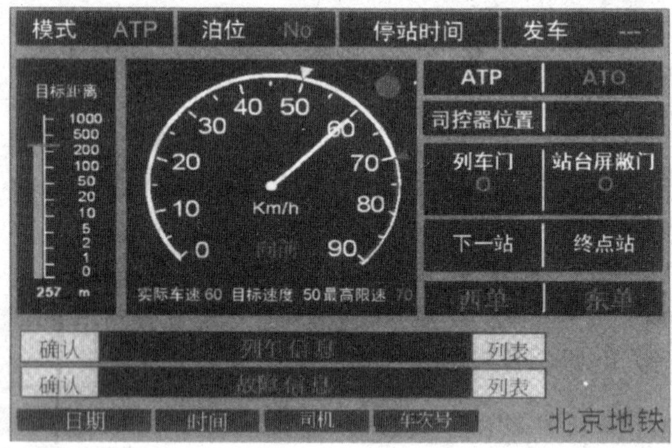

图 2-2　列车车载信号（TOD)

车载信号显示屏（TOD 也称为列车状态显示器）安装于司机驾驶室的控制台上。它主要有四个部分组成。第一部分是列车驾驶模式、泊位、停站时间和发车等驾驶状态的显示。第二部分是对列车位置和速度的监控信息显示，左边显示的是列车与下一站停车点的距离，右边是列车实时速度的监控信息，同时还显示出列车的目标速度和最大允许速度。第三部分是列车 ATP/ATO 位置、车门屏蔽门状态以及列车运行下一站及终点站信息的显示。第四部分是列车信息和故障信息的显示及日期、时间、司机、车次号等信息的显示。

2.1.3　轨旁指示标志和手信号

轨旁指示标志是在线路上提醒司机注意或者是在施工时临时加入的需要注意的信号显示设备，如图 2-3 所示。

手信号多在信号设备故障或者是特殊的运营时段等情况下使用。手信号员必须手持信号旗或手提信号灯发出手信号。手信号不得固定在地面或其他地方。驾驶员看到任何错误展示的手信号、看不见或看不清楚控制行车的手信号时必须停车；手信号员撤销停车信号后，并可让列车安全行进时，必须展示前进或减速手信号，如图 2-4 所示。

图 2-3　轨旁指示标志

图 2-4　手信号

手信号有红、绿、黄、白四种，其中红、绿、黄所表示的意思和固定信号基本一致，白色手信号是末班车的指示，表示所有进入付费区的乘客已上车，末班车驾驶员可按信号指示行进。

2.1.4　信号显示制式

信号显示定位：信号机经常显示的状态为信号机定位，其定位的选择一般考虑行车安全、行车效率等，除进出站信号机和通过信号机以绿色为定位，其他信号机器以禁止信号为定位。

信号机关闭时机：调车信号机在调车车列全部通过该信号机后自动关闭，其他信号机都在列车第一轮对越过该信号机后自动关闭。

停车信号：固定信号机点亮红色信号或固定信号机灭灯、显示不明或不正确，均视为停车信号；车载信号显示屏的目标速度显示为 0 状态，既是停车信号；手信号员使用红色手信号来展示停车信号，任何人高举双手或任何物件用力摇动都是停车信号。在非运营时间内所有固定信号必须保持为停车信号，除正在进行信号调试和工程车或特别列车需要通过进路区段外，不可开放信号机（除非已在《行车通告》或其他刊物上刊登相关信息）。

2.2

道岔控制设备——动力转辙机

动力转辙机是道岔转换和锁闭控制的执行机构，是重要的信号基础设备。由转辙机转换和锁闭道岔，易于集中操纵，实现自动化。转辙机对于保证行车安全，提高运输效率，改善行车人员的劳动强度，起着非常重要的作用。

2.2.1 动力转辙机的作用和要求

1. 转辙机的作用

① 转换道岔的位置，根据需要转换至定位或反位。

② 道岔转至所需位置而且密贴后，实现锁闭，防止外力转换道岔。

③ 正确地反映道岔的实际位置，道岔的尖轨密贴于基本轨后，给出相应的表示。

④ 道岔被挤或因故处于“四开”（两侧尖轨均不密贴）位置时，及时给出报警及表示。

2. 对转辙机的基本要求

① 作为转换装置，应具有足够大的拉力，以带动尖轨作直线往返运动；当尖轨受阻不能运动到底时，应随时通过操纵使尖轨回复原位。

② 作为锁闭装置，当尖轨和基本轨不密贴时，不应进行锁闭；一旦锁闭，应保证不致因车通过道岔时的震动而错误解锁。

③ 作为监督装置，应能正确地反映道岔的状态。

④ 道岔被挤后，在未修复前不应再使道岔转换。

2.2.2 电动转辙机的基本组成

ZD6 系列电动转辙机是我国铁路也是城市轨道交通使用最广泛的动力转辙机，故以 ZD6 基本型（A 型）转辙机为重点进行介绍。ZD6 型电动转辙机采用内锁闭方式，基本组成如图 2-5 所示。

1. 电动机

电动机为电动转辙机提供动力，采用直流串激电动机。当电枢绕组和励磁绕组通过电流时，励磁绕组在所产生的磁场中将受到力的作用，产生转矩，驱动电枢旋转。此种电动机采用电枢电流转向法，使励磁电流方向不变，用改变电枢绕组的电流方向来改变电机的旋转方向，使它既能正转又能反转，带动道岔到定位或反位。

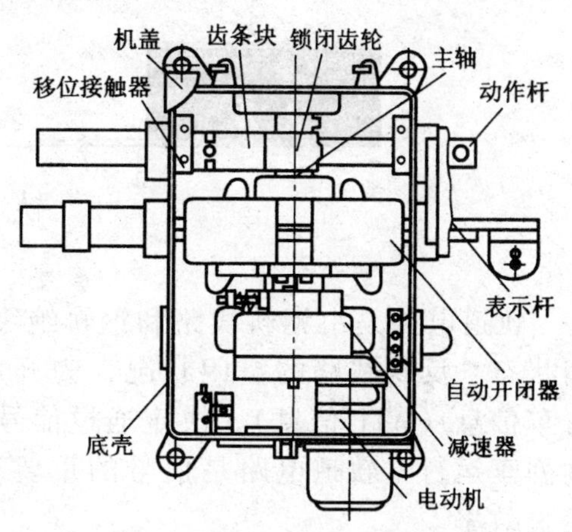

图 2-5　ZD6 - A 型电动转辙机结构

2. 减速器

转辙机用的电动机，其功率选定后总是不变的，其转速一般在 2000 r/min 以上。为了获得较大的转矩来带动道岔，必须经过减速。减速器由第一级齿轮和第二级行星传动式减速器组成。两级间以输入轴联系，减速器由输出轴和主轴联系。用来降低转速以获得足够的转矩，并完成传动。

3. 转换器/锁闭器

主要由锁闭齿轮、齿条块和动作杆组成。转换器将电动机的旋转运动转变为动作杆带动道岔尖轨的往复直线运动；锁闭器在尖轨动作完成前先解锁，尖轨动作后对其进行锁闭。

4. 自动开闭器

由静接点、动接点、速动片、速动爪、检查柱组成，是自动开闭电动机电路和自动开闭道岔表示电路的接点系统，用来表示道岔尖轨所在位置。

5. 摩擦连接器

构成输出轴与主轴之间的摩擦连接，消除电动机的转动惯性，防止尖轨受阻时损坏机件。

6. 挤岔装置

由移位接触器、挤切销等组成，移位接触器用来监督挤切销的受损状态，在道岔被挤或挤切销折断时，断开道岔表示电路。

7. 表示装置

表示杆由前、后表示杆及两个检查块组成。表示杆随尖轨移动，只有当尖轨密贴且锁闭后，自动开闭器的检查柱才能落入表示杆缺口，接通道岔锁闭表示电路。挤岔时，表示杆被推动，顶起检查柱，从而断开道岔表示电路，以示挤岔。

2.3

轨 道 电 路

轨道电路是由钢轨线路和钢轨绝缘构成的电路。轨道电路的作用是监督列车的占用状态，反映线路的空闲状况，为开放信号、建立进路或构成闭塞提供依据；传递行车信息（ATP 信息），决定通过信号机的显示或决定列车运行的目标速度，从而控制列车运行。轨道电路是信号的重要基础设备之一，它的性能直接影响行车安全和运输效率。

2.3.1　轨道电路的基本构成及原理

轨道电路是以铁路线路轨道作为导体，两端加以机械绝缘（或电气绝缘），接上送电和受电端设备构成的电路。最简单的轨道电路如图 2-6 所示。

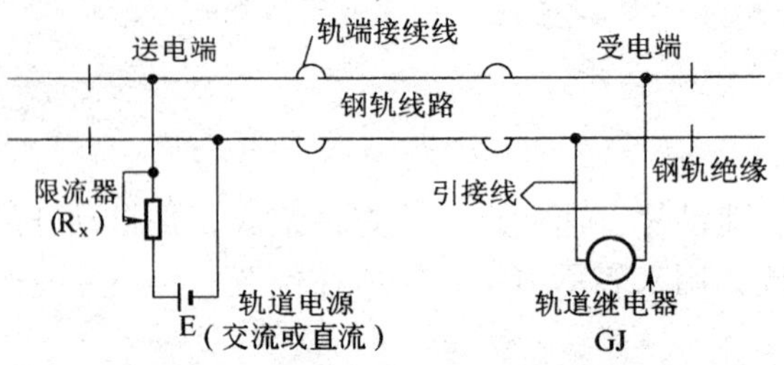

图 2-6　最简单的轨道电路

轨道电路的送电设备设在送电端，由轨道电源 E 和限流电阻 Rx 组成。接收设备设在受电端，一般采用继电器，称为轨道继电器（如图 2-7），由它来接收轨道电路的信号电流。当轨道继电器中有电流时，轨道继电器吸起，继电器前接点和中接点闭合；当轨道继电器没有电流时，轨道继电器落下，后接点和中接点闭合。

当轨道电路内钢轨完整，没有列车占用轨道时，轨道继电器吸起，表示轨道电路空闲。这时轨道电路处于调整状态，如图 2-8 所示。

当轨道电路被列车占用时，轨道电路被轮对分路，轮对电阻远小于轨道继电器线圈的电阻，流经轨道继电器的电流大大减小，轨道继电器落下，表示轨道电路被占用，这时轨道电路处于分路状态，如图 2-9 所示。

当轨道电路的钢轨被折断，轨道电路受电端轨道继电器中无电流通过，轨道继电器落下，反映钢轨断轨，如图 2-10 所示。

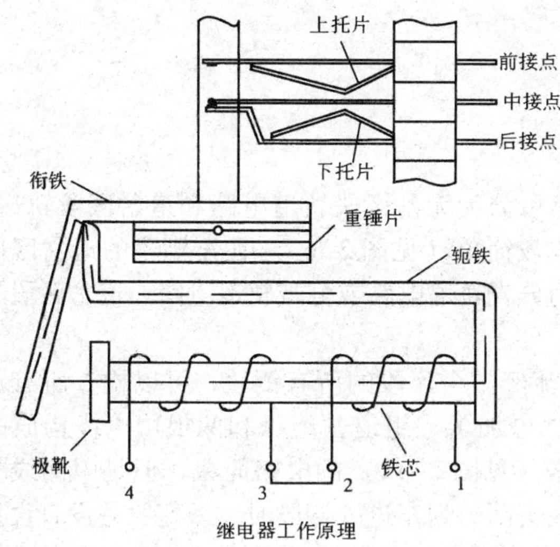

图 2-7　轨道继电器

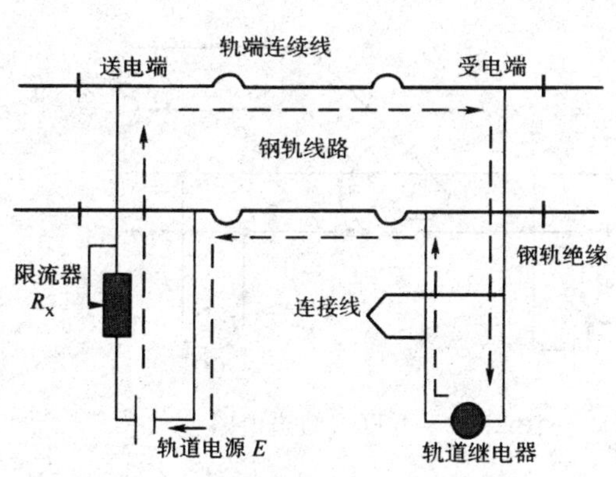

图 2-8　调整状态

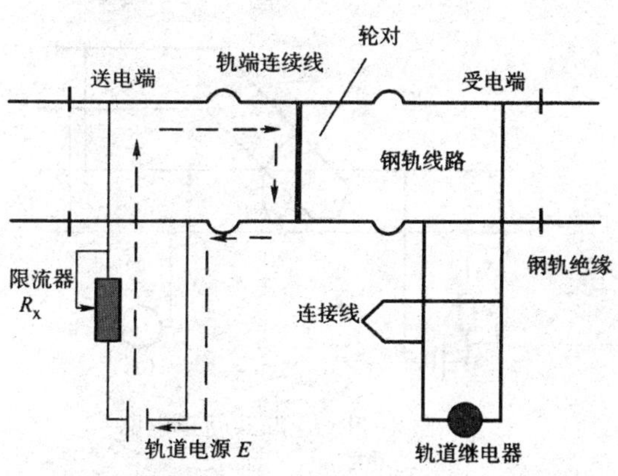

图 2-9　分路状态

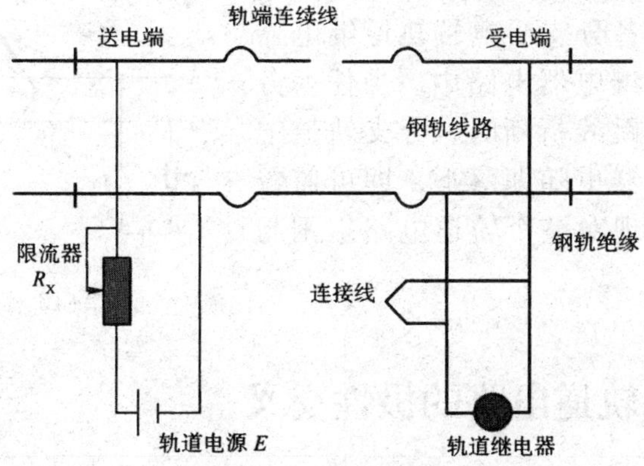

图 2-10　断轨状态

2.3.2 道岔区段轨道电路

按轨道电路内有无道岔分类，轨道电路可分为无岔区段轨道电路和道岔区段轨道电路。无岔区段轨道电路内钢轨线路无分支，构成较简单（见图2-6）。在车辆段的道岔区段，钢轨线路有分支，道岔区段的轨道电路也称为分支轨道电路或分歧轨道电路。道岔区段轨道电路主要有串联式和并联式两种连接方式。

串联式轨道电路（见图2-11）电流要流经整个区段的所有钢轨，可以检查所有跳线和钢轨的完整情况，比较安全。但结构复杂，增加了一组道岔绝缘和两根用电缆构成的连接线，给施工维修带来不便。并联式轨道电路（见图2-12）的电路简单，但是因侧线只检查了电压，而没有检查电流，当跳线或连接线折断，列车进入弯股时，因弯股并没有设置继电器，GJ仍在吸起状态，这是非常危险的，因此可以用双跳线来防护。但是，当弯股钢轨折断，列车占用时，轨道继电器也不会落下，不符合故障安全原则。

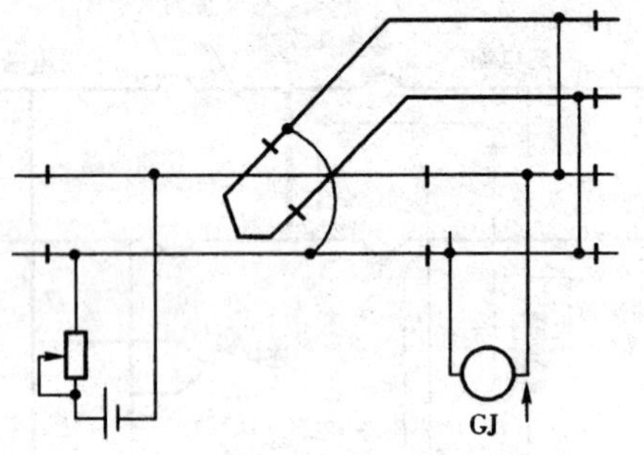

图2-11　串联式轨道电路

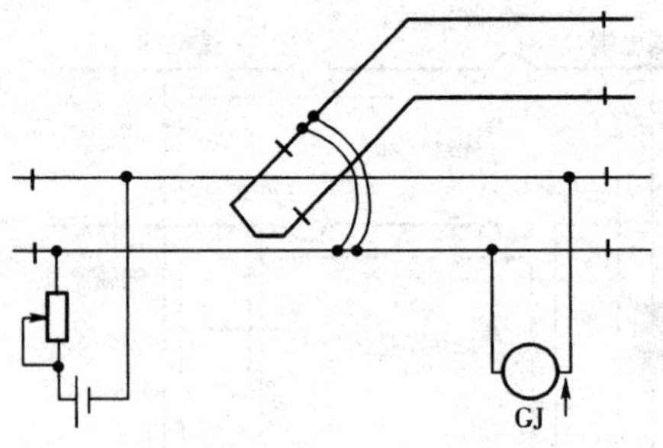

图2-12　并联式轨道电路

一送多受轨道电路（图2-13）设有一个送电端，在并联式轨道电路的每个分支的受电端都设置分支轨道继电器，使各分支受电端轨道继电器的前接点串联在主轨道继电器电路中。当任一分支轨道电路有车占用或跳线折断时，分支轨道继电器落下，主轨道继电器也随即落下，即可监督轨道电路的状态，以实现对整个轨道电路空闲与否的检查。

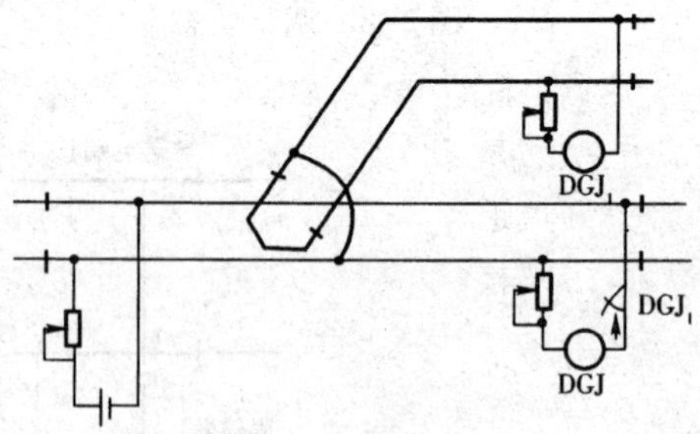

图2-13　一送多受轨道电路

2.3.3 有绝缘轨道电路的极性交叉

按轨道电路分割方式分类，轨道电路可分为有绝缘轨道电路和无绝缘轨道电路。有绝缘轨道电路用钢轨绝缘将本轨道电路与相邻的轨道电路互相电气隔离。无绝缘轨道电路在其分界处不设钢轨绝缘，而采用电气隔离的方法予以隔离。

对于有钢轨绝缘的轨道电路，为了实现对钢轨绝缘破损的防护，要使绝缘节两侧的轨面电压具有不同的极性或相反的相位，这就是轨道电路的极性交叉。如图 2-14 所示。图中，粗线表示接电源正极，细线表示接电源负极。

极性交叉可防止在相邻轨道电路间的绝缘节破损时引起轨道继电器的错误动作。如图 2-15 所示的直流轨道电路。1G 和 3G 是两个相邻的轨道电路，他们没有实现极性交叉。当 1G 有车占用而绝缘破损的情况下，流经轨道继电器 1GJ 的电流等于两个轨道电源所供的电流之和，1GJ 有可能保持吸起，这将危及行车安全。若按极性交叉来配置，绝缘破损时，轨道继电器中的电流就是两者之差，只要调整得当，1GJ 和 3GJ 都会落下，从而满足了故障安全的要求。

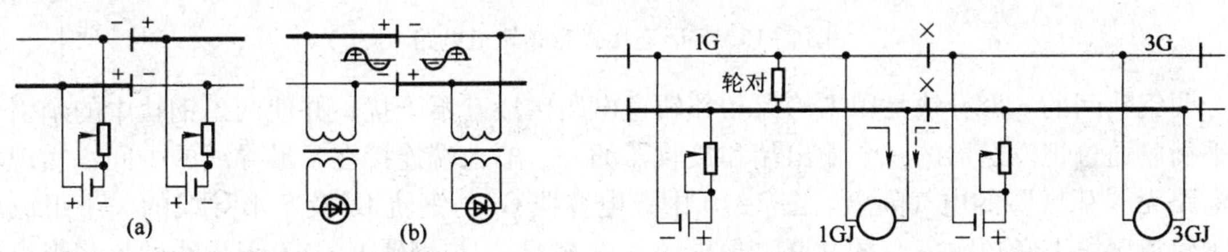

图 2-14　轨道电路的极性交叉　　　　图 2-15　极性交叉的作用分析

对于交流供电来说，只要两相邻轨道电路的电流相位相反，它们的瞬间极性也相反，就可得到极性交叉的效果。在无分支线路上，极性交叉配置比较容易，只要依次变换轨道电路供电电源的极性即可。而对有分支线路的道岔区段轨道电路，极性交叉的配置就要复杂一些。因为道岔绝缘节可以设在道岔直股，也可设在弯股，不同的设置将影响整个车站极性交叉的配置。

2.3.4　音频轨道电路

轨道电路按所传送的电流特性分类，可分为工频和音频两种轨道电路。工频轨道电路中传送连续的是工频交流电流，轨道电路的唯一功能是监督轨道的占用与否，不能传送更多信息。音频轨道电路除监督轨道的占用情况外，还可以传输较多信息。城市轨道交通的轨道电路不仅用来检测列车的占用，更重要的是传输列车的行车信息，所以城市轨道交通正线区段多采用音频轨道电路。

音频无绝缘轨道电路在其区段分界处不设钢轨绝缘，采用电气隔离方式形成电气绝缘节，取代机械绝缘节，进行两相邻区段轨道电路的隔离和划分。音频轨道电路的电气隔离有谐振式和叠加式两大类。谐振式电气隔离具有信号外串相对较小的特点，相邻轨道电路之间隔离性能要优于叠加式，所以在城市轨道交通中轨道电路多采用谐振式。

1. 音频轨道电路的基本构成及原理

谐振式电气隔离音频轨道电路，是在轨道电路分界处，采用电容和钢轨构成的电感组成谐振回路，相邻轨道电路采用不同频率的信号电流，使谐振回路对不同频率信号呈现不同阻抗，实现轨道电路的无绝缘电气隔离。目前一般采用S形连接式电气隔离音频轨道电路，其构成原理如图2-16所示。

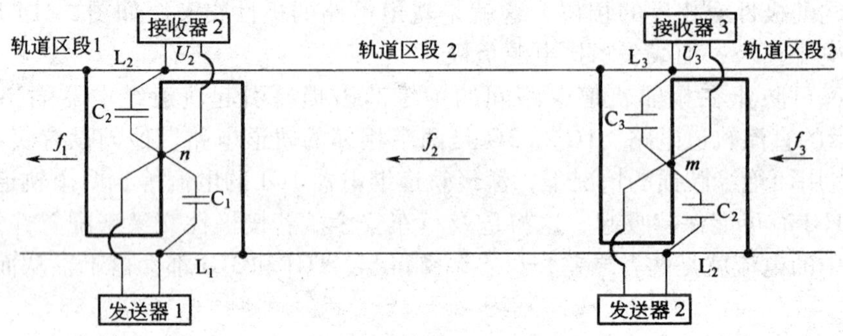

图2-16　S形连接式音频轨道电路

两钢轨间的S形导线是用来确保相邻轨道电路区段互不干扰，并使两条钢轨中的牵引电流平衡。通过把发送器的一个输出端和接收器的一个输入端连接在S形导线的中间，实现轨道电路无“死区”的电气隔离。图2-16中，电容器C_1与钢轨L_1及S形导线的一半组成谐振于轨道区段1音频频率f_1的并联谐振电路；电容器C_2与钢轨L_2及S形导线的另一半组成谐振于轨道区段2音频频率f_2的并联谐振电路。两个并联谐振回路分别对f_1、f_2音频信号呈现高阻抗，发送器1发送的信号f_1被C_1与L_1组成的高阻抗谐振回路阻断，只能从电路分界处向轨道区段1发送，而信号f_2由接收器2接收，并被C_2与L_2组成的高阻抗谐振回路阻断于轨道电路分界处，从而实现了轨道区段1与相邻轨道区段2的电气隔离。

音频轨道电路在检测占用状态过程中，接收器对收到的信号幅值进行计算，当接收到的轨道电压幅值足够高，并且轨道电路解调器鉴别到发送的编码调制正确时，接收器发出“轨道空闲”状态信号，轨道继电器吸起表示“轨道区段空闲”。当车辆进入轨道区段时，因为车辆占用轮对的分路作用，该区段被短路，接收端的接受电压减小，轨道电路达不到相应工作电压，接收器不再响应，轨道继电器落下，发出“轨道占用”状态信号。

2. 音频无绝缘轨道电路的分类

1）按信息处理技术分类

可分为模拟轨道电路和数字编码轨道电路。模拟式音频轨道电路用代表不同速度信息的低频对载频进行调制，该调制信号是模拟量，以实现对列车速度的控制。它只能传输速度信息，不能传输更多的ATP信息，因此只能实现阶梯式控制模式的固定闭塞。数字编码式音频轨道电路则用报文形式，通过数字编码对载频进行数字调频，该调制信号是数字量，以实现列车控制用各种信息的传输，包括目标速度、目标距离、线路坡度、区间限制、轨道电路长度等信息。通过这种轨道电路可实现目标曲线式控制模式的准移动闭塞。

2）按调制方式分类

可分为调幅轨道电路和调频轨道电路。调幅式音频轨道电路采用调幅的方式将低频信号调制在载频上予以传送。调频轨道电路是采用调频和数字调频的方式将低频信号或报文加载在载频上，多数音频轨道电路均采用此种方式。

3）按功能分类

可分为检测列车占用与传输 ATP 信息分开和检测列车占用与传输 ATP 信息合一两种方式。检测列车占用与传送 ATP 信息分开的方式是检测列车占用采用一种方式，而传送 ATP 信息采用另一种方式。检测列车占用与传送 ATP 信息合一的方式是检测列车占用和传送 ATP 信息由同一种方式实现。

3. 音频轨道电路电气绝缘节的类型

音频轨道电路一般由电气绝缘节分隔。电气绝缘节由钢轨间的导线棒（Bond）和调谐单元组成。导线棒主要有：S 棒、短路棒、终端棒、调整型短路棒等种类。

S 棒主要在正线区间采用，相邻的轨道电路通过 S 棒隔离，如图 2-17（a）所示。它是镜像对称的，以 S 棒的中心线作为轨道区段的物理划分。S 棒长 7.8 m 左右，模糊区段长度小于或等于 3.9 m（指车压在 S 棒的 1/4 至 3/4 范围内，两边的区段都显示“轨道占用”）。S 棒还起平衡两个走行轨牵引电流的作用。

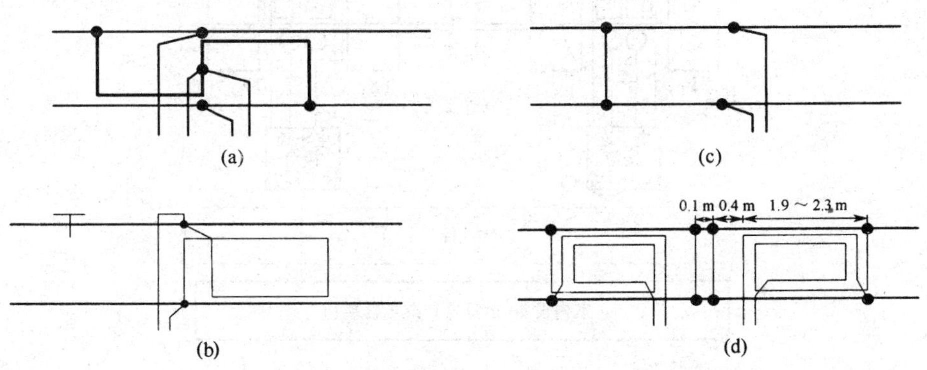

图 2-17　导线棒

短路棒用于一端为轨道信息区段，另一端为无轨道电路信息区段的情况，棒长约 4.2 m。如图 2-17（c）所示，短路棒右边为轨道信息区段，左边为无轨道电路信息区段。

终端棒用于道岔区段长度不足无法安装 S 棒的地方，电气绝缘节由终端棒和机械绝缘节共同组成，来划分两个轨道电路，主要用在双轨条牵引回流区段。终端棒长约 3.5 m，距机械绝缘节 0.3 ～ 0.6 m，如图 2-17（b）所示。

调整型短路棒是短路棒的改进型，主要用于车站站台区段两端，它的死区段约 0.16 m，符合站台停车精度，如图 2-17（d）所示。

2.4　计　轴　器

计轴器是用于完成计算车辆进出区段的轮轴数，监督列车占用轨道区段的一种技术设备。它不受轨道线路、道床状况的影响。对采用 CBTC（基于无线通信的列车运行控制系统）的城市轨道线路，当无线传输设备发生故障时，可用计轴器设备检查列车位置，构成“降级”信号。

2.4.1 计轴器的基本组成

计轴器由室内设备和室外设备两部分组成，如图 2-18 所示。

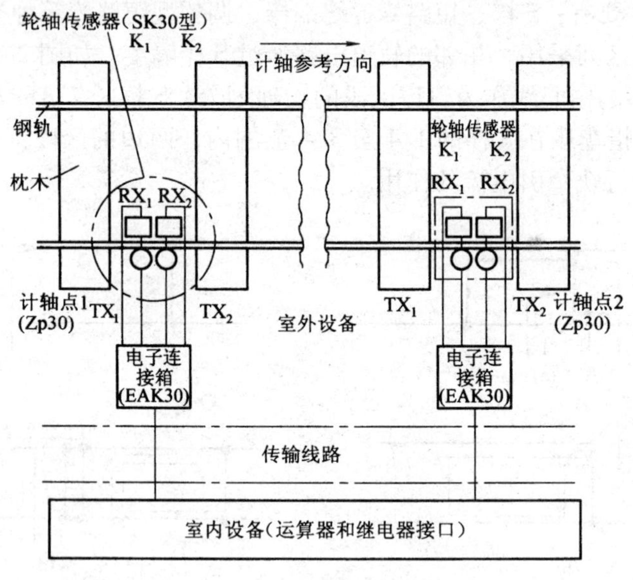

图 2-18　计轴器的组成

室外设备有轮轴传感器和电子连接箱（包括发送器及接收器的电子单元 EAK）；室内设备有计数比较器（运算器）和继电器等，或采用微型计算机构成的计轴核算器（ACE）装置。

轮轴传感器是计轴器的基础设备。其作用是将机车、车辆通过的车轴数转换成电脉冲信号。一般采用电磁式。电磁式传感器由 K_1 和 K_2 两组磁头组成，每组磁头又由 1 个发送线圈（TX）和一个接收线圈（RX）组成，分别装在钢轨的两侧。在无车轮经过传感器磁头时，发送线圈（TX）接收 EAK 发送器馈送的高频电流，使其周围产生交变磁场，并通过电磁感应作用，在接收线圈（RX）中感应出一定的交流电压。当车轮通过传感器磁头时，由于车轮的屏蔽作用和轮缘的扩散作用，使环链到接收线圈（RX）中的磁通量发生变化，致使其感应电压显著降低。接收器将接收线圈（RX）中感应电压的这个变化经整形、检波后转换成电脉冲信号，既为载有轮轴信息的车轴计数信号。由于磁头 K_1 和 K_2 是交错设置的，两磁头产生的轴脉冲在时间上先后不同，因此可以判别是进入或是驶出区段的车轮轴。

计数比较器（运算器）主要由计数器、鉴别器、比较器等组成。它将进出两个计轴点之间区间的车轴电脉冲信号进行计数和比较，以判断区间（或轨道区段）是否空闲。

计轴核算器 ACE 设于室内，由电源、计算机、串行输入输出、并行输入输出等构成。ACE 的任务为：轮询所有计轴室外设备，并取得计轴数据；对计轴数据进行运算，确定计轴区段的状态，给出区段占用信息；通过串行数据网络与相邻 ACE 交换计轴数据；传输轨道占用信息和诊断数据；向计算机联锁系统输出所有计轴区段的状态；微机的自检、接口的自检、计算机或串/并行口发生与安全有关的故障时，均做出安全反应。

2.4.2　计轴器的基本工作原理

如图 2-19，在区间始端和末端各有一传感器，当车轮进入始端轨道传感器作用区时，传感器发出电脉冲信号给计数器，开始计轴进行加轴运算。当车轮进入末端轨道传感器作用区时，传感器同样发出电脉冲给计数器，进行减轴运算。计数器显示如为 0，表明此时区间无车占用；如不为 0，则表明此时区间有车占用。

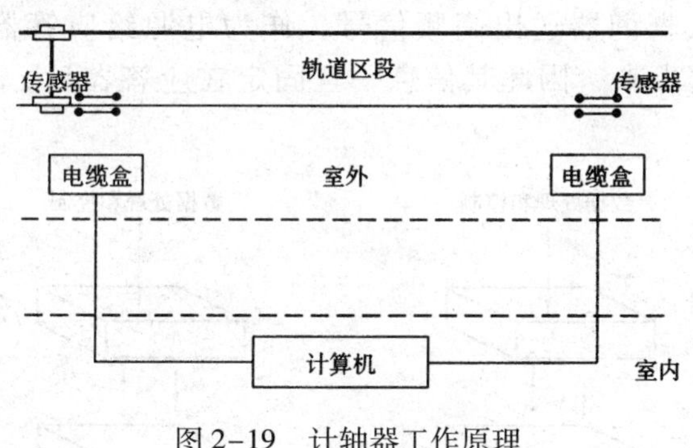

图 2-19　计轴器工作原理

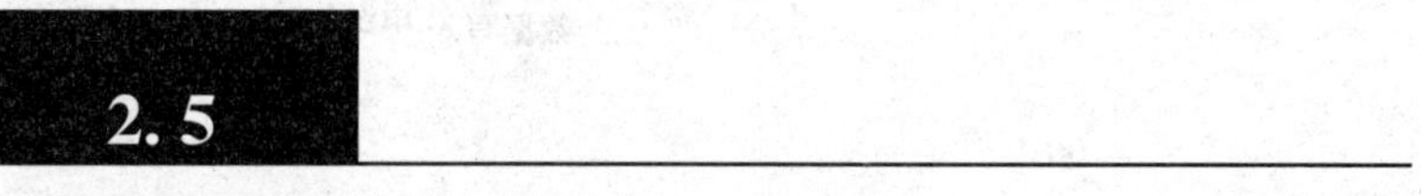

2.5 查询应答器

2.5.1　查询应答器的功能

查询应答器是一种采用电磁感应原理构成的高速点式数据采集/传输设备，并已成为实现现代轨道交通地面与列车间相互通信的重要设备。查询应答器技术在铁路上的应用比较广泛，例如进行车辆的测速和定位时，在地面固定地点道床上设置应答器，列车上安装查询器，列车经过应答器时通过向地面无源应答器发射能源，通过短程无线电波，使查询器立即从应答器反馈获得列车自身精确定位数值。如在轨道道床上按给定距离敷设多个应答器，则列车从它们可以连续定点地获得定位信息，从获得两个定位信息的间隙时间长短经过处理后，则可以进一步判断求得列车实际运行的速度。

在城轨交通中查询应答器往往应用在运行移动列车和某个固定地点之间的信息传输。传统的做法是查询器装在机车上，而应答器装在地面轨道上，形成机车查询信息，地面回答所需信息的模式。应答器向 ATP 车载设备查询器传送的主要信息有：线路基本参数，如线路坡度、轨道区段长度等参数；线路速度信息，如线路最大允许速度、列车最大允许速度等；临时限速信息，如由于施工等原因需要对列车运行速度进行限制时，向列车提供的临时限速信息；特殊定位信息，如列车定位信息等。

2.5.2　查询应答器的分类

根据应答器所传输报文是否可变，应答器可分为固定信息应答器（也称为无源应答器）和可变信息应答器（也称为有源应答器）两大类。

无源查询应答器如图 2-20（a）所示。应答器本身不具备电源，只有查询器居于其耦合谐振位置时，从查询器送出高频信号，作为电源给应答器，才能使应答器中事先已存储的信息被发送出来，因此其信息一旦固定在应答器后，只能原封不动地读出，不可改变。

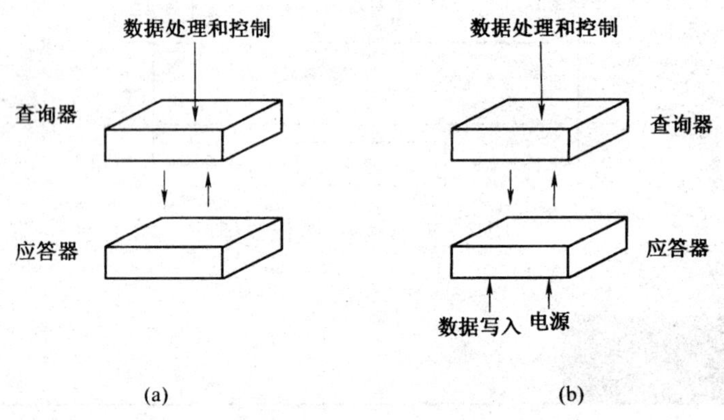

图 2-20　普通无源及有源查询应答器

无源应答器一般预先固定写入一条应答器报文，列车经过该应答器时，固定发送预先写入的不变报文数据。如线路坡度、最大允许运行速度、轨道电路参数等信息。

有源查询应答器如图 2-20（b）所示。应答器本身具备电源，所以它存储的信息是可变的，因此当查询器与其耦合谐振时，应答器立即发出内部已存储好的随机信息。

有源应答器通过专用的应答器电缆与 LEU（轨旁电子单元）连接，根据 LEU 设备所发送的报文，有变化地向列车传送应答器报文数据信息，主要是临时限速信息等。有源应答器的报文按应答器编码规则编制，内容包括编号、链接关系、临时限速（至限速始点距离、限速区长度、限速速度）、进路长度、线路载频、线路固定信息等。

2.5.3　查询应答器的工作原理

1. 无源查询应答器工作原理

无源查询应答器的电路构成如图 2-21 所示。车载查询器由能量发送线路、信息接收线路和车载信息接收处理器三部分组成。地面应答器则由能源接收器、应答器控制模块、数据存储器和谐振发射线路构成。地面应答器平时无能源，要靠车载查询器来传递给它足够能源。车载查询器与地面应答器两者之间通过短距离无线电波实现信息传递功能。

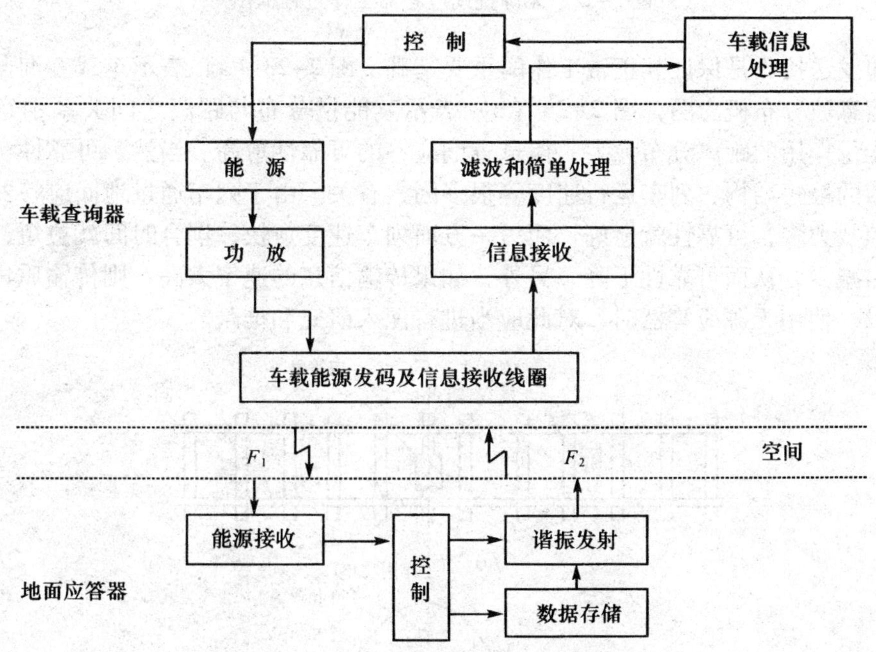

图 2-21　无源查询应答器电路构成

无源查询应答器的信息工作过程如图 2-22 所示。

车载查询器与地面应答器之间按电感耦合的原理进行工作。当列车接近地面应答器上方时，根据电感耦合谐振效应，地面应答器的耦合线圈将感应到车载查询器天线发送的能源载频 F_1 的磁场，使应感器的能源接收电路将其转化为工作电源，从而启动应答器控制模块和谐振发射电子电路工作，把数据存储器预先存储或 *LEU* 传送的报文数据由信息载频 F_2 循环发送出去。同时，车载查询器的信息接收耦合线圈将感应到信息载频 F_2 的磁场，通过信息接收设备传送给车载信息接收处理器。当列车（车载查询器天线）离开地面应答器上方后，应答器失去了电源，便停止数据发送。

无源应答器的工作电源是由感应电压获取，仅靠瞬时接收车载天线的功率而工作，并能在接收到车载天线功率的同时向车载天线发送大量的编码信息。所以，对于无源应答器而

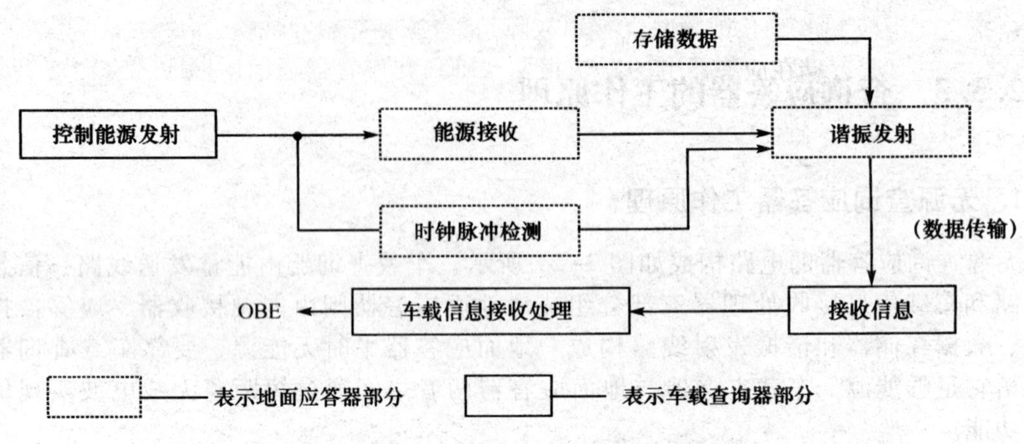

图 2-22　无源查询应答器工作过程框图

言，能源的发送接收是保证其正常工作的重要基础。图 2-23（a）表示车载查询器与地面应答器之间信息波分布概念图，图 2-23（b）表示其能量分布与距离之间关系示意图。由图示可见，能量作用的距离分布愈大，信息查询应答的可靠性愈高。当然，可靠性实际上还与传递信息帧的最短结构、列车运行速度等很多因素有关。由于列车通过地面应答器时一次所获得信息帧数愈多，可靠性就愈好，而另一方面列车速度愈快，耦合时间就愈短，致使获得信息帧必然减少，从而可靠性下降。另外，如果传输信息的速率太高，则传输质量有时也会下降。所以，使用无源应答器时，对此应当进行深入研究和推敲。

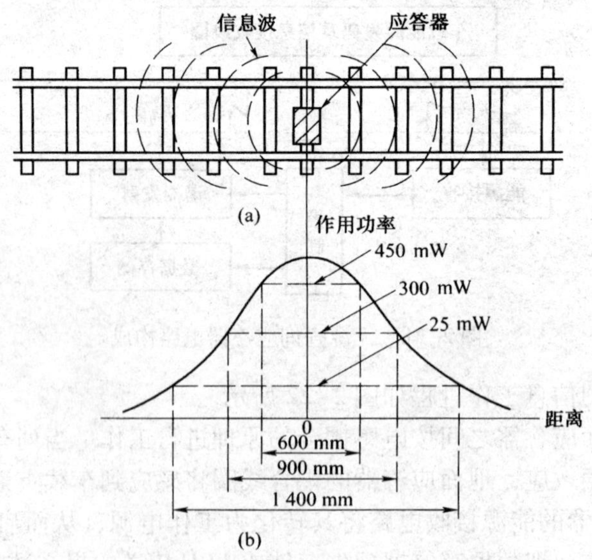

图 2-23　查询应答器能量分布示意图

2. 有源查询应答器工作原理

有源查询应答器的工作原理与无源查询应答器相同，只是地面应答器有固定电源，所以它不再需要从车载查询器送来载频能源。有源应答器通过与 LEU 的连接，可实时改变传送的数据报文。当与 LEU 通信故障时（接口故障），有源应答器可以自动切换到无源应答器工作模式，发送预先存储在应答器中的默认报文。LEU 与应答器通信中断时，有源应答器应有保证行车安全的缺省报文。

复习思考题

1. 城市轨道交通固定信号有哪些？各表示什么意义？
2. 轨道电路的三种状态是什么？
3. 极性交叉的作用和原理有哪些？
4. S 型连接式音频轨道电路的工作原理？
5. 计轴器的基本组成？
6. 查询应答器的功能？

3 第3章 城市轨道交通联锁系统

联锁系统是用来在车站和车辆段实现列车和车列行车作业指挥的安全控制系统。该系统包括实现联锁关系、建立进路、控制道岔的转换和信号机的开放，以及进路解锁，以保证行车安全。联锁设备分为正线车站联锁设备和车辆段联锁设备。联锁设备早期采用继电电气集中联锁，现在多采用计算机联锁系统。

知 识 点

1. 联锁的概念、联锁系统的作用；
2. 联锁的基本技术条件和联锁系统的层次结构；
3. 6502 电气集中联锁系统的基本组成；
4. 计算机联锁系统的组成；
5. 联锁系统列车运行的三级控制。

技能目标

1. 掌握联锁系统对列车进路的控制过程；
2. 掌握 6502 电气集中联锁各组成部分的作用；
3. 掌握计算机联锁 2 取 2 和 3 取 2 系统的工作方式；
4. 掌握进路的建立和解锁程序。

3.1 联锁系统概述

3.1.1 联锁的基本概念

联锁是铁路信号保证行车安全的重要技术措施。在城市轨道交通的车站和车辆段，为了保证列车在进路上的安全，有效利用站线能力，高效率地指挥行车和调车，改善行车人员的劳动条件，需要利用机械、电气自动控制和远程控制、计算机等技术和设备，使车站范围内的信号设备之间保持一定的相互制约关系，这种关系称为联锁关系。为保证行车安全，联锁关系必须十分严密，并采用技术措施加以保证。

如图 3-1 所示，车站和车辆段内有许多线路，它们通过道岔联结着。列车和调车车列在站内运行所经过的径路，称为进路。按各道岔的不同开通方向可以构成不同的进路。列车和调车车列必须依据信号的开放而通过进路，即每条进路必须由相应的信号机来防护。如进路上的道岔位置不正确，或已有车占用，或敌对进路（两条或两条以上的进路，有一部分相互重叠或交叉，同时建立有可能发生列车或机车车辆行车冲突的进路）已建立，有关的信号机就不能开放；信号开放后，其所防护的进路不能变动，即此时该进路上的道岔不能再转换。这就是车站信号、道岔、进路之间的相互制约联锁关系，简称联锁。

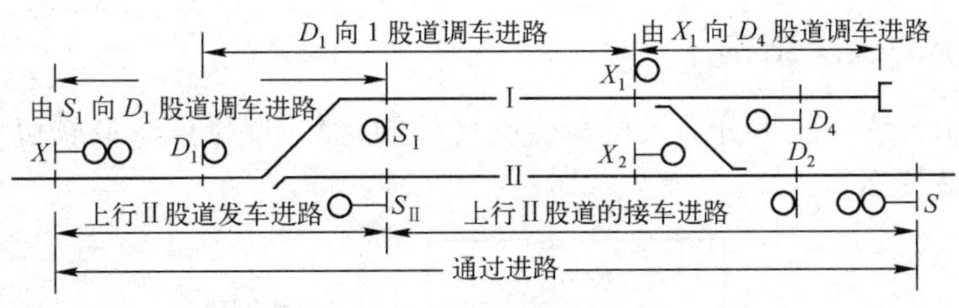

图 3-1　车站进路的划分

车站和车辆段内的进路大体上可分为列车进路和调车进路两类。列车进路又可划分为接车进路、发车进路和通过进路等。凡是列车进站所经由的路径叫列车接车进路；列车由车站发往区间所经由的进路叫发车进路；由列车通过车站所经过的正线接车进路和正线同方向发车进路组成的进路，叫通过进路。调车进路按方向区分又可分为调车接车方向进路和调车发车方向进路。各种不同性质的进路，应由设于进路入口处的不同用途的信号机进行防护。如接车进路应有进站信号机防护；发车进路应有出站信号机防护；调车进路应有调车信号机防护等。所有的列车或车列均需要根据信号机的开放来进入进路。

3.1.2　联锁的基本内容及技术条件

联锁的基本内容包括：防止建立会导致机车车辆相冲突的进路；必须使列车或调车车列经过的所有道岔均锁闭在与进路开通方向相符合的位置；必须使信号机的显示与所建立的进路相符。

实现联锁的基本技术条件如下。

① 进路上各区段空闲（无车占用）时才能开放信号。如果进路上有车占用，却能开放信号，则会引起列车、调车车列与原停留车的冲突，这是绝对不允许的。所以，进路的信号开放前必须检查进路空闲情况。

② 进路上有关道岔在规定位置才能开放信号。如果进路上有关道岔开通位置不对却能开放信号，则会引起列车、调车车列进入异线或挤坏道岔，从而造成行车事故。所以，进路的信号开放必须确保进路上道岔位置正确。

③ 一旦信号开放，其防护进路上的有关道岔必须被锁闭在规定位置，而不能转动。信号开放后，进路上任何道岔的转动或松动，都将会危及运行中的列车和车列的安全。

④ 敌对信号未关闭时，防护进路信号机不能开放；防护进路信号机开放后，与其敌对的信号必须被锁闭在关闭状态，不能开放。否则列车或调车车列可能造成正面冲突，危行车安全。所以，进路的信号开放必须检查并确保敌对信号处于关闭状态。

3.1.3　联锁系统的层次结构及设备技术要求

1. 联锁系统的层次结构

车站联锁控制系统一般可分为人机会话层（控制台）、联锁层（联锁机构）和监控层三层结构，如图 3-2 所示。

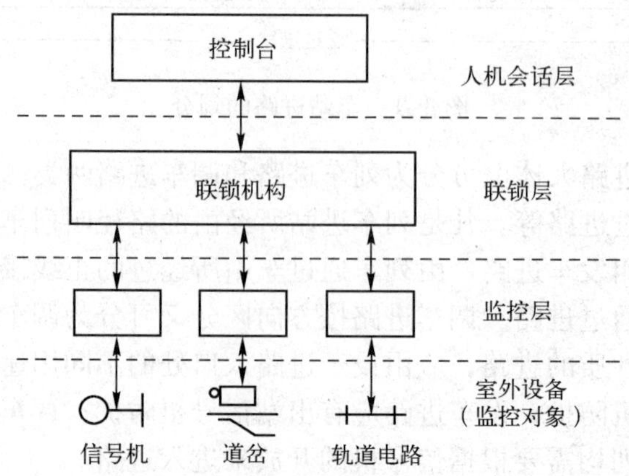

图 3-2　联锁系统的一般层次结构

① 人机会话层功能：操作人员通过操作向联锁机构输入进路操作信息；并接受联锁机构输出的反映设备工作状态和行车作业情况的表示信息。

② 联锁层功能：实现联锁逻辑处理（或运算）。对输入的操作信息和状态信息及联锁机构的当前内部信息进行处理，进行联锁逻辑运算，改变内部信息，产生相应的输出信息，即进路控制命令（建立、锁闭和解锁进路）、信号控制命令（确定信号显示、关闭，开放信号机）和道岔控制命令（解锁、转换和锁闭道岔），并交付监控层的控制电路予以执行。

③ 监控层功能：接受来自联锁层的联锁控制命令，通过信号机和转辙机控制电路控制信号机的显示和驱动道岔转换；向联锁机构传输信号状态信息、道岔状态信息以及轨道电路状态信息。

2. 联锁系统设备的技术要求

① 确保进路上进路、道岔、信号机的联锁，联锁条件不符时，禁止进路开通。敌对进路必须相互照查，不得同时开通。

② 装设引导信号的信号机因故不能开放时，应通过引导信号实现列车的引导作业。

③ 应能办理列车和调车进路，根据需要设置相应的防护进路。

④ 联锁设备宜采用进路操纵方式。根据需要，联锁设备可实现车站有关进路、端站折返进路的自动排列。

⑤ 进路解锁宜采用分段解锁方式。锁闭的进路应能随列车正常运行自动解锁，以及可以人工办理取消进路和限时解锁并应防止错误解锁。限时解锁时间应确保行车安全。

⑥ 联锁道岔应能单独操纵和进路选动。影响行车效率的联动道岔宜采用同时启动方式。

⑦ 车站站台及车站控制室应设站台紧急关闭按钮。站台紧急关闭按钮电路应符合故障/安全原则。

⑧ 联锁设备的操纵宜选用控制台方式。控制台上应设有意义明确的各种标识，用以监督线路及道岔区段占用、进路锁闭及开通、信号开放和挤岔、遥控和站控等。

⑨ 车站联锁控制项目应包括：列车进路、引导进路、进路的解锁和取消、信号机关闭和开放、道岔操纵及锁闭、区间临时限速、扣车和取消、遥控和站控、站台紧急关闭和取消。

3.2 联锁系统的控制

3.2.1 区段和进路的锁闭与解锁

1. 区段的锁闭和解锁

在道岔区段装有轨道电路时，当列车或机车车辆驶入道岔区段轨道电路后，轨道继电器便失磁落下切断道岔的启动电路，使道岔失去控制而不能转动，把这种锁闭道岔的措施叫道岔区段锁闭。当机车车辆出清道岔区段轨道电路后，轨道继电器再次励磁吸起接通道岔启动电路，使该道岔区段解除锁闭，称为解锁。

2. 进路的锁闭和解锁

车站联锁的进路有两个状态，既锁闭状态（简称锁闭）和解锁状态（简称解锁）。进路锁闭是指进路已被办理，进路上的所有道岔都被锁闭在规定位置不能转换，且敌对信号机被锁闭在未建立状态。相反，进路解锁是指进路没被办理，或使进路上的所有道岔都处于位置可转换、且敌对信号机处于未被锁闭的状态。

3.2.2 进路的控制过程

进路控制过程（不管是列车进路还是调车进路）可分为进路的建立和解除（或解锁）两个过程。进路建立过程是指进路由解锁状态变到锁闭状态的过程，也就是从进路办理完毕开始到防护该条进路的信号机开放这一阶段；进路解除过程是指进路由锁闭状态变到解锁状态的过程，也就是从列车或车列驶入信号机内直到出清进路中全部道岔区段为止的这一阶段。

1. 进路建立过程

进路建立过程可进一步分解为5个阶段。

① 进路操作阶段。在办理进路时，操作人员按压进路的始、终端按钮以确定进路的范围、方向和性质（即列车进路还是调车进路）。

② 进路选择阶段（元素可行性检查和征用阶段）。根据已确定的进路范围自动选出与进路有关的信号机、道岔和轨道电路，并检查确定其是否符合进路开通的条件。

③ 道岔监控阶段。将选出的道岔转换到所需的规定位置。

④ 进路锁闭阶段。道岔转换完毕后，将道岔和敌对进路予以锁闭，确保行车安全。

⑤ 开放信号阶段。给出允许显示，指示列车或车列可驶入进路。

2. 进路解除过程

进路解除过程主要是将已被锁闭的道岔（区段）和敌对进路予以解锁。

1）取消进路解锁

取消进路解锁是指进路建立后，列车或车列还未驶入进路，因人为需要，允许操作人员立即利用取消进路按钮使进路解锁的一种方式。一旦执行取消进路解锁的操作，进路始端信号机立即自动关闭，并检查是否需要延时，如果不需要延时，立即使进路解锁；否则，经延时30 s后检查进路的第一个轨道区段是否解锁或被车占用，如已解锁或被车占用，应终止解锁，否则立即使进路解锁。

2）进路正常解锁

进路正常解锁是指列车或车列驶入并通过进路中的轨道区段后，进路的自动解锁方式。

一般采用三点式“逐段解锁”法。

以图 3-3 中Ⅱ区段为例，当满足以下条件时，Ⅱ区段自动正常解锁：

① 前一轨道区段（Ⅰ）和本轨道区段（Ⅱ）同时被占用过；

② 前一轨道区段（Ⅰ）出清并解锁；

③ 本轨道区段（Ⅱ）和下一轨道区段（Ⅲ）同时被占用过；本轨道区段（Ⅱ）出清且后一轨道区段（Ⅲ）被占用。

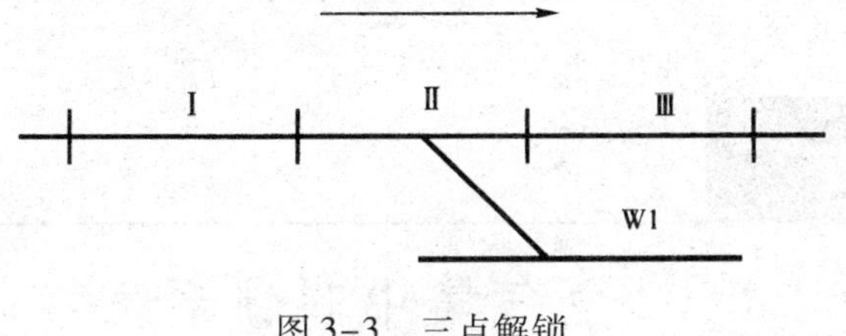

图 3-3　三点解锁

3）进路故障解锁

如果在列车或车列运动过程中某段轨道电路工作不正常（例如轨道继电器应落下时而不落或落下后应吸起时而不吸起），而使进路不能正常解锁，在这种情况下就需要操作人员介入使进路解锁，这种解锁方式称为故障解锁。6502 电气集中联锁系统采取双人介入的故障解锁方法，专门设置了道岔区段故障解锁按钮盘和控制台总人工解锁按钮，在故障解锁时，需双人同时介入按钮操作。在计算机联锁系统中采取控制台单人操作方法，在值班人员办理故障解锁时，系统会请值班员输入密码，来强调值班员个人负责。

3.2.3　列车运行的三级控制

城市轨道交通联锁系统的列车运行采用三级控制方式，即中心级控制（ATS 自动控制）、远程终端控制和车站工作站级控制。如图 3-4 所示。

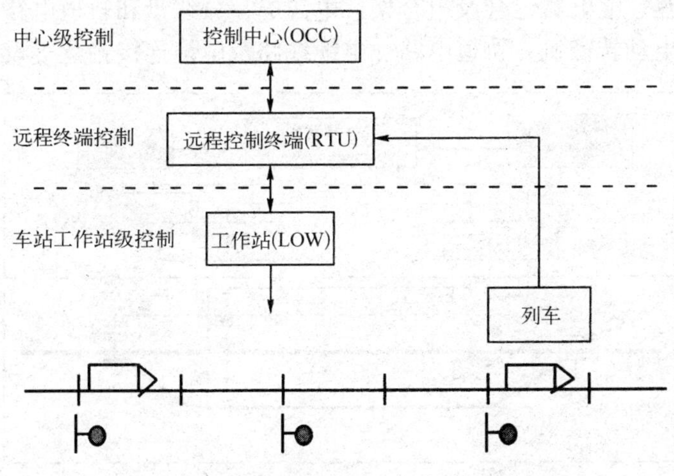

图 3-4　联锁系统的三级控制

① 中心级控制。全自动列车监控模式，列车的进路设置命令由自动进路设定系统发出，其信息来源于时刻表和自动调整系统。

② 远程终端控制。在控制中心故障或控制中心与下级设备通信故障时，列车司机输入目的码，列车发送系统发出列车信息，远程终端产生控制命令。

③ 车站工作站级控制。列车运行进路控制在车站值班员工作站执行，值班员选择通过联锁区的预期进路，联锁控制逻辑系统检查进路如没有被占用，并没有建立进路，随后则自动排列进路。

3.3

6502 电气集中联锁系统

用电气的方法集中控制和监督全站的道岔、进路和信号机，并实现它们之间联锁控制的设备称为电气集中联锁设备，简称电气集中联锁。电气集中联锁把全部道岔、进路和信号集中起来控制和监督，在一定程度上实现了站内行车指挥的自动控制，能准确及时地反映现场行车情况，不再需要分散控制时所需的联系时间，而且完全排除了因联系错误而引起的事故，因而大大提高了行车安全程度和作业效率，并且极大地改善了行车人员的劳动条件。电气集中联锁具有操作简便，办理迅速，表示完善，安全可靠等一系列优点。

电气集中联锁电路曾有很多种制式，但经使用和几次改善，6502 电器集中被认为是较好的定型电路，并且在我国铁路工程中得到广泛应用。上海地铁 1 号线、北京地铁 1 号线车辆段、广州地铁 1 号线车辆段均采用 6502 电器集中联锁系统。

3.3.1　6502 电气集中联锁的组成

6502 电气集中分为室内设备和室外设备两大部分，如图 3-5 所示。室内设备有控制台、区段人工解锁按钮盘、继电器组合及组合架、电源屏、分线盘和轨道电路测试盘等；在室外设有色灯信号机、电动转辙机、轨道电路、电缆线路及电缆连接箱盒等设备。

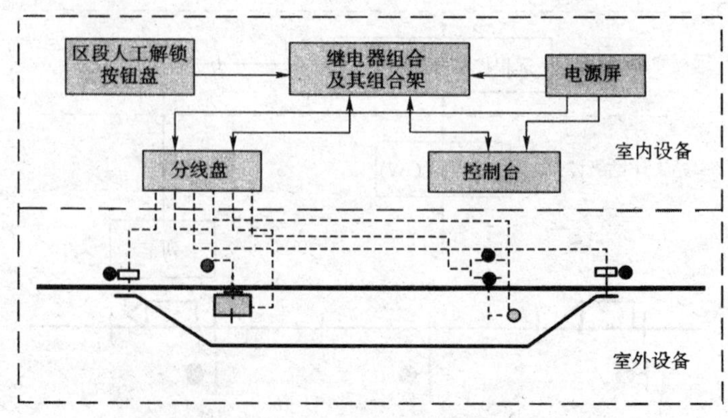

图 3-5　6502 电气集中的设备

控制台是6502电气集中实现人机会话功能的设备，它用各种定型的标准单元块拼装而成，称为单元拼装式控制台（如图3-4）。在控制台盘面上设有各种用途的按钮和表示灯及电流表。在控制台中部设有供车站值班员使用的工作台，下部背面设有配线端子板、熔断器及报警电铃。控制台是车站值班员集中控制和监督全站的道岔、进路和信号机，指挥列车运行和调车作业的控制中心；也是信号维修人员分析判断控制系统故障范围的辅助设备。

控制台的盘面是按照每个车站站场的实际情况而布置的，盘面上的模拟站场线路，接发车进路方向，道岔和信号机位置均与室外站场实际位置相对应，如图3-6和图3-7所示。

图3-6　控制台

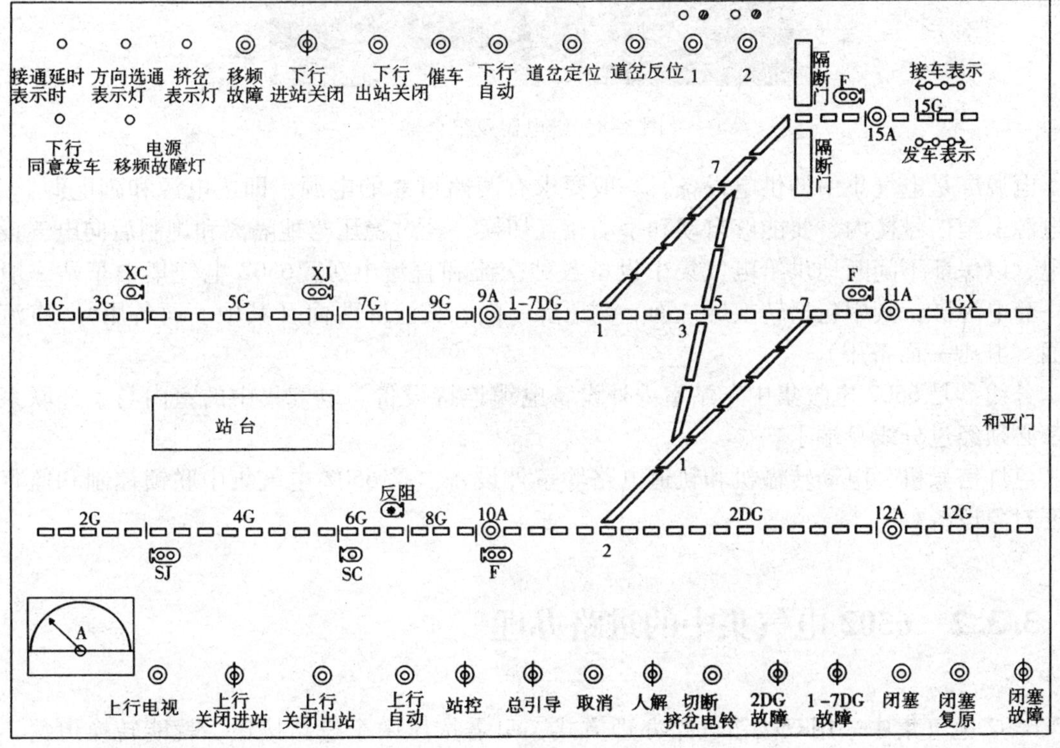

图3-7　控制台示意图

区段人工解锁按钮盘是控制台操作时的辅助设备，当轨道区段因故障不能正常解锁时，用它办理故障解锁；在更换继电器或停电后恢复时，用来使设备恢复正常状态；或在用取消进路的办法不能关闭信号时，可用它关闭信号。

继电器组合及组合架是6502电气集中实现联锁处理功能的主要设备。由于电气集中联锁的进路控制过程是由各种继电器逻辑电路实现的（如选择组电路和执行组电路等），所以，在电气集中车站需要大量继电器。把具有相同控制对象的继电器按照联锁定型电路单元组合在一起，叫做继电器组合，简称组合。6502电气集中的定型组合是根据车站信号平面布置图上的道岔、信号机和道岔区段设计的，共有12种定型组合。

6502电气集中采用通用的大站电气集中组合架（如图3-8），继电器按组合放置在组合架上，组合架分11层，1～10层安装继电器组合，每层安装一个继电器组合，每个组合包括的继电器数量最多不超过10个，以便安装在组合架上比较匀称，并能够有效地利用组合架的空间。为了集中对轨道电路的有关参数进行测试，在组合架上还设有轨道电路测试盘。

图3-8　继电器及组合架

电源屏是电气集中的供电设备。一般要求有两路可靠的电源，即主电源和副电源。主、副电源引至信号楼内，要能够自动和手动相互切换，经过稳压与地隔离和调制后向电气设备供电，以保证不间断地供给电气集中设备各种交流和直流电源。6502电气集中车站一般设置一套电源屏，其中包括转换屏一面、调压屏一面、交流屏两面（其中一面备用）、直流屏两面（其中一面备用）。

分线盘是6502电气集中车站室内外设备电缆连接设备。电气集中的室内与室外联系导线都必须经过分线盘端子。

色灯信号机、电动转辙机和轨道电路等室外设备，是6502电气集中联锁控制和监督的主要对象设备。

3.3.2　6502电气集中的进路办理

6502电气集中采用双按钮进路办理方式，只需按压两个进路按钮，就能转换道岔，开放信号，而且不论进路中有多少组道岔均能一次转换，简化了操作手续。在解锁方式上，

6502 电气集中采用的是逐段解锁方式，即列车出清一段解锁一段，提高了车站作业效率。

如图 3-9 所示，假如所有区段均为空闲，办理Ⅱ股道接车进路步骤如下。

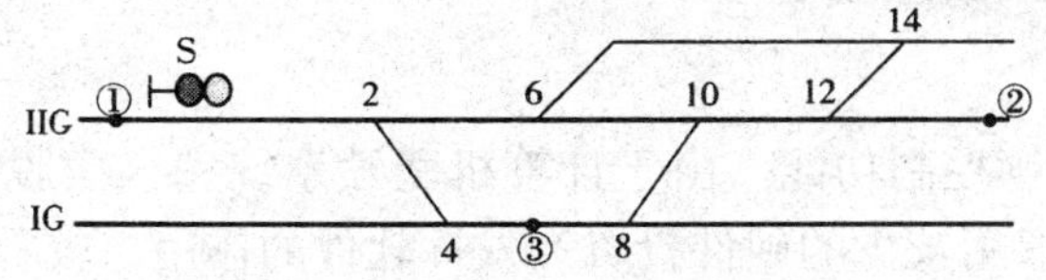

图 3-9　6502 电气集中进路办理

第一步：办理基本进路，即在控制台上顺序按下进路始端按钮①和进路末端按钮②。

在控制台的轨道表示盘上，所选出的基本进路（经由 2、6、10、12 号道岔的进路）从始端到终端自动呈现一条白色光带，即表示进路已被选出并已经锁闭。这时与基本进路有关的道岔（2、6、10、12 号道岔）应转换到符合进路要求的规定位置，防护该进路的信号机 S 自动开放，进路已经建立，可以进行接车作业。

如基本进路因故不能排通时，应转入第二步操作，否则转第三步操作。

第二步：办理迂回进路。当基本进路因故不能排通时，可以改为排列绕行的迂回进路。如图 3-9 所示，当Ⅱ股道接车基本进路上的 6 号道岔故障时，则应排列经由 2、4、8、10、12 号道岔的迂回接车进路。即在控制台上顺序按下进路始端按钮①、变更按钮③和进路末端按钮②，排通迂回接车进路。

第三步：如有必要，可办理人工取消进路（解锁）。即列车没到达信号机的接近区段时，拔出始端按钮①，使信号机自动关闭，进路解锁。当列车接近时，拔出始端按钮①后，信号机自动关闭，但进路还要延续一段时间后才解锁，以保证安全。

第四步：列车驶入该进路后，信号机自动关闭，列车经过每一个轨道电路区段后，白光带自动变成红光带，表示列车已占用该区段，然后又由红光带变为灭灯状态，表示列车已经出清该区段并解锁，此时，可以利用该区段内的道岔建立新的进路。当列车通过接车进路进入Ⅱ股道后，所有区段顺序解锁完毕；进路解除。

3.4

计算机联锁系统

计算机联锁，也称微机联锁，是利用计算机实现车站联锁功能的系统。进入 21 世纪后，随着计算机技术的迅速发展，尤其是对于可靠性技术和容错技术的深入研究，计算机联锁正在取代继电集中联锁，在我国城市轨道交通中得到广泛应用。如 TYJL－Ⅱ型计算机联锁已经运用于北京、广州、南京等地铁系统之中。VPI 型计算机联锁已经运用于上海地铁。DS6－11 型计算机联锁已经运用于大连快速轨道交通 3 号线。

计算机联锁，是利用计算机对车站进路操作命令及现场设备状态及表示信息进行联锁逻辑运算，从而对进路、信号机及道岔等进行集中控制的车站联锁设备。

3.4.1 计算机联锁的特点

① 进一步完善了联锁控制功能。由于计算机联锁系统完全摆脱了继电联锁系统的网络结构，因而在技术上能够用较少的硬件投资和发挥软件的作用，较容易地克服网状电路难以解决的一些问题。

② 计算机发出的控制信息和现场发回的表示信息，均能由传输通道串行传送，可以节省大量的干线电缆，并使采用光缆成为可能。

③ 用 CRT 屏幕显示代替电气集中控制台的表示盘，大大缩小了体积，简化了结构，方便了使用，还可以根据需要多台并机使用。

④ 可靠性、安全性高。计算机系统可以最大限度地利用软、硬件资源，对直接涉及行车安全的联锁逻辑处理和执行表示环节采用冗余及容错技术，从而保证了整个系统的可靠性，安全性指标也高于继电联锁系统。

⑤ 灵活性大。计算机联锁系统无论是硬件还是软件均采用标准化、模块化结构，不同规模和作业性质的车站或站场，只需要编制一些站场数据，选用功能不同和数量不等的模块组装即可。当站场改扩建时，计算机联锁系统用修改数据的方法，几乎不需要变更既有电路和联锁程序就能满足需要。

⑥ 便于系统维护。计算机联锁系统大部分是电子设备，这些电子设备没有机械磨损，所以日常维修量小。此外，计算机联锁系统往往具有完善的监测和故障诊断功能，便于维修人员分析查找和及时排除故障。

3.4.2 计算机联锁系统的组成

计算机联锁系统由硬件设备和软件设备构成。硬件设备包括人机会话计算机、联锁计算机、安全检验计算机（用以检验联锁计算机的运行情况，发现故障可导向安全）、彩色监视器、微型集中操纵台、安全继电输入输出接口柜、计算机联锁专用电源屏以及现场信号机、转辙机、轨道电路等室外设备。软件设备是实现进路、信号机和道岔联锁逻辑的核心部分，由两部分组成：一是参与联锁运算的车站数据库；二是进行联锁逻辑运算，完成联锁功能的应用程序。车站数据库包括车站赋值表、车站联锁表、按钮进路表、车站显示数据等。应用程序由多个程序模块组成，即系统管理程序模块、时钟中断管理程序模块、表示信息采集及信息处理程序模块、操作命令输入及分析程序模块、选路及转岔程序模块、信号开放程序模块、解锁程序模块和站场彩色监视器显示程序模块等。

计算机联锁系统层次结构主要包括操作层、逻辑层、执行表示层、设备驱动层和现场设备层，如图 3-10 所示。

1）操作层

操作层是人机界面，设有集中操作台和图形显示器设备，将设备和列车运行情况用图形显示，通过鼠标和键盘操作命令实现联锁命令操作，接受操作员命令并传递给逻辑层处理。

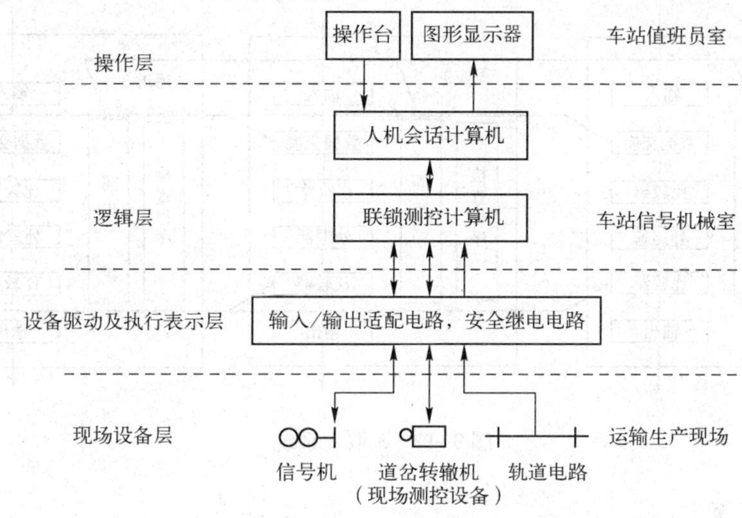

图 3-10　计算机联锁系统的层次结构图

2）*逻辑层*

逻辑层是系统核心，实现联锁逻辑的处理。它的功能由人机会话计算机和联锁测控计算机实现。逻辑层系统应用了 2 取 2 或 3 取 2 等可靠性与安全性结构冗余技术。

① 2 取 2 系统是由两个各自独立且相同的单元组成的与门两重安全冗余系统。如图 3-11 所示，数据由两个完全相同的通道输入，同时进行比较和处理，只有当两个通道的处理结果相同时，结果才能输出。一旦检查出第一个故障，系统将停止工作，这样就避免了连续出现故障所引起的危害，从而提高系统输出结果的安全性。

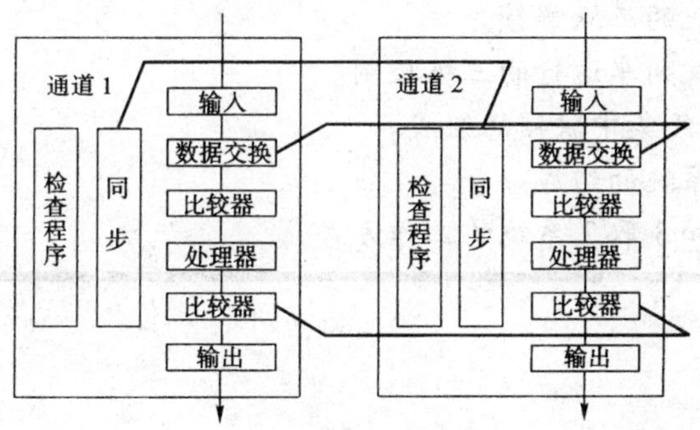

图 3-11　2 取 2 系统

② 3 取 2 系统是由与门和或门组合成的可靠与安全性冗余结构。如图 3-12 所示，只有当两个或三个通道的处理结果相同时，结果才能输出，确保系统输出结果的安全性。同时，一旦有一个通道发生故障，系统仍可按 2 取 2 方式继续工作，从而提高系统的可靠性。

3）*设备驱动及执行表示层*

设备驱动及执行表示层是逻辑层和现场设备层的接口，由输入输出适配电路和安全继电电路等实现。它分解逻辑层的命令，控制现场设备层驱动设备，并将采集的现场设备层的表示信息传递给逻辑层。

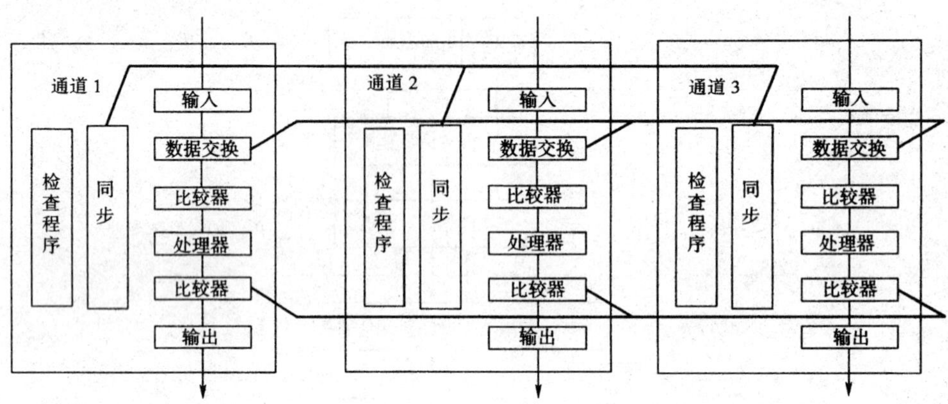

图 3-12　3 取 2 系统

4）现场设备层

现场设备层是计算机联锁系统的被控对象，包括道岔转辙机、信号机、轨道电路等现场设备。

复习思考题

1. 什么叫进路？简述进路的种类及其性质。
2. 什么叫联锁？联锁的基本内容和条件有哪些？
3. 简述联锁系统的层次结构。
4. 简述联锁进路的控制过程。
5. 简述联锁系统的三点解锁。
6. 简述联锁系统列车运行的三级控制。
7. 简述 6502 电气集中联锁的组成。
8. 计算机联锁系统的组成。
9. 简述 2 取 2 和 3 取 2 系统的工作方式。

4 第4章 列车自动控制（ATC）系统

列车自动控制（ATC）系统是城市轨道交通信号系统最重要的组成部分，它通过实现行车指挥和列车运行自动化，能最大限度地保证列车运行安全，提高运输效率，减轻运营人员的劳动强度，从而充分发挥城市轨道交通的通过能力。

知 识 点

1. 区间闭塞的基本概念及制式；
2. ATC 系统的基本组成和功能；
3. ATC 系统控制模式；
4. 列车的驾驶模式。

技能目标

1. 掌握自动闭塞与移动闭塞的区别；
2. 掌握 ATC 系统的分类及原理；
3. 掌握点式和连续式 ATC 系统特点；
4. 掌握不同的驾驶模式在列车驾驶过程中的使用；
5. 掌握 ATC 系统控制模式的种类。

4.1 ATC 系统的组成和功能

列车自动控制（Automatic Train Control，ATC）系统包括三个子系统：列车自动防护（Automatic Train Protection，ATP）系统、列车自动驾驶（Automatic Train Operation，ATO）系统和列车自动监控（Automatic Train Supervision，ATS）系统。

ATC 系统包括五个原理功能：ATS 功能、联锁功能、列车检测功能、ATC 功能和 PTI（列车识别）功能。

① ATS 功能：可自动或由人工控制进路，进行行车调度指挥，并向行车调度员和外部系统提供信息。ATS 功能主要由位于 OCC（控制中心）内的设备实现。

② 联锁功能：响应来自 ATS 功能的命令，在随时满足安全准则的前提下，管理进路、道岔和信号的控制，将进路、轨道电路、道岔和信号的状态信息提供给 ATS 和 ATC 功能。联锁功能由分布在轨旁的设备来实现。

③ 列车检测功能：一般由轨道电路、计轴器等完成。

④ ATC 功能：在联锁功能的约束下，根据 ATS 的要求实现列车运行的控制。ATC 功能有三个子功能：ATP/ATO 轨旁功能、ATP/ATO 传输功能和 ATP/ATO 车载功能。ATP/ATO 轨旁功能负责列车间隔和报文生成；ATP/ATO 传输功能负责发送信号，它包括报文和 ATC 车载设备所需的其他数据；ATP/ATO 车载功能负责列车的安全运营、列车自动驾驶，且给信号系统和司机提供接口。

⑤ PTI 功能：通过多种渠道传输和接收各种数据，在特定的位置传给 ATS，向 ATS 报告列车的识别信息、目的号码和乘务组号及列车位置数据，以优化列车运行。

4.2 ATC 系统的分类及原理

4.2.1　区间闭塞的基本概念及制式

两站之间的线路称为区间，通常区间分为若干个闭塞分区。列车在区间运行，必须在运行前方闭塞分区空闲的情况下，而且必须杜绝其对向和同向同时有列车运行的可能，即必须从列车的头部和尾部进行防护。这种为确保列车在区间运行的安全而采取一定措施的方法称为行车闭塞法，简称闭塞。用以实现闭塞作用的设备称为闭塞设备。在双线单方向运行时，闭塞作用主要是保证列车之间的安全间隔。

区间闭塞的基本原则是在铁路区间或闭塞分区内任何时刻只允许有一辆列车运行。

实现区间闭塞的基本方法有时间间隔法和空间间隔法两种类型。时间间隔法是当先行列车发出后，隔一定时间再发出同方向的后续列车，以实现相继追踪列车间的隔离。这种方法的主要缺点是不能确保安全，如当先行列车运行不正常时（晚点或中途停车等），有可能发生后续列车撞上前行列车的追尾事故。为了克服时间间隔法的缺陷提出了空间间隔法，即先行列车与后续列车间隔开一定空间的运行方法。空间间隔法能较好地保证行车安全而被广泛采用，逐步形成了铁路区间列车运行的闭塞制度。

区间闭塞制度的发展经历了人工闭塞、半自动闭塞、自动闭塞和移动闭塞四个阶段。

1）人工闭塞

人工闭塞包括电话或电报闭塞、电气路签（牌）闭塞。

① 电话或电报闭塞：区间两端车站值班员用电话或电报办理行车联络手续，由发车站填制路票，发给司机作为列车占用区间凭证，确保区间只有一辆列车运行。

② 电气路签（牌）闭塞：只在单线铁路早期使用，以路签或路牌作为列车占用区间凭证的行车闭塞法。区间两端车站装设同一型闭塞机各一台（称为一组），彼此有电气锁闭关系。当一组闭塞机中存放路签（牌）总数为偶数时，经双方协同操作，发车站可取出一枚路签（牌），递交司机作为行车凭证。在列车到达前，这一组闭塞机中不能再取出第二枚路签（牌），确保区间只有一辆列车运行。

2）半自动闭塞

半自动闭塞是采用人工办理闭塞手续，列车凭出站信号机或线路所通过信号机时的进行信号的显示，作为发车占用区间的凭证，从而实现闭塞的一种方式。出站信号机不能任意开放，它受半自动闭塞机的控制。只有当区间空闲，经过办理手续后，出站信号机才能开放。还应注意，出站信号机既要防护列车区间运行的安全，又要防护出发列车在站内的运行安全。所以它既要受闭塞机的控制，又要受车站联锁设备的控制。

3）自动闭塞

自动闭塞是由运行中的列车自动完成闭塞任务的一种闭塞制式。采用自动闭塞要将两个相邻车站之间的区间正线划分成若干个闭塞分区，在每个分区起点设置一架固定通过（色灯）信号机进行防护，并在闭塞分区内钢轨上装设轨道电路。用轨道电路检查分区空闲情况并反映列车的运行情况和钢轨是否完整，以通过信号机的进行信号显示作为占用分区的凭证，以通过信号机的禁止信号显示实现分区闭塞。因为通过信号机是随着列车的运行自动控制的，不需要人工操纵，所以叫自动闭塞。

自动闭塞不仅使行车安全有了进一步的保证，由于采用闭塞分区和信号多显示制度为后续列车指示运行条件，可极大的提高区间线路的通过能力。

4）移动闭塞

移动闭塞是随着列车的移动而自动调整列车运行安全追踪间隔距离的闭塞制式。移动闭塞的特点是前、后两列车都采用移动式的定位方式，不需要将区间划分成固定的若干闭塞分区，而是通过地面处理机提供的与前行列车的间隔距离等信息，控制列车速度，达到自动调整运行间隔，使之保持一定的距离。移动闭塞是一种新型的闭塞制式，可以提高区间内的行车密度，大幅度提高区间通过能力，是今后发展的方向。

4.2.2　不同闭塞制式的 ATC 系统

城市轨道交通 ATC 系统，按闭塞制式可以分为固定闭塞式 ATC 系统、准移动闭塞式 ATC 系统和移动闭塞式 ATC 系统。

1. 固定闭塞式 ATC 系统

固定闭塞是将线路划分为若干个固定的分区，前后车的位置间距都是用固定的地面设备来检测，闭塞分区用轨道电路或计轴装置来划分。由于列车定位是以固定区段为单位的（系统只知道列车在哪一个分区中，而不知道在分区中的具体位置），所以固定闭塞的速度控制模式是分级的（即阶梯式的），需要向列车传送的信息只有速度码。如图 4-1 所示。

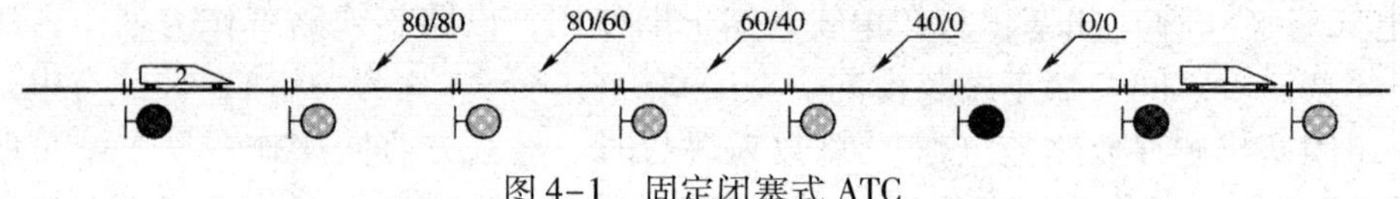

图 4-1　固定闭塞式 ATC

注：图中"60/40"是区段的"入口/出口"速度，其他类同。

固定闭塞的闭塞分区长度较大，并且一个分区只能被一辆列车占用，不利于缩短行车时间间隔，除此之外，因为无法知道列车的具体位置，需要在两辆列车之间增加一个防护区段，这使得列车间的安全间隔较大，影响了线路的使用效率。

传统 ATP 采用固定闭塞，通过轨道电路判别闭塞分区占用情况，并传输信息码，需要大量的轨旁设备，维护工作量较大。此外，传统方式还存在以下缺点。

① 轨道电路工作稳定性易受环境影响，如道床阻抗变化、牵引电流干扰等。

② 轨道电路传输信息量小。在传统方式下增加信息量，只能通过提高信息传输的频率实现。但是如果传输频率过高，钢轨的集肤效应会导致信号的衰耗增大，从而导致传输距离缩短。

③ 利用轨道电路难以实现车对地的信息传输。

④ 固定闭塞的闭塞分区长度是按最长列车、满负载、最高速度、最不利制动率等不利条件设计的，分区较长，且一个分区只能被一列车占用，不利于缩短列车运行间隔。

⑤ 固定闭塞系统无法知道列车在分区内的具体位置，因此列车制动的起点和终点总在某一分区的边界。为充分保证安全，在滞后速度控制模式下，需要在两列车间增加一个"防护区段"，但这将使得列车间的安全间隔较大，影响线路的使用效率。

2. 准移动闭塞式 ATC 系统

准移动闭塞对前后列车的定位方式是与固定闭塞不同的，如图 4-2 所示。前行列车的定位仍然沿用固定闭塞的方式，而后续列车的定位则采用移动的方式，即后续列车可以精准定位。由于准移动闭塞采用的是固定和移动两种定位方式，所以其速度控制模式既有连续的特点又有阶梯的性质，如图 4-3 所示。

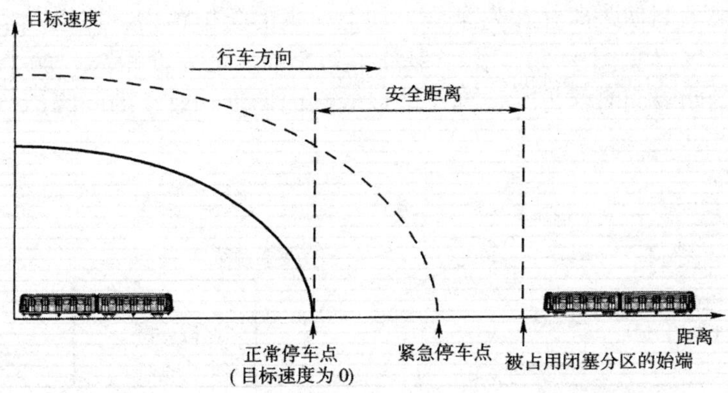

图 4-2　准移动闭塞式 ATC

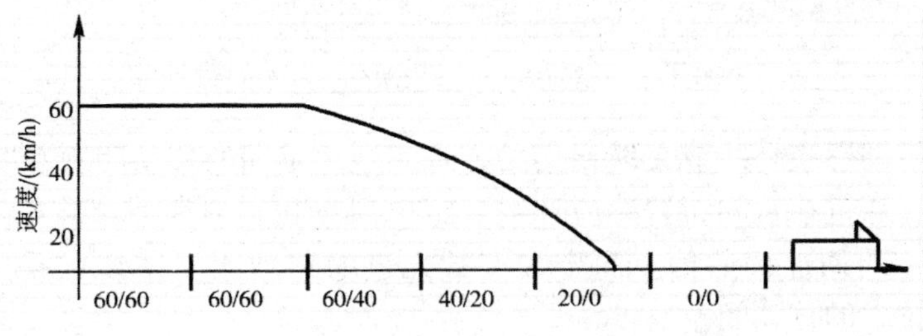

图 4-3　准移动闭塞速度控制

注：图中“60/60”是区段的“入口/出口”速度，其他类同。

准移动闭塞在控制列车安全间隔方面比固定闭塞更进一步，可以告知后续列车继续前行的距离，后续列车也可以通过这一距离合理地采取减速或制动，从而改善列车控制，缩小时间间隔，提高线路使用效率。

3. 移动闭塞式 ATC 系统

移动闭塞的特点是前后两列车均采用移动式的定位方式，即前后两辆列车均可精准定位。与固定闭塞的根本区别在于闭塞分区的形成方法不同，闭塞分区之间没有固定的地面间隔点，移动闭塞的分区是随着列车的移动而形成的，列车运行中与前方列车的安全间隔距离（即后方列车的最大制动距离）点，也就是允许下一辆列车行至的位置，即是移动闭塞分区的间隔点，它是随着列车的移动而变化的，如图 4-4 所示。

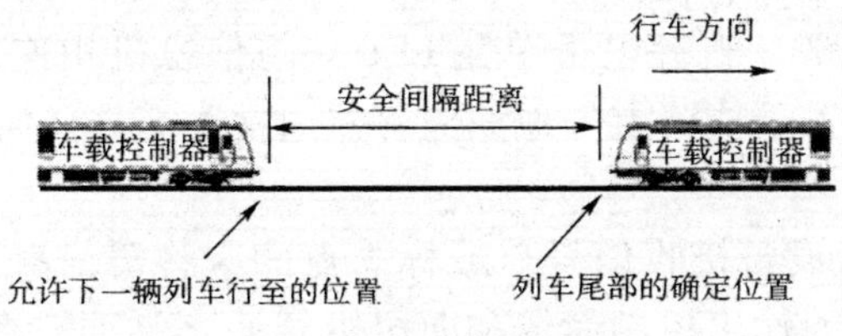

图 4-4　移动闭塞式 ATC

移动闭塞技术在对列车的安全间隔控制上更进了一步。通过车载设备和轨旁设备连续地双向通信，控制中心可以根据列车实时的速度和位置动态地计算列车的最大制动距离。列车的长度加上这一最大制动距离并在列车后方加上一定的防护距离，便组成了一个与列车同步移动的虚拟闭塞分区（见图4-5）。由于保证了列车前后的安全距离，两个相邻的移动闭塞分区就能以很小的间隔同时前进，使列车能以较高的速度和较小的间隔运行，从而提高运营效率。

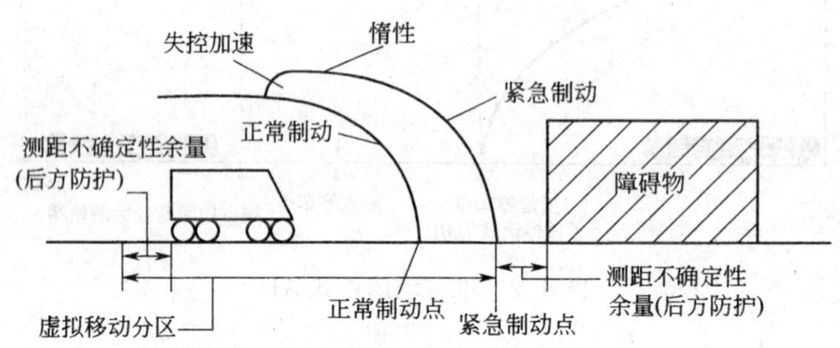

图4-5　移动闭塞系统的安全行车间隔

移动闭塞可借助感应环线或无线通信的方式实现。早期的移动闭塞系统大部分采用基于感应环线的技术，通过在轨间布置感应环线来定位列车和实现车载计算机（VOBC）与车辆控制中心（VCC）间的连续通信。而今大多数先进的移动闭塞系统已采用无线通信系统，构成了无线通信技术的移动闭塞。

4.2.3　不同信息传递方式的ATC系统

城市轨道交通的ATC系统，按车地间信息传递方式划分，可分为点式ATC系统和连续式ATC系统。

1. 点式ATC系统

点式ATC系统因其主要功能是实现列车超速防护，所以又称为点式ATP系统。点式ATC系统，采用应答器实现地车间点式传递信息，用车载计算机进行信息处理。系统结构如图4-6所示。地面应答器通常设置在信号机旁或者设置在一段需要降速的缓行区间的始、终端。它接收车载设备发射的能源，其内部寄存器按协议以数码形式存放实现列车速度监控及其他行车功能所必须的数据。置于信号机旁的地面应答器，用以向列车传递信号显示信息，因此需要通过接口电路（轨旁电子单元LEU）与信号机相连，应答器内所存储的部分数据受信号显示的控制。置于线路上的地面应答器通常不需与任何设备相连，所存放的数据往往是固定的。

点式ATC系统的车载设备接收信号点或标志点的应答器信息，还接收列车速度和制动压力信息，由中央处理单元输出控制命令和向司机显示。当列车驶过地面应答器，车载应答器与地面应答器对准时，地面应答器向列车传送每一信号点的允许速度、目标速度、目标距离、线路坡度、信号机号码等信息。车载计算机系统根据地面应答器传至车上的信息以及列车自身的制动率（负加速度），计算得出两个信号点之间的速度监控曲线，控制列车运行。

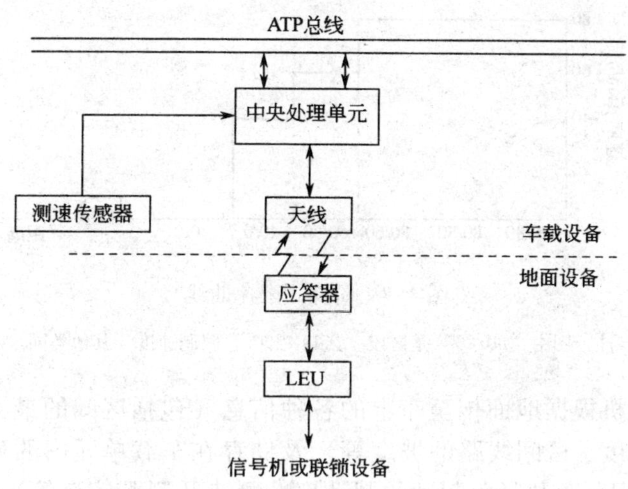

图 4-6　点式 ATC 系统的基本结构

点式 ATC 系统的特点是地面应答器无源、高信息容量和结构简单，但是难以胜任高密度列车运行的情况。例如当后续列车驶过地面应答器时，因前方区段有车，它算出的速度监控曲线是一条制动曲线，列车开始实施制动减速运行，这时尽管前行列车可能已驶离前方区段，但因后续列车已驶过地面应答器，得不到新的前行列车信息只能保持减速运行，直到抵达运行前方的下一个地面应答器时才能加速。这就会造成高密度线路上列车均处于低速运行的局面。另外，点式 ATC 由于信息传递的不连续性，不利于列车的平稳驾驶。

2. 连续式 ATC 系统

地车间实现连续传递信息的 ATC 系统，称为连续式 ATC 系统。按地车信息传输所用的媒体分类，连续式 ATC 系统可分为基于轨道电路和基于通信的两大类，后者又可分为采用轨间电缆的列车控制和采用无线通信的列车控制两类。

1）基于轨道电路的 ATC 系统

基于轨道电路的 ATC 系统，按地车之间所传输信息的内容可区分为速度码系统（Speed Code System）和距离码系统（Distance Code System）两种。不论是速度码系统还是距离码系统，轨道电路都被用作双重通道：当轨道电路区段上无车时，轨道电路发送的是轨道电路检测信号或检测码；当列车驶入轨道电路区段后，立即转发速度信号或者有关数据电码。

速度码系统通常使用频分制方法，采用的是移频轨道电路，即用不同的频率来代表不同的允许速度。在无列车经过时，轨道电路用于检测列车占用情况。当列车进入轨道电路区段后，检测继电器失磁落下，向轨道电路改发来自控制中心的速度码信息。速度码系统从地面传递给列车的允许速度（限速值）是阶梯分级的，在轨道电路区段分界处的限速值是跳跃式的（见图 4-7 阶梯式限速曲线），这对于平稳驾驶、节能运行及提高行车效率都是非常不利的。因此，速度码系统已逐渐被能实时计算限速值的距离码系统所取代。

距离码系统从地面传至车上的是前方目标点的距离等一系列基本数据，当列车进入轨道区段时，轨道电路以频移键控方式向车载设备传送信息，该信息是以按协议约定的报文电码

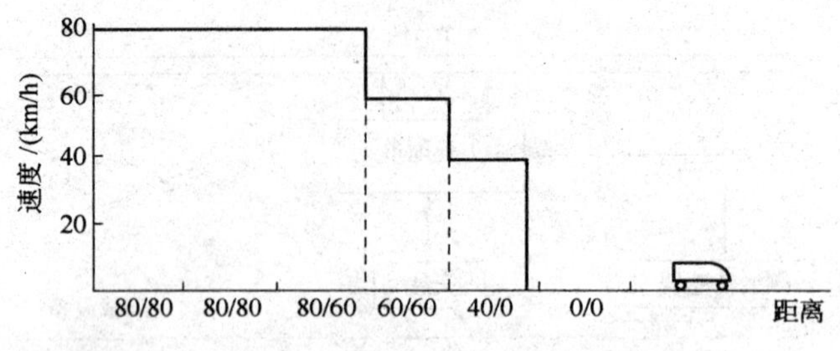

图 4-7　阶梯式限速曲线

注：图中"80/80"是区段"入口/出口"限制速度，其他类同。

形式传送。车载计算机根据地面传至车上的各种信息（包括区间的最大限速、目标点的距离、目标点的允许速度、区间线路的坡度等）及储存在车载单元内的列车自身的固有数据（如：列车长度、常用制动及紧急制动的制动率、测速及测距信息等），实时计算出允许速度曲线（如图 4-8），并按此曲线对列车的实际运行速度进行监控。

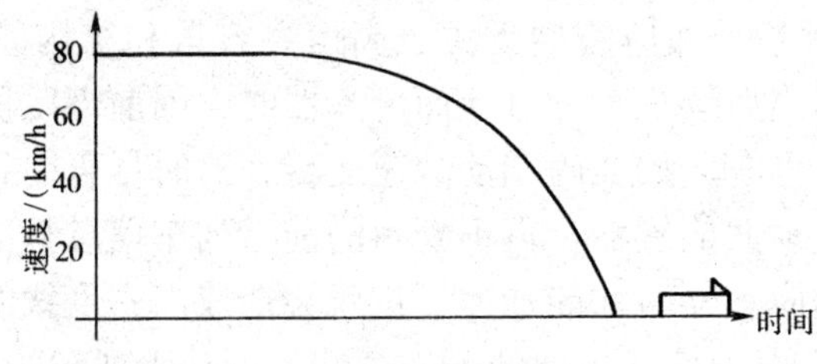

图 4-8　连续 ATC 速度控制

由于距离码系统的数据传输、实时计算及列车车速监控都是连续的，所以速度监控是实时、无级的，可以有效地实现平稳驾驶与节能运行。但这种制式的信息传输比较复杂。

随着城市轨道交通的发展，基于轨道电路的列车控制方式的各种弊端也逐渐显现出来。这种以钢轨作为信息传输通道的列车控制方式，传输频率受到很大限制，导致车地间的通信容量很低，同时信息的传输受到牵引回流和迷流网的影响，传输性能不够稳定；又因为这种制式所实现的主要是准移动闭塞，距离移动闭塞还有一定的差距，列车间隔的进一步缩短和列车速度的提高受到很大的限制。

2）基于通信的 ATC 系统（CBTC）

随着计算机（computer）、通信（communication）和控制（control）技术的发展，以 3C 技术代替轨道电路实现列车的控制成为最好的发展方向，出现了基于通信的列车控制系统 CBTC（Communications Based Train Control）。CBTC 有两种制式：基于轨间电缆的 ATC 系统和采用无线通信的 ATC 系统。

（1）基于轨间电缆的 ATC 系统

基于轨间电缆的 ATC 系统是利用轨间铺设的电缆传输信息的。轨间电缆是车地通信的唯一通道，为了抗牵引电流的干扰和实现列车定位，轨间电缆每隔一段距离（如 25 m）作一次交叉，形成交叉环线，如图 4-9 所示。利用轨间电缆的交叉配置可以实现列车的定位，每当列车驶过电缆的交叉点，通过检测信号极性的变化及次数来确定列车的实际位置。

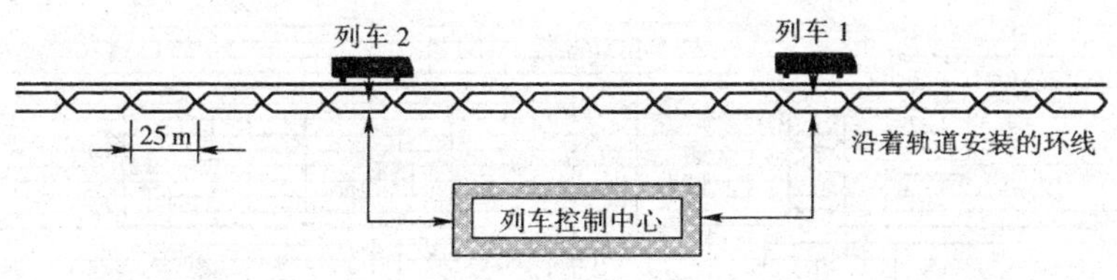

图 4-9　交叉环线

采用轨间电缆的 ATC 系统主要设备有控制中心设备、轨间传输电缆和车载设备。在控制中心内按地理坐标储存了各种地面信息（如线路坡度、曲线半径、道岔位置、缓行区段的位置与长度等）。此外，经过联锁装置，将沿线的信号显示、道岔位置、列车的有关信息（车长、制动率、所在位置、实时速度等）不断地经由轨间电缆传至控制中心。控制中心内的计算机计算出在它管辖的区段上每一列车当前的最大允许速度，再经由轨间电缆传至相应列车，实现速度控制。这种方法可以由控制中心统一指挥所有运行列车，但是当控制中心故障时将导致全线瘫痪。另一种方法是控制中心和联锁系统将线路、目标速度等信息通过电缆传输给列车，由车载计算机计算其允许速度，对列车实现控制。

如图 4-9 所示，在某一时刻，列车 2 获得实时最大允许速度；随着列车 1 的移动，目标点的距离一直在改变，列车 2 的实时最大允许速度随列车 1、2 间的距离而变化。与点式速度控制系统比较，显然连续式的行车效率更高。列车从控制中心获得最大允许速度值之后，一方面在双针速度表上显示出来，另一方面依据此值对列车速度进行监控。若列车实际速度高于此最大允许速度，则先报警后制动。如果制动设备条件许可，则可在列车实际速度低于最大允许速度时缓解制动机，从而避免了列车停车及重新启动。

采用轨间电缆的 ATC 系统，信息传输使用的是价格昂贵的金属电缆线，且电缆易故障，不利于线路养护，维修费用也很高，目前大多 ATC 公司发展采用无线通信的列车控制系统。

（2）基于无线通信的 ATC 系统

无线 ATC 系统利用无线通信的方式传输信息。地面编码器生成编码信息，通过天线向车上发送。信号显示控制接口负责检测要发送的信号显示，并从已编程的数据中选出有用数据送编码器，同时选出与限制速度、坡度、距离等有关的轨道数据。编码器用高安全度的代码将这些数据编码，经过载波调制，馈送至无线通道向机车发送。车上接收设备接收限制速度、坡度、距离等信息后，由车载计算机计算出目标速度，对机车进行监控。

用无线通道实现地车数据传输的 ATC 才是真正意义上的移动闭塞。目前，阿尔卡特、阿尔斯通、西门子、庞巴迪、USSI 和西屋公司等，均开发出了各自的移动闭塞技术并已广泛应用。无线通信有采用波导管、漏泄电缆和自由空间波三种方式。

典型无线移动闭塞系统的结构如图 4-10 所示。该系统以列车为中心，其主要子系统包括：区域控制器、车载控制器、列车自动监控（中央控制）、数据通信系统和司机显示等。

在典型的移动闭塞线路中，线路被划分为若干个区域，每一个区域由一定数量的线路单元组成。区域的组成和划分预先定义，每一个区域均由本地控制器和通信系统控制。本地控制器和区域内的列车及联锁等子系统保持连续的双向通信，控制本区域内的列车运行。列车从一个控制区域进入下一个区域的移交是通过相邻区域控制器之间的无线通信实现的。

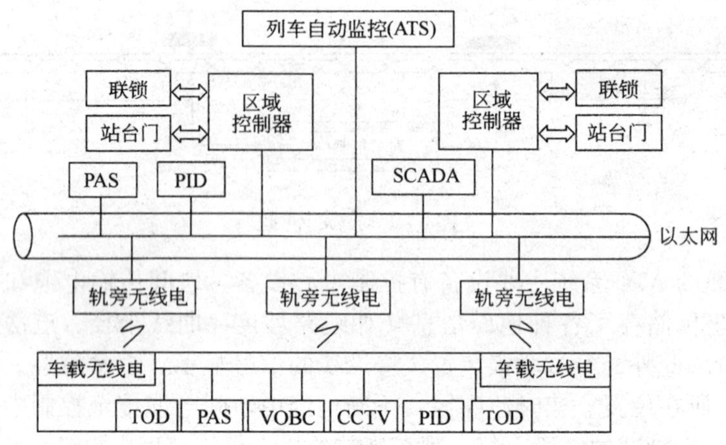

图 4-10　典型无线移动闭塞系统的结构

CCTV—闭路电视；PAS—乘客广播系统；PID—乘客向导系统；
SCADA—电力监控系统；TOD—司机显示；VOBC—车载控制器

区域控制器（ZC）即区域的本地计算机，采用 3 取 2 的检验冗余配置，与联锁区一一对应，通过数据通信系统保持与控制区域内所有列车的安全信息通信。ZC 根据来自列车的位置报告跟踪列车并对区域内的列车发布移动授权（如图 4-11），实施联锁。

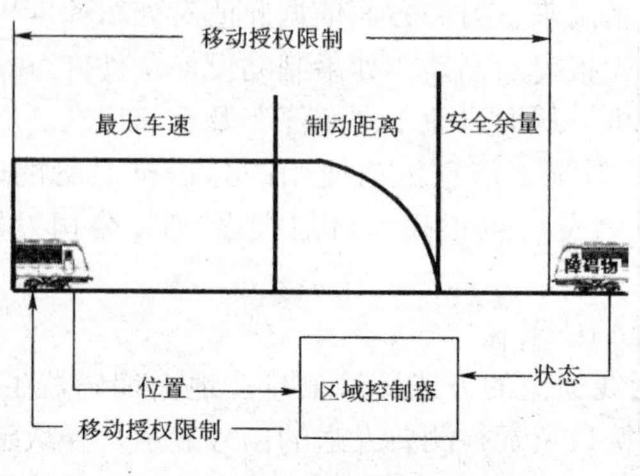

图 4-11　移动授权

冗余结构的 ATS 可实现与所有列车运行控制子系统的通信，用于传输命令及监督子系统状况。

车载控制器（VOBC）与列车一一对应，实现列车自动保护（ATP）和列车自动驾驶（ATO）的功能。车载控制器也采用 3 取 2 的冗余配置。车载应答器和天线与地面的应答器（信标）进行列车定位，测速发电机用于测速和对列车定位进行校正。

司机显示提供司机与车载控制器及 ATS 的接口，显示的信息包括最大允许速度、当前速度、到站距离、列车运行模式及系统出错信息等。

数据通信系统采用国际标准的以太网，实现所有区域和列车的信息通信。

4.3 ATC 系统的控制模式及模式转换

1. ATC 系统控制模式

ATC 系统应包括下列控制（等级）模式：控制中心自动控制模式；控制中心自动控制时的人工介入控制或利用 CTC 系统的人工控制模式；车站自动控制模式；车站人工控制模式。每种模式说明了对给定车站和归属控制地段中的列车运行所采取的控制等级，然而一个系统在同一时间只能处于一种模式。各控制等级应遵循的原则是：车站人工控制优先于控制中心人工控制，控制中心人工控制优先于控制中心的自动控制或车站自动控制。

1）控制中心自动控制模式（CA）

在控制中心自动控制模式下，列车进路命令由 ATS 进路自动设定系统发出，其信息来源是时刻表及列车运行自动调整系统。控制中心调度员可以对列车运行自动调整系统进行人工干预，使列车运行按调度员意图进行。

2）控制中心自动控制时的人工介入控制或利用 CTC 系统的人工控制模式（CM）

在控制中心自动控制时，控制中心调度员也可关闭某个联锁区或某个联锁区内部分信号机或某一指定列车的自动进路设定，直接在控制中心的工作站上对列车进路进行控制。在关闭联锁区自动进路设定时，控制中心调度员可发出命令，利用联锁设备自动进路控制功能，根据前行列车的运行，自动排列一条后续列车的固定进路。在自动进路功能出现故障的情况下，调度员可以人工设置进路。

在 CM 模式中，车站的人工控制转到 ATS 系统。一旦车站工作于该模式，则由 ATS 系统启动控制而不由车站控制计算机启动控制。然而，车站控制计算机继续接收表示，更新显示和采集数据。

3）车站自动控制模式

在控制中心设备故障或通信线路故障时，控制中心将无法对联锁车站的远程控制终端进行控制，此时将自动进入列车自动监控后备模式，由列车上的车次号发送系统发出的带列车去向的车次信息，通过远程控制终端自动产生进路命令，由联锁设备的自动功能来自动设定进路，即随着列车运行，自动排列一条固定进路。

4）车站人工控制模式

当 ATS 因故不能设置进路（不论人工方式还是自动进路方式），或由于某种运营上的需要而不能由中心控制时，可改为现地操纵模式。在现地操纵台上人工排列进路。

车站自动控制和车站人工控制也可合称车站控制（LC）。当车站工作于 LC 模式时，不能由 ATS 系统启动控制。然而，ATS 系统将继续收到表示，更新显示和采集数据。对车站控制计算机而言，这是唯一可用的控制模式。

2. 控制模式间的转换

1）转换至车站操作

只有当控制中心 ATS 已经发出相应的命令，才能转换到车站操作模式。因此，所有转换操作只能由车站操作员才能有效实施。当转换模式时，不用考虑特别检查联锁条件，自动运行功能不受影响。即使转换至车站操作，联锁显示还应该传输至控制中心 ATS，仅由车站操作站的打印机执行对显示和命令的记录。

2）强制转换至车站操作

在没有收到控制中心 ATS 发出的命令时，也可以转换至车站操作。通过一个已经登记的转换操作可以转换至车站操作，并且联锁系统的所有转换操作仅能由车站操作员来执行。

3）转换至控制中心 ATS 操作

只有当车站操作已经发出释放的命令，才能转换到控制中心 ATS 操作，然后由控制中心 ATS 确认。因此，所有转换操作只有由控制中心操作员才能有效实施。在这种情况下，只有正常的转换操作才能被接受。随着转换至控制中心 ATS 操作，控制中心 ATS 可以执行所有允许的操作。但是，当车站操作故障时，在没有车站操作的释放命令的情况下，也可以转换至控制中心 ATS 操作。

4.4 列车驾驶模式及模式转换

1. 列车驾驶模式

为了行车安全和提高运行效率，目前城市轨道交通存在多种驾驶模式，主要包括：列车自动驾驶模式（ATO）、ATP 监督下的人工驾驶模式（ATPM）、限制人工驾驶模式（RM）、非限制人工驾驶模式（NRM）和列车自动折返模式（STBY），如图 4-12 所示。

图 4-12　列车驾驶模式选择开关

1）列车自动驾驶模式（ATO）

此模式时，列车能够正常接收 ATP/ATO 信息，自动控制列车启动、加速、制动，定位停车和车门、屏蔽门的开启。此时列车司机只需要观察线路情况，观察列车 HMI、FOD 显示屏、门全关闭指示灯显示，发现异常及时处理，观察监视器显示确认无人上下车后，使用站台侧关门按钮关闭客室车门。列车司机将模式开关选择至 ATO 位，司控器置于“0”位，按压 ATO 启动按钮大于 2 秒，启动该模式。

2）ATP 监督下的人工驾驶模式（ATPM）

此模式时，司机在 ATP 的监督下使用司机控制器平稳操纵列车运行。列车启动、加速、常用制动、开门等都由司机操作。ATP 设备实时监督列车速度。当列车接近 ATP 限制速度时给出警告，提醒司机减速行驶；当列车速度超过 ATP 限制速度，列车给出警告；如果司机不能及时减速到限制速度以下，ATP 将自动启动紧急制动，直到停车。此模式由司机模式开关选择置 ATPM 位，司控器置于非“0”位时启动。

3）限制人工驾驶模式（RM）

此模式时，列车在不高于 25 km/h 的速度下由司机操作运行，一旦列车速度超过 25 km/h ATP 便启动紧急制动。此时模式开关选择至 RM 位。

4）非限制人工驾驶模式（NRM）

当列车信号设备故障时，列车进入该模式，完全由司机控制运行，此时列车 ATP/ATO 设备均失去功能，列车限速 25 km/h。此时模式开关选择至 NRM 位。

5）列车自动折返模式（STBY）

列车到达折返站时，选用此模式实现列车的自动折返。在规定停站时间结束后，司机选择模式开关到 STBY 位，按压“自动折返”按钮启动，列车自动进入折返线并停车，折返进路具备后，列车自动进入折返线发车到站台并打开车门和屏蔽门。

2. 列车驾驶模式转换

以上五种基本列车运行驾驶模式，在满足一定条件后可以相互转换。

1）列车驾驶模式转换的规定

① ATC 系统控制区域与非 ATC 系统控制区域的分界处，应设驾驶模式转换区（或称转换轨），转换区的信号设备应与正线信号设备一致。

② 驾驶模式转换可采用人工方式或自动方式，并应予以记录。当采用人工方式时，其转换区域的长度宜大于一列车的长度。当采用自动方式时，应根据 ATC 系统的性能特点确定转换区域的设置方式。

③ ATC 系统宜具有防止列车在驾驶模式转换区域未将驾驶模式转换至列车自动运行驾驶模式或列车自动防护驾驶模式，而错误进入 ATC 系统控制区域的能力。

④ 为保证行车安全，在 ATC 控制区域内使用限制模式或非限制模式时应有破铅封、记录或特殊控制指令授权等技术措施。

2）各种驾驶模式间的转换

① RM 模式切换到 ATPM 模式。列车从非 ATC 系统控制区域进入 ATC 系统控制区域，需要从 RM 改变为 ATPM 模式。需要满足条件为：列车经过了至少两个轨道电路的分界；报

文传输无误；未设置 PERM 码位；ATP 轨旁设备没有发出紧急制动信号；ATP 车载设备的限速监控不会在 SM 模式启动紧急制动。

② ATPM 模式切换到 ATO 模式。模式转换条件：当前轨道区段上没有停车点（安全/非安全）；所有车门都已关闭；驾驶/制动拉杆处于零位置；主钥匙开关处于向前位置。

③ ATO 模式切换到 ATPM 模式。模式转换条件：如果司机把驾驶/制动拉杆拉离零位置，或把主钥匙开关调到非向前状态；ATO 控制列车停靠车站的停车点，当列车在车站停稳后；如果列车停在区间，司机用车门许可控制按钮打开车门。

④ ATPM/ATO 模式切换到 RM 模式。如果 ATP 车载设备启动了紧急制动，无须操作就自动地从 ATPM/ATO 模式改变为 RM 模式。如果司机还想继续前行，那么他就必须在列车停稳之后按 RM 按钮。

⑤ ATPM 模式切换到 STBY 模式。模式转换条件：ATP 车载设备从 ATP 轨旁设备接收 DTRO 状态的信息；ATP 车载设备间的通信良好。

⑥ STBY 模式切换到 ATPM 模式。模式转换条件：ATP 车载设备间的列车监控的改变是成功的；司机打开驾驶室。

⑦ STBY 模式切换到 RM 模式。如果 ATP 车载设备启动了紧急制动，无须司机的另外操作，就会自动从 STBY 模式切换到 RM 模式。如果司机想继续前行，那么他必须在列车停稳后按 RM 按钮。

⑧ RM 模式切换到 NRM 模式。只有当 ATP 故障，才会降级至 NRM 关断模式，列车会自动停车。司机操作密封安全开关至 NRM 关断模式。这种模式的转换将被车载计数器记录。这个转换程序同样适用于 ATO 模式、ATPM 模式至 NRM 关断模式。此时列车的运行安全由司机承担全部责任。

4.5 ATC 系统的维修模式

系统维修工作是整个城市轨道交通系统正常运营的保障，为了保证系统安全、可靠运行，系统不仅要进行故障的处理，还要进行日常的维护等。所以，系统的维护方式又分为两类，预防性维修和故障纠正性维修。

1. 预防性维修

为了尽早发现设备的问题，避免发生故障而进行的维修，一般都会根据设备可靠性确定维修的周期，制定维修时间表和维修标准，这种维修一般都是周期性的。预防性维修不能影响列车的正常运营，所以一般都是在非运营时段进行的。

2. 故障纠正性维修

在设备出现故障后为了让其恢复到正常状态进行的维修。这种维修要尽快使设备恢复正常工作。故障纠正性维修分为以下两类。

① 现场维修。某些设备故障后无法离开其工作现场，就要在现场进行维修。如果故障严重影响列车的正常运营，则需要维护人员立即在故障点维修；如果造成系统降级使用，要及时修理；如果故障不影响列车的正常运营，则应在非运营时段修理。

② 维修中心维修。一些设备故障后，只需要进行更换相应设备就能使系统恢复的，可将从现场替换下来的设备送到维修中心进行维修。

复习思考题

1. ATC 系统的基本组成和功能。
2. 区间闭塞的基本概念及制式是什么？
3. 自动闭塞与移动闭塞的区别是什么？
4. 点式 ATC 系统的基本结构及工作原理。
5. 连续式 ATC 系统种类及特点。
6. ATC 系统控制模式有哪几种？
7. 列车的驾驶模式有哪几种？
8. ATPM 模式和 NRM 模式最大的区别是什么？需要注意什么？
9. 系统的维修模式有哪几种？在什么情况下使用？

5 第5章 列车自动防护（ATP）系统

ATP系统是ATC系统的一个子系统，是保证行车安全，防止列车进入前方列车占用区段和防止超速运行的设备。ATP负责列车运行的保护，是列车安全运行的保障。ATP系统的主要功能有：速度监督和超速防护、安全性停车点防护、紧急制动、测速测距、车门控制等。

知识点

1. ATP系统的作用和功能；
2. ATP系统的设备组成；
3. ATP系统的工作原理；
4. ATP系统的制动模式及原理。

技能目标

1. 掌握ATP超速防护的实现方法；
2. 掌握各制动模式的使用特点；
3. 掌握列车测速和测距的实现方法；
4. 掌握TOD显示屏的显示内容和使用方法。

5.1

ATP系统的基本概念

ATP是ATC的基本环节，是列车运行超速防护或列车运行速度监督的系统。主要内容包括：对列车运行进行超速防护，对与安全有关的设备实行监控，实现列车位置检测，保证列车间的安全间隔，保证列车在安全速度下运行，完成信号显示，故障报警，降级提示，列车参数和线路参数的输入，与ATS、ATO及车辆系统接口并进行信息交换等。

ATP系统不断将来自联锁设备和操作层面上的信息、线路信息、前方目标点的距离和允许速度信息等从地面通过轨道电路等设备传至车上，从而由车载设备计算得到当前所允许的速度，或由行车控制中心计算出目标速度传至车上，由车载设备测得实际运行速度，依此来对列车速度实行监督，使之始终在安全速度下运行。当列车速度超过ATP装置所指示的速度时，ATP的车上设备就发出制动命令，使列车自动地制动；当列车速度降至ATP所指示的速度以下时，可自动缓解。这样，可缩短列车运行间隔，可靠地保证列车不超速、不冒进。

5.2

ATP系统设备的组成

ATP系统的设备主要由轨旁设备和车载设备两部分组成。

采用轨道电路传送ATP信息时，ATP系统由设于控制站的轨旁单元、设于线路上各轨道电路分界点的调谐单元和车载ATP设备组成，并包括与ATS、ATO、联锁设备的接口设备。ATP轨旁单元主要是计算机，负责对所获得信息的处理、发送和接收。因为ATP系统是安全系统，轨旁单元至少要有结构相同、程序相同且独立的两台计算机，数据同时进行处理和比对，采用2取2的结构，或者3取2系统。

连续式ATP系统利用数字音频轨道电路，向列车连续地发送数据，允许连续监督和控制列车运行。由轨道电路反映轨道状态，传输ATP信息，在轨旁无需其他传输设备。当轨道电路区段空闲时，发送轨道电路检测电码。当列车占用时，向轨道电路发送ATP信息。轨道旁的轨道电路连接箱内（发送、接收端各一个）仅有电路调谐用的无源元件，包括轨道耦合单元及长环线。

车载ATP设备完成命令解码、速度探测、超速下的强制执行、特征显示、车门操作等任务。ATP车载设备主要功能是对所接收信息进行处理，其包括接收装置（天线）、信息处理器和测速单元。ATP车载设备将地面传来的数据通过ATP接收装置接收，然后与预先储存的列车数据一起进行计算，得出列车的允许最大速度，将此速度和来自测速单元（速度传感器）的实时速度进行比较，超速时，启动报警和制动。同时，ATP 车载设备还通过与列车接口，将所得的速度信息传给 TOD 显示，借助 TOD 司机能按照 ATP 系统的指示驾驶，以保证安全。ATP 车载设备也采用 2 取 2 或者 3 取 2 的系统结构，以保证系统最大限度的可用性。

5.3 ATP 系统的主要功能

ATP 系统应具有下列主要功能：列车速度监督和超速防护、安全性停车点防护、测速测距、车门监控、列车安全间隔控制和 TOD 显示等。

5.3.1 列车速度监督和超速防护功能

列车速度监督是 ATP 系统的基础功能，也是最重要的功能。如果列车实际速度超过允许速度的一个设定偏差，则列车会采取相应的自动报警或制动措施进行安全防护。

图 5-1 所示，为车载中央控制单元根据地面设备传至车上的信息以及列车自身的制动率，计算得出的两个防护点（信号点或列车）之间的超速防护速度监控曲线。v_0 为所允许的最高列车速度，v_1、v_2、v_3 分别为所测得的实时速度，则 ATP 会根据不同情况采用不同的方法，以保证列车运行的安全和平稳。

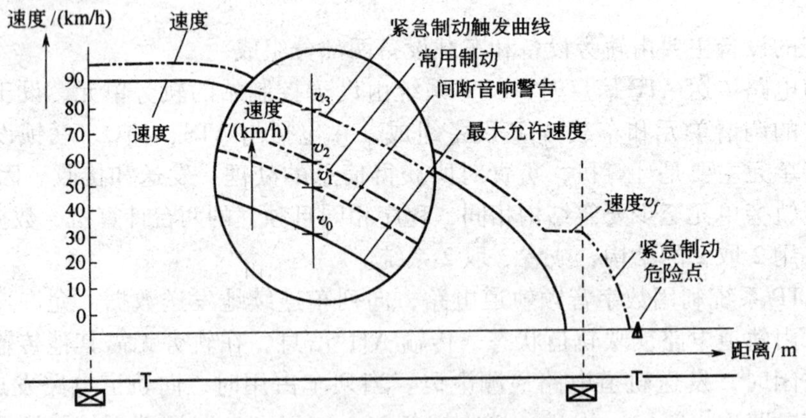

图 5-1　列车超速防护系统的速度监控曲线

如果列车速度为 v_1，ATP 系统给出音响报警，如果此时司机警惕并降速，使车速低于 v_0，则一切趋于正常。如果列车速度为 v_2，ATP 系统自动启动常用制动（通常为启动最大常用制动），列车自动降速至 v_0 以下。若列车制动装置具有自动缓解功能，则在列车速度降至 v_0 以下时，制动装置即可自动缓解，列车行驶趋于正常；若列车制动装置不具备自动缓解功能，则常用制动使列车行驶一段路程后停下，列车由司机经过一定的手续后重新人工启动。如果列车速度为 v_3，ATP 系统启动紧急制动实施超速防护，确保列车在危险点的前方安全停车。

ATP 不仅可用来保证列车之间的运行安全，还用于受曲线等线路条件、通过道岔、慢行区间等限制而需要限速的区段。因此限速等级是根据后续列车和先行列车之间的距离、线路条件等来决定的。ATP 可对列车运行速度进行分级或连续监督。

超速防护一般的速度限制分为固定限速、临时限速、区域限速、闭塞分区限速等多种类型。

① 固定限速。固定限速是在设计阶段设置的。车载 ATP 和 ATO 设备都储存着整条线路上的固定限速区信息。速度梯降级别为 1 km/h。它决定了“目标距离”工作模式下的可能给出的最优行车间隔。

② 临时限速。限制速度在某些条件下（施工现场、临时危险点）可以被降低。临时速度限制区段的范围总是限制在一个或多个轨道电路。在紧急情况下，通过特殊速度码，可立即将任何一段轨道电路上的速度设置为 25 km/h。如果需要设置临时性限速区，可以在地面安装应答器。这些应答器允许以 5 km/h 为一个阶梯，降到 25 km/h。在带有允许临时速度限制编码的轨道电路里，可通过设置信标来实施。

③ 区域限速。区域速度限制是针对轨道电路内的预定区域设定的限制速度，可分为 15 km/h、30 km/h、45 km/h、60 km/h。区域限速可由 ATP 轨旁设备设置，也可在需要时由控制中心控制，但控制中心只能复位控制中心设置的区域限速。如果控制中心离线或通信失败，则本地轨旁设备可直接设置区域限速。一旦设置了限速，集中站的 ATP 轨旁设备就将产生到速度限制区的新的目标距离和实际的目标限制速度，通过轨道电路传送给接近限速区域的列车，列车在该区域中的运行速度就不允许超过限速。如果列车速度超过限速，则车载 ATP 将启动紧急制动，直到列车速度低于限速。

④ 闭塞分区限速。闭塞分区限速是对单独的轨道电路设置最大的线路速度和目标速度。通过 ATP 轨旁设备选择最大速度，所选的速度作为轨道电路的最大允许速度。

一般速度监督功能的输入，包括车载速度/距离功能中的列车现行速度和位置信息，以及服务/自诊断功能中的列车数据（例如列车最大允许速度）。速度监督功能的输出，包括向司机人机接口功能提供最大允许速度和列车速度警告；向列车制动系统提供紧急制动命令；向服务/自诊断功能提供列车数据、状态信息、处理和记录数据，以及出错的信息。

5.3.2　安全性停车点防护功能

安全性停车点防护，以保证列车停在停车点（不超过停车点）为目的。在 ATP 监督下的人工驾驶模式（ATPM）、列车自动驾驶模式（ATO）和列车自动折返模式（STBY）中，当前方列车占用的轨道区段内有安全或危险停车点时，该监督防护功能都有效。

按照列车至停车点的距离，ATP 车载设备根据列车制动性能以及接收到的前方线路的信息等，计算一条最终为零的制动曲线。列车的速度限制连续地改变，并通过最终为零的制动曲线实施定点制动。

5.3.3　测速测距功能

ATP 的测速测距功能是基于测速单元的输入，负责列车运行速度、运行距离、运行方向和位置的测定，是车载设备的关键部分。对于采用数字音频轨道电路的 ATC 系统，距离是根据各轨道电路的始端来测量的，并通过使用测速单元的输入和固定数据（车轮直径）来确定。计算距离准许车轮直径、脉冲发生和车轮黏着/打滑而造成的误差。

测速有车载设备自测和系统测量两种方法。车载设备自测有测速发电机、路程脉冲发生器、光电式传感器和霍尔式脉冲转速传感器等，它们安装在无动力车辆的轮轴上。系统测量有卫星测速和雷达测速等方法。

① 测速发电机。测速发电机安装在车轮轴头上，它发出的电压与车速成正比，该电压经处理后产生模拟量和数字量两个输出，分别用来驱动速度表和进入车上主机用于速度比较。测速发电机简单，但在低速范围内精度较差，可靠性也不高。

② 里程脉冲发生器。其核心部件是一个 16 极的凸轮，随着车轮的转动，产生一系列脉冲，车速越快，脉冲数越多，只要在一定时间内记录下脉冲的数目，即能换算成列车的实际速度。

③ 光电式传感器。光电式传感器应用光电传感技术，它有一个多列光圈盘，随着车轮的转动，光线不断地通过和被阻挡，使光电式传感器产生电脉冲，记录脉冲数目来测量车速。

④ 霍尔式脉冲转速传感器。车轮转动时，使霍尔式传感器产生频率正比于车轮转速的信号，来进行测速。

在目标距离模式中，列车位置对于安全性至关重要。如何测量距停车点的精确距离是列车运行超速防护系统的重要任务。通过连续确定列车行驶距离，ATP 车载设备可以随时查找列车的精确位置。距离信息以音频轨道电路的分界来定位，当列车经过轨道电路的分界时，距离测量被同步。

测距一般是通过测速和轮径完成的，同过测速设备获得车轮旋转的次数，考虑运行方向和车轮直径来计算走行距离。测距系统使用两个传感器测量数据，为了保证安全，当两个数据不一致时，取其中的最大值。列车定位也是通过测距完成的，在有轨道电路的线路上，将轨道电路的分割点作为列车绝对位置，列车的实际位置可以通过绝对位置加测距距离得出，同时考虑到列车空转/打滑的情况，每隔一段距离应对列车实际位置进行校核。

5.3.4　车门监控功能

ATP 对车门控制主要是对车门状态的监督。当列车没有在站台停稳时，ATP 不允许打开车门；当 ATP 检测到列车在移动，而车门没有锁在关闭状态时，ATP 实施紧急制动。列车在车站预定停车区域内停稳且停车点的误差在允许范围内时，ATP 才允许车门开关操作；当列车停靠站台的精度偏离 0.5 m 或 1 m 时，允许列车以 5 km/h 移动，以精确停车。ATP 不断监视安全门，确保车门无异常打开。

5.3.5　TOD 显示功能

TOD 是信号系统和司机的接口（见图 2-2），借助于 TOD，司机能够按照 ATP 系统的指示安全运行。TOD 向司机显示列车的实际速度、目标速度、最大允许速度以及 ATP 设备的运行状态。另外 TOD 还显示列车运行时产生的重要故障信息，在部分情况下还有音响警报功能。

5.3.6　列车安全间隔控制功能

列车安全间隔功能负责保持（移动闭塞时）列车之间的最小安全距离，还负责发出运行授权。只有在进路已经排列完成时，联锁功能才发出列车运行授权，准许列车进入进路。当前行列车仍在进路中时，可为后续列车再次排列进路。

由 ATP 轨旁功能发出的运行授权，根据相应的安全停车点的选择和激活而定。这些安全停车点的选定依赖于进路内轨道区段的状态。安全停车点的位置在信号系统的设计中确定，这方面的信息保存在 ATP 轨旁设备中。位置的选定是为了在各安全停车点以外提供一安全的距离。在列车控制中，安全距离提供了差错的限度。这样，在 ATP 监督下，列车绝对不可能发生通过危险点的情况。

5.4　ATP 系统的控制模式及原理

ATP 系统的主要任务是按照要求使列车减速或制动。ATP 列车制动控制模式一般分为阶梯式分级制动控制模式和速度－距离模式曲线制动控制模式两种类型。

5.4.1　阶梯式分级制动控制模式

阶梯式分级制动控制模式是以固定闭塞分区为单元，各闭塞分区采用不同的低频频率调制，指示不同的控制限制速度等级。

阶梯式分级制动控制模式俗称大台阶式，速度控制限制曲线如图 5-2 所示。它将一个列车全制动距离划分为若干个（一般 3 ～ 4 个）固定闭塞分区单元，每一闭塞分区根据与前行列车的距离来确定限速值。当列车实际速度高于检查值时，列车自动制动。这种控制方式的制动曲线呈阶梯状，故称速度阶梯分级控制模式。固定闭塞制式的 ATC 系统通常采用阶梯式分级制动模式。

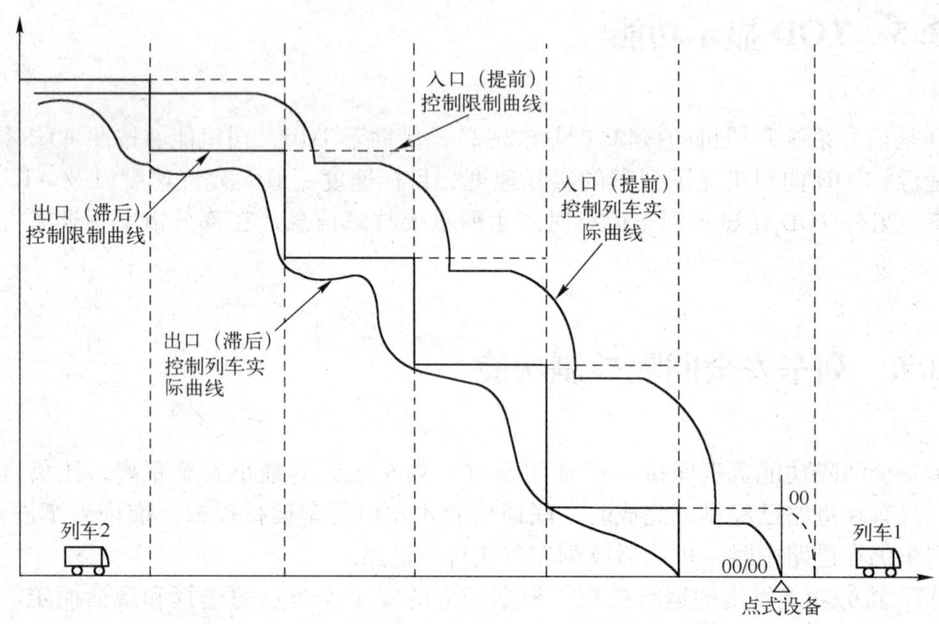

图 5-2　阶梯式分级制动控制

速度阶梯控制是利用轨道电路传输多个低频信息，将这些低频信息赋予不同的速度码含义，车载控制设备根据接收到的不同低频频率信息速度码，实施不同的速度控制方式，从而保证列车在不同的闭塞系统下，都可以实现安全防护。

阶梯式分级制动控制模式有出口检查和入口检查两种控制方式，分别称为滞后速度控制和提前速度控制，如图 5-3 所示。出口检查方式以闭塞分区出口速度（下一分区限制速度）为目标实施制动，要求在闭塞分区内将列车运行速度降低到目标限制速度以下，这种控制方式只检查出口时列车的实际运行速度，也称为滞后速度控制。出口检查方式在列车实施制动后需要走行一段距离才能减速（或停车），因此，为确保安全，必须在禁止信号后方设有“保护区段”用于过走防护。入口检查方式要求列车在闭塞分区入口处检查运行是否超速，一旦列车速度超过本分区允许速度，则列控设备自动实施制动使列车降低到目标限制速度以下运行。这种控制方式属于提前速度控制而非目标速度控制，所以，需要在列车停车目标前设置一个地面环线或应答器点式设备，用于防止列车冒进信号。

如图 5-3 所示，阶梯式分段速度控制模式列车的最大安全制动距离 S 为：

$$S = (S_1 + S_2 + S_3 + S_4) \times n$$

式中：S_1——车载设备接收地面列控信号响应过程中列车走行距离；

S_2——列车制动设备响应过程中列车走行距离；

S_3——列车制动距离（含空走和有效走行）；

S_4——安全防护距离；

n——列车从最高速度停车制动所需接阶梯（分区数）。

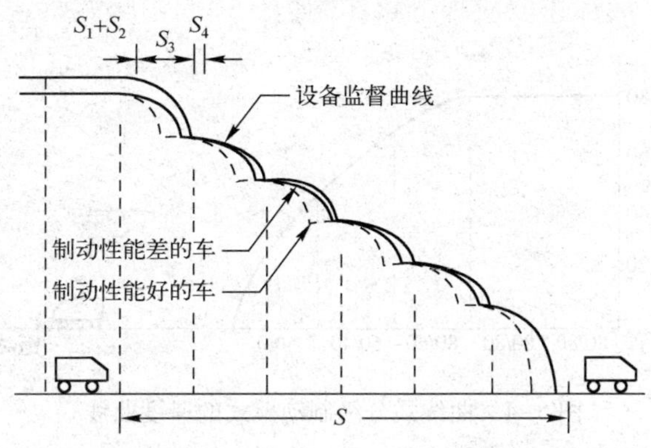

图 5-3　阶梯式分段制动安全距离

阶梯式分段速度控制模式的主要优点是简单，需要地车传输的信息量小，不需要知道列车的准确位置，只需要知道列车占用哪个区段即可。缺点是为保证安全，需依照行车性能最坏的列车设定目标限制曲线，不能充分发挥行车效率，不能满足高密度行车的需要。

5.4.2　速度－距离模式曲线制动控制模式

速度－距离模式曲线（简称模式曲线），是根据目标速度、线路参数、列车参数、制动性能等确定的反映列车允许速度与目标距离间关系的曲线，包括从任何速度计算出列车制动到停止的不同模式曲线，它反映了列车在各点实时允许运行的速度值。

速度－距离模式曲线制动（简称模式曲线制动），是依靠连续式速度－距离模式曲线实现列车实时安全追踪运行控制的方式，可满足提高行车密度的需要。曲线模式按照是否保留地面固定闭塞分区，又分为曲线式分级制动模式和一级制动模式两种类型。

曲线式分级制动模式，是保留地面固定闭塞分区，根据闭塞分区提供的允许速度（目标速度）值、目标距离及列车本身的性能参数和线路常数等，由车载计算机计算出制动模式速度曲线（如图 5-4 所示），或将各种制动模式曲线储存调用，从而实现列车制动控制的模式。

采用曲线式分级制动模式（也有叫准移动闭塞模式）时，追踪目标点为前行列车所占用闭塞分区的始端，通过地车信息传输系统向列车传送目标速度、目标距离等信息，由车载计算机计算制动模式速度曲线，实现模式曲线制动。

一级制动模式，是取消地面固定闭塞分区，完全按目标距离实现目标制动控制。列车空间间隔的长度是不固定的，随着前行列车的移动而变化。根据距前行列车的距离或距运行前方停车站的距离，由控制中心（或由车载计算机）根据目标距离、列车参数和线路参数等计算出列车一级制动模式曲线（如图 5-5 所示），按制动模式曲线实施制动，控制列车运行。信息传输有数字编码轨道电路传输和无线传输两种方式。无论何种方式，传输的信息必须包括线路允许速度、目标速度、目标距离。移动闭塞制式的 ATC 系统通常采用一级制动模式。

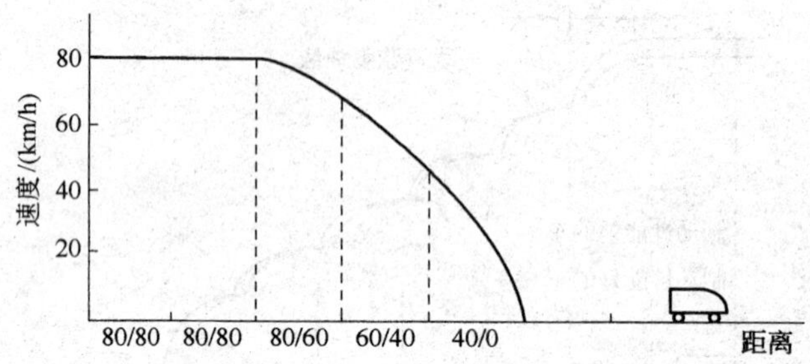

图 5-4　曲线式分级制动模式的速度曲线

注：图中“80/80”是区段“入口/出口”限制速度，其他类同。

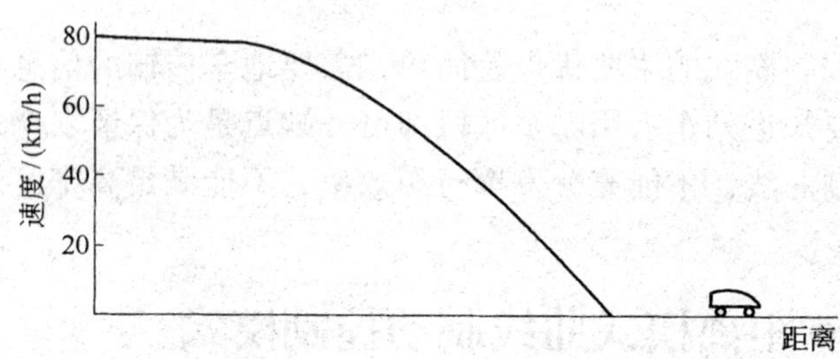

图 5-5　一级制动模式的速度曲线

如图 5-6 所示，一级制动模式列车的最大安全制动距离 S 为：

$$S = S_1 + S_2 + S_3 + S_4$$

式中：S_1——车载设备接收地面列控信号响应时间过程中列车的走行距离；

S_2——列车制动设备响应时间过程中列车的走行距离；

S_3——列车制动距离；

S_4——列车过走防护距离。

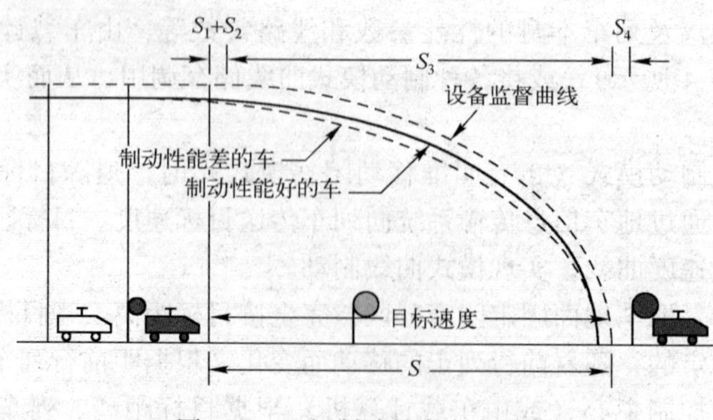

图 5-6　一级制动最大安全距离

由于一级制动模式信息的传输是实时的，对列车的控制没有滞后性，能合理地控制列车运行速度，使列车的运行更加平稳，而且较曲线式分级制动模式更能满足行车密度的需要，是列车自动控制技术的发展方向。

复习思考题

1. 简述 ATP 系统的基本内容。
2. 简述 ATP 系统设备的组成及作用。
3. ATP 系统的主要功能有哪几种?
4. 速度监督功能的输入和输出信息有哪些?
5. 在什么情况下，ATP 车载单元实施紧急制动?
6. ATP 对车门的控制功能有哪些?
7. 何谓阶梯式分级制动模式和模式曲线制动模式? 各自的优缺点是什么?
8. 出口检查和入口检查两种控制方式有何主要不同点?
9. 曲线式分级制动模式和一级制动模式的实现方式有何不同?
10. 为什么说一级制动模式是列车自动控制技术的发展方向?

第6章 列车自动驾驶（ATO）系统

ATO 系统是 ATC 系统的一个子系统，主要实现“地对车控制”，即用地面信息实现对列车驱动、制动控制，以及列车自动折返。根据控制中心指令自动完成对列车的启动、牵引、惰行和制动，并送出车门和屏蔽门同步开关信号，使列车按最佳工况正点、安全、平稳地运行。

知 识 点

1. ATO 系统的作用；
2. ATO 系统设备的基本组成；
3. ATO 列车控制过程的基本原理。

技能目标

1. 掌握列车自动驾驶的控制过程；
2. 掌握 ATO 和 ATP 对车门控制的区别；
3. 掌握 ATO 和 ATP 在制动方面的区别；
4. 掌握 ATO 系统的主要服务功能。

6.1 ATO系统的基本概念

ATO系统为非故障—安全系统。系统主要目的是模拟最佳的司机驾驶，实现高质量的自动驾驶，控制列车自动运行，提高列车运行效率，提高列车运行的舒适度，节省能源。

ATP系统是城市轨道交通列车运行时必不可少的安全保障，ATO系统则是提高城市轨道交通列车运行水平（准点、平稳、节能）的技术措施。

ATO系统采用的基本功能模块与ATP系统相同。ATO系统接收前车信息、目标距离、轨道信息、坡度信息以及控制中心指令等所有信息，车载计算机对信息进行处理，以优化列车的控制。ATO还装有一个双向的通信系统，使列车能够直接与车站内的ATS系统接口，保证实现最佳的运行图控制。

当列车处于自动驾驶模式时，车载ATO运用牵引和制动控制，实现列车的自动运行。

6.2 ATO系统的设备组成

虽然各公司的ATO系统结构不尽相同，但ATO系统的基本组成是共同的。ATO系统主要由轨旁设备和车载设备两部分组成。

ATO系统轨旁设备通常兼用ATP轨旁设备，接收与列车自动运行有关的信息。ATO系统车载设备由设在列车每一驾驶室内的ATO控制器（包括司机控制台）及安装在驾驶室车体下的两个ATO接收天线和两个ATO发送天线组成，还包括一些其他ATO附件，这些附件用于速度测量、定位和司机接口。ATO车载设备通常和ATP车载设备安装在一个机柜内，车载单元采用非故障—安全的一取一配置方式。

ATO系统具有一个地车双向通信系统（如图6-1所示），通过车载ATO天线和地面ATO环线，使列车经控制中心与车站的ATS系统连接，接受控制命令（如列车的运行调整、目的地的变更命令等），实现列车的最佳运营控制，完成程序停车、运行图和时刻表调整、轨旁/列车数据交换、目的地和进路控制等ATO功能。ATO车载通信系统在所有驾驶模式中处于活动状态，向轨旁设备传输信息。

ATO系统具有精确定位停车系统，这个系统为列车提供精确的位置信息，使列车实现精确停车。精确定位停车系统包括车底部的标志线圈和对位天线，以及沿每个车站站台设置的一组地面标志线圈（地面接近盘，如图6-2所示）。

ATO系统需要实现自动向列车内作目的地及其线路信息广播，并向车内显示屏提供车站信息。所以ATO系统设备还包括列车广播系统设备、车厢信息显示设备，以及提供车站标识和车站停车状态信息的 ATO 车辆报告系统设备等。

图 6-1　车 - 地双向通信系统

图 6-2　地面接近盘

6.3 ATO 系统的功能及其工作原理

ATO 系统的功能分为基本控制功能和服务功能。基本控制功能包括：列车自动驾驶、自动折返和车门控制三个功能。其他辅助功能包括：列车定位修正、巡航/惰行、列车识别（PTI）支持功能等。

6.3.1　基本控制功能及原理

1. 列车自动驾驶控制

列车自动驾驶控制功能，就是实现列车自动驾驶模式下的列车启动、加速、制动，车站发车、定位停车，区间限速、临时停车和车门、屏蔽门开启的自动控制。

1）自动调整列车运行速度

在列车自动驾驶模式下，ATO 车载控制器通过比较实际列车运行速度及 ATP 给出的最大允许速度及目标速度，并根据线路的情况，自动控制列车的牵引及制动，使列车在区间内的每个区段始终控制速度运行，并尽可能减少牵引、惰行和制动之间的转换。

2）定位停车点的目标制动

在列车自动驾驶模式下，以车站停车点作为目标点，当停车特征被启动后，ATO 系统基于列车速度、预先决定的制动率和距停止点的距离计算出一个制动曲线，并采用最合适的减速度（制动率）使列车准确、平稳地停在规定的停车点。与列车定位系统相配合，可使停车位置的误差降到 0.5 m 以下。

车站定点停车是靠一组地面标志线圈（或称标志器）提供至停车点的距离信息，标志线圈（也是应答器）设置的多少可视定位停车精度而异，一般为 3 ～ 4 个，图 6-3 为地面停车标志器布置示意图。当列车正向运行经过第一个标志线圈时，列车接收停车标志信息，启动定点停车程序，产生第一制动模式曲线，按此制动曲线停车，列车离定位停车点较远；当列车驶抵中间标志器时，产生第二制动模式曲线，并对第一阶段制动进行缓解控制，以使列车离停车点更近；当列车收到内方标志器传来的停车信息时，产生第三制动模式曲线，列车再次进行缓解控制，使列车离定位停车点的距离更近；当列车收到站台标志器送来的校正信息时，即转入停车模式，产生第四制动模式曲线，列车再次缓解制动控制。经多次制动、缓解控制，确保列车定位停车的精度控制在规定的范围之内，当车载定位天线与地面定位天线对齐时，立即实施全常用制动，将车停住。

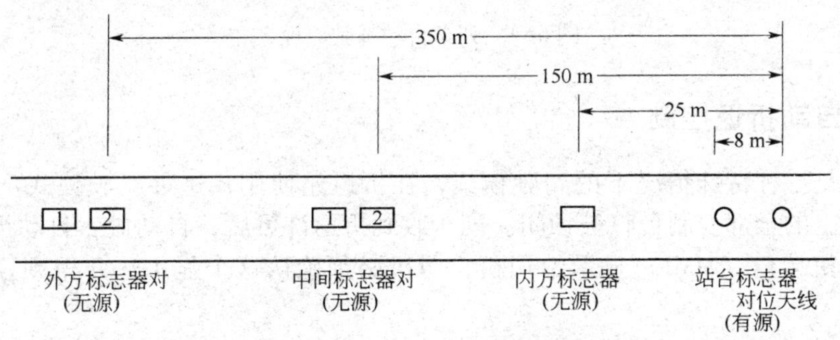

图 6-3　地面停车标志器布置示意图

3）车站自动发车

在列车自动驾驶模式下，当发车安全条件符合时（如关闭了车门等），ATO 系统给出启动显示，司机按下启动按钮，ATO 系统使列车从制动停车状态转为驱动状态。停车制动将被缓解，然后列车加速。ATO 通过预设的数据提供牵引控制，该牵引控制可使列车平稳加速。

4）区间临时停车

如区间内列车运行前方有事故或车，由 ATP 系统给出目标点位置及制动曲线，并将数据传送给 ATO 系统车载单元，ATO 系统得到目标速度为“0”的速度信息后自动启动列车制动器，使列车临时停在目标点前方 10 m 左右。此时车门还是由 ATP 系统锁住的。一旦运行前方停车目标点取消，速度信息改为进行码后，ATO 系统使列车自动启动。在危险情况下，例如按下紧急停车按钮，或是因常用制动不充分而使列车超过紧急制动曲线，所规定的制动距离由 ATP 启动紧急制动，ATO 向司机发出视觉和音响警报，5 s 以后音响警报自动停止。

5）限速区间控制

临时性限速区间的数据由轨旁设备报文传输给 ATP 车载设备，再由 ATP 车载设备将减速命令经 ATO 系统传达给动车驱动、制动控制设备。此时 ATO 车载设备的功能犹如 ATP 系统与驱动、制动控制设备之间的一个接口。对于长期的限速区间，数据可事先输入 ATO 系统，在执行自动驾驶模式时，ATO 系统会自动考虑该限速区间的控制。

由 ATO 系统执行的自动驾驶过程是一个闭环反馈控制过程，其基本原理如图 6-4 所示。测速单元通过 ATP 向 ATO 发送列车的实际位置信息。反馈环路的基准输入是从 ATP 数据和运营控制数据中得出的。ATO 向牵引和制动控制设备提供数据输出。

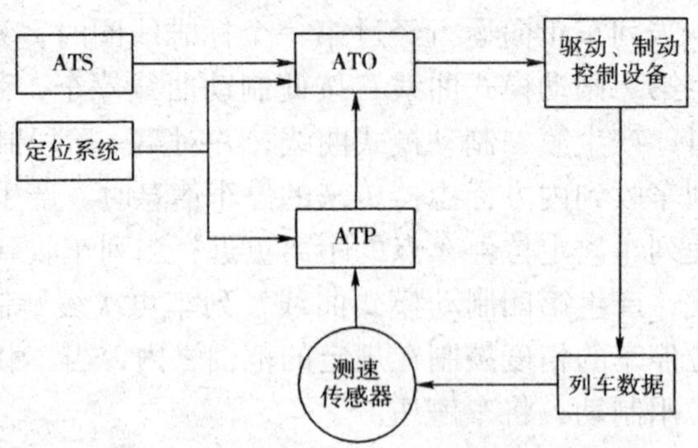

图6-4 列车自动驾驶原理

2. 列车自动折返控制

自动折返是一种特殊情况下的驾驶模式，在折返站使用，这种驾驶模式下无需司机控制，而且列车上的全部控制台将被锁闭。列车收到折返许可后，自动进入自动折返模式。授权经驾驶室人机接口（MMI）显示给司机，司机必须确认这个显示，并得到授权，锁闭控制台。

若采用ATO自动运行折返模式，在司机按压ATO启动按钮后，列车自动驶入折返轨，并改变车头和轨道电路发送方向；在折返轨至发车站台的进路排列完成后，再次按压ATO启动按钮，列车自动驶入发车站台，并精确地停在发车站台，此时，ATO车载设备即退出自动折返模式。

若采用ATO无人自动折返模式，只有在司机下车后按压站台上的无人折返按钮后，才能实施自动列车折返运行。无人自动折返功能的输入是来自车载速度/距离功能的列车当前的速度和位置以及ATP速度曲线，输出使列车制动和牵引的控制命令。

3. 列车车门自动控制

ATO是车门控制命令的发出者，ATO只在自动模式下执行车门开启。当列车到达定位停车点，ATP检测车速为零，发送列车停站信号给站台定位接收器，此时ATP发送允许车门打开信号，车辆收到ATP发送的允许车门打开信息，发送相应的车门打开信号给门控单元，打开规定的车门；同时车辆发送信息给地面，打开相应屏蔽门。

列车停站结束后，司机按下关门按钮，发出关门信号，同时发送信号给站台关闭屏蔽门，车站检查屏蔽门关闭锁好后，允许ATP发送运行速度命令信息，车辆检查车门关闭锁好，随即列车启动。

6.3.2 其他辅助功能及原理

1. 列车定位修正功能

ATO列车定位修正功能是从ATP功能中接收到当前列车的位置和速度等详细信息，根据上一次计算后所运行的距离来调整列车的实际位置。此调整也考虑到在 ATP 功能计算列车位置时信息传送和接收的延迟时间，以及打滑和滑行等因素。ATO 列车位置调整功能也接收到地面定位修正信息，由此确定列车的实际位置和计算列车位置的误差。对列车定位修正可在由 ATO 功能规定的至接近实际停车点 10 ～ 15 m 的任意位置开始，并且可使停车精度由 ATO 控制在希望的范围内。

ATO 列车定位修正功能的输入来自 ATP 功能的列车当前速度和位置、轨道电路信息的变化，测速单元的读入、轨道中同步标记的检测等。列车定位修正功能的输出用作提供校正列车位置信息。

2. 巡航/惰行功能

巡航/惰行功能的任务是按照时刻表自动实现列车区间运行的惰行控制，同时节省能源，保证最大能量效率。ATO 巡航/惰行功能协同 ATS 中的列车自动调整（ATR）功能，并通过确定列车运行时间和能源优化轨迹功能实现巡航/惰行功能。

列车运行时间是指由 ATO 和 ATR 功能确定的列车运行时间。当列车在 ATO 功能下，从报文给定的列车运行时间中减去通过计时器测定的已运行时间，以确定到下一站有效的可用时间。能源优化轨迹的计算要考虑加速度、坡度制动以及曲线制动。一般系统所需要的轨道曲线信息都储存在 ATO 存储器中。借助此信息，并使用最大加速度，惰行/巡航功能计算出到下一停车点的速度距离轨迹。

3. 列车识别（PTI）支持功能

PTI 支持功能是通过多种渠道传输和接收各种数据，在特定的位置（通常设在列车进入正线的入口处）传给 ATS，向 ATS 报告列车的识别信息、目的号码和乘务组号，以及列车位置数据（例如当前轨道电路的识别和速度表的读数），以优化列车运行。

PTI 功能是由车载设备和轨旁设备实现的。由 ATC 车载设备提供的数据，通过 ATO 传输到 PTI 的轨旁设备，进而传给 ATS。在将信息传输至轨旁设备之前，ATO 收集数据，完成合理检查。

6.4

ATO 与 ATP 系统的关系

在“距离码 ATP 系统”的基础上安装 ATO 系统，列车就可采用自动方式进行驾驶。在选择自动驾驶模式时，ATO 系统代替司机操纵，诸如列车启动加速、匀速惰行、制动等基本驾驶功能均能自动进行。然而，不论是由司机手动驾驶还是由 ATO 系统自动驾驶，ATP 系统始终执行其速度监督和超速防护功能。所以，ATP 是 ATO 的基础，ATO 不能脱离 ATP 工作，ATO 必须从 ATP 系统获得基础信息，只有在 ATP 的基础上才能实现 ATO 功能，列车安全才有保证。可以这样认为：自动驾驶 = ATO 系统自动驾驶 + ATP 系统。

由图 6-5 可以看出，ATP 系统主要是运用自动实施常用制动和紧急制动的手段，当列车超过其允许的最大速度时降低列车速度，以保证列车的安全行驶。而 ATO 系统主要是合理运用牵引和制动，保持列车准点、高效、平稳运行。

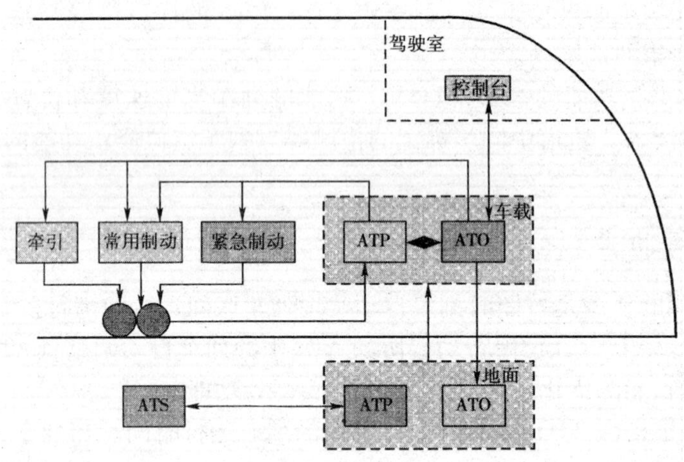

图 6-5 ATO 和 ATP

图 6-6 表示了三种制动曲线。曲线①表示列车的紧急制动曲线，由 ATP 系统计算及监督。列车速度一旦触及该制动曲线，立即启动紧急制动，以保证列车停在停车点。曲线①对应于列车的最大减速度，一旦启用紧急制动，列车务必停稳后经过若干时间才能重新启动。因此，这是一种非正常运行状态，应该尽量避免发生。曲线②表示由 ATP 系统计算的制动曲线，在驾驶室内显示出最大允许速度，它略低于紧急制动曲线（之间的差值通常为 3 ～ 5 km/h）。当列车速度达到该曲线值时，应给出告警，但不启用紧急制动。显然，曲线②对应的列车减速度小于曲线①的减速度，一般取与最大常用制动对应的减速度。曲线③则是由 ATO 系统动态计算的制动曲线，也即正常运行情况下的停车制动曲线。通常将与此曲线对应的减速度作为可以达到平稳地减速和停车的目的的减速度。

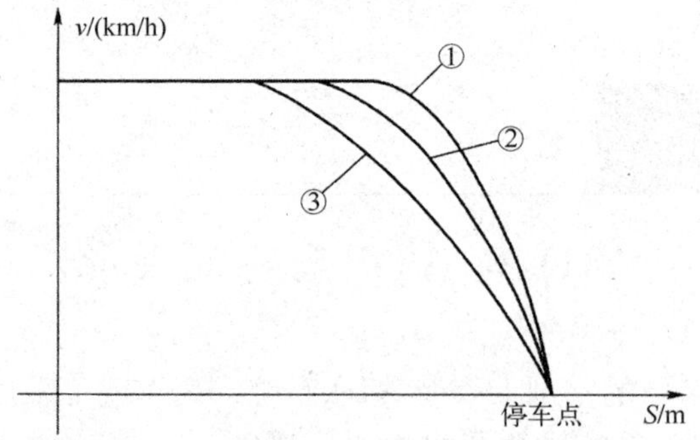

图 6-6 ATP 和 ATO 制动

从图 6-6 这三条停车制动曲线可以明显地看出：ATP 系统主要负责“超速防护”，起保证列车运行安全的作用；ATO 系统主要负责正常情况下列车高质量地运行。ATO 是 ATP 的发展和技术延伸，ATO 在 ATP 的基础上实现自动驾驶，而不仅仅停留在超速防护的水准上。

复习思考题

1. ATO 系统是用________实现对列车的控制。
2. 简述 ATO 系统设备的基本组成。
3. 简述 ATO 系统控制列车自动驾驶的控制过程。
4. 简述 ATO 系统控制开门的基本过程。
5. 简述 ATO 系统的主要服务功能。
6. 试利用图示说明 ATO 和 ATP 在制动方面的区别。

7 第7章 列车自动监控（ATS）系统

ATS 系统是 ATC 系统的一个子系统，是对列车运行的监督和控制系统，主要内容包括：列车运行情况的集中监视、自动排列进路、自动列车运行调整、自动生成时刻表、自动记录列车运行实际轨迹、自动进行运行数据统计及自动生成报表、自动监测设备运行状态等。ATS 系统是整个城市轨道交通运营的核心，在 ATP 和 ATO 系统的支持下，辅助调度人员对全线列车进行管理。

知 识 点

1. ATS 系统的基本功能；
2. ATS 系统的基本组成；
3. ATS 系统的基本原理；
4. ATS 系统的控制。

技能目标

1. 掌握 ATS 系统对列车监控的实现方法；
2. 掌握 ATS 系统列车运行调整的模式与方法；
3. 掌握 ATS 系统的控制级别。

7.1 ATS系统的基本概念

ATS系统主要是实现对列车运行及所控制的道岔、信号机等设备运行状态的监督和控制，为行车调度人员显示出全线列车的运行状态，监督和记录运行图的执行情况，在列车因故偏离运行图时及时做出调整，辅助行车调度人员完成对全线列车运行的管理。

ATS系统在ATP和ATO系统的支持下，根据运行时刻表完成对全线列车运行的自动监控，可自动或由人工监督和控制正线（车辆段、停车场、试车线除外）列车进路，并向行车调度员和外部系统提供信息。ATS功能由位于控制中心内的设备实现。

ATS系统能与ATP系统、计算机联锁设备或继电联锁设备配套使用，并有和时钟系统、旅客向导系统和综合监控系统的接口。

7.2 ATS系统的组成

ATS系统主要由控制中心设备、车站设备、车辆段设备、列车识别系统及列车发车指示器等组成，如图7-1所示。因用户要求不同，ATS的硬件、软件配置差别很大。

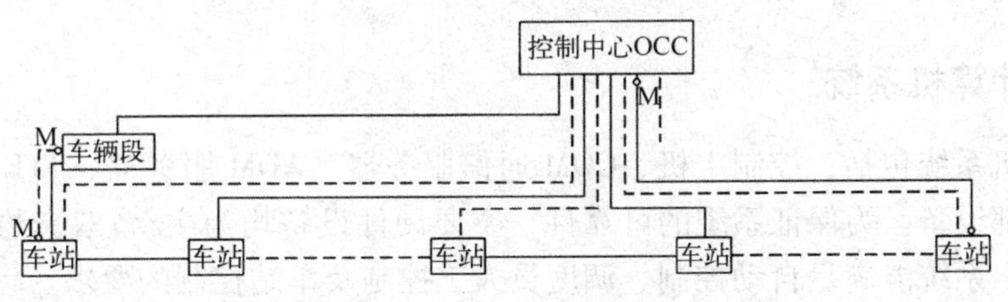

图7-1　ATS系统的组成

7.2.1 ATS控制中心设备

ATS控制中心一般设在城市轨道交通线路的较大车站，它配套现代化、高性能、模块化的控制系统，是基于灵活的工作站结构。工作站的硬件设置相同，所不同的是扩展的内存和接口板，具有与分散的联锁设备、综合自动化系统、旅客向导系统等通信的界面。控制中心与各站联锁设备间由遥控系统联系，例如过程连接单元完成所有分散接口与联锁装置及ATO系统的通信控制，车辆段服务器把车辆段的两台远程MMI与控制中心连接起来。

ATS 控制中心设备如图 7-2 所示，是 ATC 的核心。用于状态表示、运行控制、运行调整、车次追踪、时刻表编制及运行图绘制、运行报告生成、调度员培训及与其他系统的接口。

ATS 控制中心设备主要包括：中心计算机系统、综合显示屏、调度员及调度长工作站、运行图工作站、培训/模拟工作站、绘图仪和打印机、维修工作站、UPS 及蓄电池。其中，综合显示屏、调度员及调度长工作站设于主控制室，控制主机、通信处理器、系统管理（数据库、时刻表）服务器、维修工作站设于中心计算机系统设备室，运行图工作站设于运行图室，绘图仪和打印机设于打印室，培训/模拟工作站设于培训室，UPS 设于电源室，蓄电池设于蓄电池室。

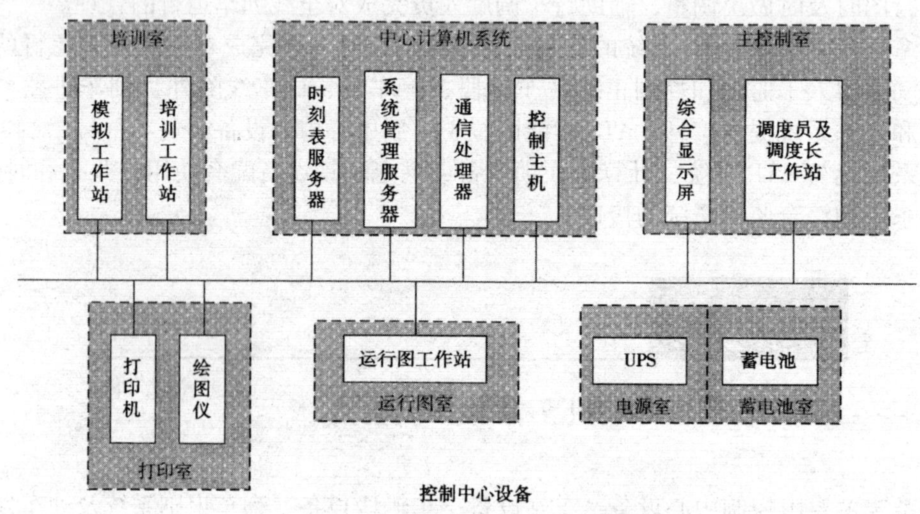

图 7-2 ATS 系统控制中心设备

1. 中心计算机系统

中心计算机系统包括：控制主机、COM 通信服务器、ADM 服务器、TTE 服务器、局域网及各自的外部设备。为保证系统的可靠性，主要硬件设备均为主/备双套热备方式，可自动或人工切换。系统能满足自动控制、调度员人工控制及车站控制的要求。

控制主机，主要进行数据的处理。

通信处理器，实际的进程映象都存储在 COM 服务器上。所有从联锁和外围设备发送来的数据都由 COM 服务器最先得到和处理。一些应用功能也由 COM 服务器激活，并在此服务器上运行，如列车自动调整、自动列车跟踪、自动进路设置等功能。因此，COM 服务器是自动调整功能的核心部分。

系统管理服务器（ADM 服务器），用于系统数据存储，并且处理所有不受运行事件影响的数据，如系统配置、计划时刻表、计划运行图等。通常在系统启动时或收到一个询问指令时或对某一设备的参数进行设置时才需要。列车自动调整功能所需要的计划时刻表数据，就是在系统启动时从 ADM 服务器中读得的。

时刻表服务器（TTE 服务器），用来建立离线时刻表的操作平台，主要进行时刻表的编译。系统管理服务器存储的计划时刻表由时刻表服务器提供。

维修工作站，主要用于 ATS 系统的维护、ATC 系统故障报警处理和车站信号设备的监测。

2. 主控制室设备

综合显示屏，用来监视正线列车运行情况和监视系统设备状态，由显示设备和相应的驱动设备组成。

调度员及调度长工作站，用于行车调度指挥，是实际操作的平台。调度员在控制中心监视和控制联锁设备和行车，工作站显示计划运行图和实际运行图。设两个调度员工作站，与正线运转有关。调度长工作站备用，替代和扩大两个工作站中的一个工作。

3. 培训室设备

培训/模拟工作站配有各种系统的编辑、装配、连接和系统构成工具及列车运行仿真的软件。它可与调度员工作站显示相同的内容，有相同的控制功能，能仿真列车在线运行及各种异常情况，而不参与实际的列车控制。实习调度员可通过它模拟实际操作，培养系统控制和各种情况下的处理能力。

4. 运行图室和打印室设备

运行图工作站，用于运行计划的编制和修改，通过人机对话可以实现对运行时刻表的编辑、修改及管理。

打印服务器缓冲和协调所有操作员和实时事件激活的打印任务。彩色绘图仪和彩色激光打印机，用于输出运行图及各种报表。

5. 电源和局域网设备

控制中心配备在线式 UPS 及可提供 30 min 后备电源的蓄电池。

局域网设备采用以太网，把本地和远程工作站、服务器的 PLC 连接在一起，允许各成员间进行高速数据交换。

7.2.2　ATS 车站设备

ATS 车站设备构成分为集中联锁车站和非集中联锁车站两种类型。

1. 集中联锁站设备

集中联锁车站设有一台 ATS 分机，是 ATS 与 ATP 地面设备和 ATO 地面设备的接口，用于连接联锁设备和其他外围系统，采集车站设备的信息，传送控制命令，使车站联锁设备能接收 ATS 系统的控制，以实现车站进路的自动控制。为从联锁设备取得所需数据，配备了采用可编程控制器的远程终端单元。由于采用模块化设计，因而扩展十分容易。它还控制站台上 PIIS 的列车目的显示器、列车到发时间显示器和发车计时器 DTI。

集中联锁车站 ATS 设备的功能包括：接收、存储其管辖范围内当日的列车计划时刻表；根据计划时刻表及列车运行情况，自动控制及办理管辖范围内的列车进路，包括进、出正线，终端站折返进路等；特殊情况下，可以按控制中心设定的运行间隔控制列车运行；依据计划时刻表自动控制列车到站及出发时刻；收集管辖范围内的所有车站的列车运行信息、设备工作状态，并将这些信息传送至控制中心 ATS；实现本管辖范围内的列车车次追踪；控制无道岔车站的 RTU 设备，并向相邻的 ATS 设备传送有关信息；控制 ATO 地面设备，向列车传送运行控制信息。

2. 非集中联锁站设备

非集中联锁车站不设 ATS 分机。非集中联锁站的 PTI、PIIS 和 DTI 均通过集中联锁站的 ATS 分机与 ATS 系统联系。有岔非集中联锁车站的道岔和信号机由集中联锁站的计算机控制，通过集中联锁车站的 ATS 分机接收 ATS 系统的控制命令。

7.2.3 ATS 车辆段设备

ATS 车辆段设备包括 ATS 分机和车辆段终端设备。车辆段联锁设备，通过 ATS 分机与控制中心交换信息，实现段内运行列车的追踪监视，车辆段与控制中心间提供有效的传输通道，距离较长时则采用 MODEM。

车辆段设一台 ATS 分机，用于采集车辆段内存车库线的列车占用及进/出车辆段的列车信号机的状态，在控制中心显示屏上给出以上信息的显示，以便控制中心及车辆段值班员及车辆管理人员了解段内停车库线列车的车次及车组运用情况，正确控制列车出段。

车辆段派班室和信号楼控制台室各设一台终端，与车辆段 ATS 分机相连，根据来自控制中心的实际时刻表建立车辆段作业计划。

7.2.4 ATS 列车识别系统（PTI）和列车发车指示器（TDT）

PTI 设备是 ATS 车次识别及车辆管理的辅助设备，由地面查询器环路和车载应答器组成。地面查询器环路设于各站。PTI 设备用于校核列车车次号。当列车经过地面查询器时，地面查询器可采集到车载应答器中设定的列车车次号，并经车站 ATS 设备送至控制中心，校核是否与中心计算机列车计划中的车次号一致，若不相同则报警并进行修正。

TDT 设备设于各站，为列车运行提供车站发车时机、列车到站晚点情况的时间指示，提示列车按计划时刻表运行。正常情况下，在列车整列进入站台后，按系统给定停站时间倒计时显示距计划时刻表的发车时间，为零时指示列车发车；若列车晚点发车，则 TDT 增加停站时间的计时。在特殊情况下，若实施了站台扣车控制，TDT 给出“H”显示；如有提前发车命令，TDT 立即显示零；列车通过车站时 TDT 显示“＝”。

7.3

ATS 系统的主要功能

ATS 系统的主要功能包括：列车运行情况的集中监视和跟踪；时刻表自动生成、显示、修改和优化处理；自动排列进路，按行车计划自动控制道旁信号设备以接发列车；列车运行自动调整；列车运行模拟及培训。

7.3.1　列车监督和跟踪

列车监督和跟踪功能包括：列车监视、列车初始化、列车号移动、列车运行识别和集中显示等，如图 7–3 所示。

图 7–3　列车移动监督

① 列车监视。用计算机来再现列车的运行。列车运行由轨道空闲和占用信号来驱动，列车由车次号来识别。ATS 给 MMI、旅客信息显示系统、模拟线路表示盘提供列车位置和车次号。

② 列车初始化。运营前对车辆进行身份确认和登记，将数据发往 OCC，OCC 将运行时刻表中下一列车次号赋予该车。

③ 列车号移动。ATS 采集轨道显示、道岔、列车运行等数据，推算列车运行状态，列车识别号跟随列车移动而移动。包括车次号输入、追踪、记录和删除。当列车由车辆段或其他地点进入正线运行时，ATS 系统将根据计划时刻表自动给计划车加入车次号。列车车次号输入用于修改和确认列车车次号。输入方式有：在读站自动输入车次号、时刻表系统提出车次号、系统自动生成虚假车次号和调度员人工输入。车次号在该列车通过读站时被记录，出错时调度员可用另一车次号予以替代。车次号从列车在车辆段开始至全部正线连续追踪，在中心表示盘及显示器上的车次窗内随着列车运行的位置动态显示。调度员可人工修改，并能由车次查出对应车组号。车次号删除是从 ATS 系统中清除车次号记录，在被监视到离去本区段、被覆盖时删除，也可人工删除。

④ 列车运行识别。列车运行由轨道占用信号从“空闲”到“占用”的翻转来识别。列车运行被监测到，就在计算机内再现。

⑤ 集中显示。控制中心表示分为大屏表示盘（目前用得较多的是背投式，等离子显示屏正在逐步推广）和显示器。在站场布置图上显示正线全线列车运行及信号设备的工作状

况，如列车位置及车次号、信号显示、道岔位置、轨道电路状态、进路状态及开通方向、车站控制状态（站控或遥控）、行车闭塞方式（自动闭塞或站间闭塞）、站台扣车状态、信号设备报警等，以及根据调度员的需要在显示器上显示车辆段内列车运用状况及各种报告，如图 7-4 所示。

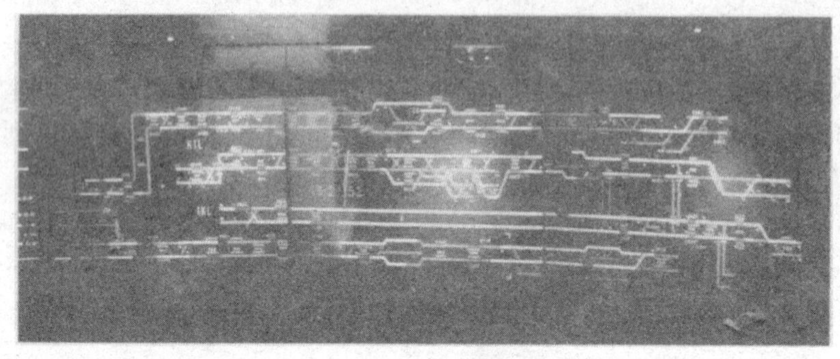

图 7-4　控制中心大屏

7.3.2　时刻表处理

时刻表系统向 ATS 和外部系统提供时刻表数据，为停站时间表正线装载设置界面，为时刻表的离线修改设置界面，为使用中的时刻表增加和删除列车行程设置界面，按自动列车跟踪请求安排列车识别号。

系统提供时刻表编制数据库，调度员人工设置数据产生计划时刻表，计划时刻表从控制中心传到 ATS 分机，控制中心 ATS 根据列车的实际情况绘制列车实际运行图。系统随时对时刻表的状态进行比较，在发生偏离的时候通过适当的显示通知调度员。

7.3.3　自动排列进路

控制中心能对列车进路、信号机、道岔实现集中控制，可根据当日列车运行计划时刻表自动控制列车运行，包括自动办理正线各种进路并控制办理的时机，自动控制列车驶入、离开正线的时机，自动控制车站列车停车时间及发车时机。必要时，通过办理控制权转移手续，可将控制权转移至车站。

调度员必要时可以人工控制，包括人工建立及取消正线上各种进路等。调度员的人工控制命令在执行前均由中心计算机检查其合理性，并给出提示。

自动排列进路的功能是形成控制道岔位置的命令和在适当时间向信号系统发送这些命令。将列车车次号和位置信息、道岔位置和已选信号系统的信息提供给自动建立进路系统，命令的输出由接近列车的监测和进路计划来控制。

7.3.4　列车运行调整

当列车运行偏离运行图（计划时刻表）时，需要进行列车运行的调整。系统不断地对计划时刻表与实际时刻表进行比较，并通过自动调整列车的停站时间，使列车恢复按计划时刻表运行，在此基础上自动产生列车的出发时间。在装备有 ATO 的线路上能通过对列车运行等级的设置实现对列车运行的自动调整。偏离误差较大时，可由调度员人工介入。

自动调整时，误差大时要用弹性调整策略。人工介入时，若偏差较大，调度人员可关闭列车自动调整功能，以人工设置停站时分和运行区间。列车运行调整要做到所有列车的总延迟最短，列车运行调整时间尽量短，列车运行调整范围尽量小，使整个系统尽快恢复正常运营。列车运行调整的基本方法是：改变车站停车时间，改变站间运行时间，越站行驶，改变进路设置，修改计划时间表等。

7.3.5　培训模拟系统

培训模拟系统能完整测试 ATC 系统全线列车运行调整和列车跟踪功能的有效性。系统具有模拟时刻表，模拟列车运行的调度等功能，可记录、演示，据此对学员进行实际操作的培训功能。培训模拟系统是交互式的，允许实习调度员输入，可以让学员通过选择某区域，由显示器观察该区的工作状态，也能让学员进行各种命令的输入，并通过显示器给出响应，如果命令错误会给出报警。

培训模拟系统是通过仿真手段，实现离线模拟列车的在线运行。主要用于系统的调试、演示及人员培训，是一种必不可少的运行模式。它与在线控制模式几乎完全相同，唯一的差别是列车定位信息不是实际获取，而是随车次号的设置而出现的。仿真模拟运行能够模拟在线控制中的所有功能，但它与现场之间没有任何表示信息和控制命令的信息交换。

7.4　ATS 系统的基本原理

7.4.1　自动列车跟踪原理

列车跟踪（或称追踪）系统是监视受控区域内列车的移动的。不论是自动方式还是人工方式，每列列车必须与一个列车车次号相关联。当列车由车辆段进入正线运行时，ATS 系统根据计划时刻表（列车运行图）自动给该列车加入车次识别号（也称列车识别号）。根据对来自联锁设备的信息的推断，随着列车的前进，列车车次号在列车追踪系统中从一个轨道区段单元向下一个轨道区段单元移动。随着列车的移动，列车识别号将在调度员工作站上的车次号窗口内显示出来，车次号按先到先服务的原则顺序显示，实现自动列车跟踪。

1. 列车识别号的报告

列车识别号包括：目的地号、序列号和服务号。目的地号规定列车行程的终到地点。序列号为按每次行程自动累增号。乘务组号和车组号将显示在特定的对话框中。

如果某一列车出现在列车追踪系统所监视区域，该列车识别号必须报告给列车追踪系统。报告方法有：手动输入、读点（PTI）读入、从列车时刻表中导出和在步进检测中产生等。当无法自动导出列车识别号时，必须手动输入，调度员必须在其监视区的第一个区段输入列车识别号。如果该区段已被某一列车识别号占用，则不能输入列车识别号。

列车识别号由时刻表的自动报告，是由列车时刻表系统建议列车的识别号，将车次号输入到相应进入的区段，并按它们的出现顺序自动调用。

步进是列车号从一个显示区段移动到下一个显示区段的前进。列车识别号报告在步进检测中产生，是指当轨道区段发生从空闲到占用的状态变化，或从占用到空闲的状态变化，或来自 PTI 的有效列车数据的输入，或来自 OCC MMI 功能的人工步进命令的输入时，都会产生步进式列车识别号报告。如果由于故障不能自动步进，也可以手动步进。

2. 列车识别号跟踪

自动列车跟踪要完成：列车号定位、列车号删除、车次号处理。

1）列车号定位

列车号向轨道区段的分配由下列任一情况所启动：在列车离开车辆段，有一个向正线方向的列车移动被识别时，列车号从时刻表数据库取出；有来自 PTI 的有效列车数据输入时、有来自 OCC MMI 的一个列车号插入或修改的输入时，或在没有列车号能被检测到的位置识别到一个列车移动时，都将会依照时刻表产生一个列车号。

2）列车号删除

当步进超出自动列车跟踪功能的监控范围时，或从 OCC MMI 功能输入一个人工删除命令时，列车号被删除。

3）车次号处理

车次号处理包括：从 OCC MMI 功能输入一个新的列车号，输入列车识别号，更改列车识别号，删除列车识别号，人工步进列车识别号以及查询列车识别号。

7.4.2　自动排列进路原理

自动排列进路，是通过列车进路系统，将进路排列指令及时地输出到联锁设备中去，实现进路的自动排列。这可以节约调度员大量的操作工作量。

调度员可在任何时候都绕过列车进路系统，用手动方式办理进路。列车进路系统则在可用性检查中检测这一行动。列车进路系统可由调度员关闭，这一点是必要的，因在当调度员人工办理进路时，要避免列车进路系统发出命令的危险。

1. 列车进路系统运行触发点的选择

列车进路系统只是在列车到达某一特定地点时才被启动，该特定地点称为“运行触发点”。运行触发点的位置必须进行配置。运行触发点的选择应能使列车以最高线路允许速度运行。但运行触发点又不能发生得太早，否则其他列车可能会遇到不必要的妨碍。为此，可以确定一个延时时间来决定输出列车进路指令的时间。该时间称为“接通时间”，由最长指令输出时间、联锁最长设定时间、列车到达接近信号机之前司机看到和作出反应的时间和预留的时间等来决定。

在驶近列车进路始端时，可以确定多个运行触发点。这样就可以保证列车进路系统的可靠工作，即使在出现问题而未发送出列车位置的情况下也能保证其可靠性。对于每一条进路，应在其他始端的前方，配置一个附加的、称之为“重新建立”的运行触发点。

对每个运行触发点，要对启动列车进路系统的目的地编码予以配置。列车进路由列车初始位置和列车的终到（目的）编码来确定。终到编码必须含在列车识别号中。列车位置、列车号是通过列车追踪系统报告给列车进路系统的，它决定了所要求的目的地。

2. 进路的确定

当到达触发点的列车请求进路时，已配置的数据就确定了进路。为此，需要为每个带有效目的地码的触发点配置一条进路。

对于每一条进路，还可以配置出替代进路。替代进路是必要的，如果该进路已被其他列车占用，那么就可以把替代进路按优先顺序存储到运行触发点处。进路可由两种方法予以确定。第一种，进路由时刻表来确定。前提条件是必须有一个时刻表系统，能提供当天适应于每一列列车的时刻表。列车进路系统利用这些信息确定列车的进路命令，相关的替代进路也被确定。第二种，从地点相关的控制数据中来确定进路。为此有必要在车次号中包含目的地码，然后相应的进路就可以通过目的地码的方式指派到每一个运行触发点。

3. 进路的可行性检查

在进路设定指令输出到联锁设备之前，需进行若干可行性检查，该检查将决定执行或拒绝命令。首先要进行“进路始端检查”，以检查没有排列敌对进路。然后进行“触发区段检查”，检查没有其他列车处于该列车和进路入口之间，确认该列车是否到达进路的始端。

接着要进行“进路可用性检查”，目的是防止将不能执行的命令发送到联锁设备。这种检查要经过若干步骤来实施：第一步，要检查自始端开始的进路是否已排好；第二步，检查进路的自动办理是否可能；第三步，检查是否有短期障碍（如轨道被占用等）。如果所有检查都成功完成，则给联锁设备输出一个进路命令。

在规定的时间间隔之后进行“办理进路检查”，以查明联锁设备是否允许执行选择进路的命令，是否已办理好进路并与输出命令相符。

7.4.3　时刻表系统工作原理

时刻表系统要完成：时刻表数据管理；向其他 ATS 功能模块提供时刻表数据；向外部系统提供时刻表数据；为停站时间时刻表的在线装载设置界面；为时刻表的离线修改设置界面；为使用中的时刻表增加或删除一个列车行程设置界面；按自动列车追踪请求安排列车识别号。ATS 设备包括时刻表数据库，该时刻表数据库里存储有 ATS 功能要求的所有时刻表信息。时刻表数据库里的信息是由时刻表计算机提供的。

1. 时刻表编辑

时刻表的编制和修改是在离线模式下用给定的数据在时刻表编辑器中编辑。基本数据代表一列列车在某段线路上的运行。基本数据包括：站间旅行时间、车站与折返线之间的旅行时间、在折返线上的停留时间。

时刻表包括到站和离站时间。为了编制时刻表，调度员必须通过时刻表编辑界面输入以下数据：运行始发时间、运行始发地点、运行终到站、每一运行间隔阶段的开始时间和终止时间、每一运行间隔阶段（是一个时间段，在当日对所有列车有效）的运行间隔。

调度员通过时刻表编辑界面输入必要的信息后，时刻表编译器/模拟器从该信息中综合出所需时刻表。如果新的时刻表存在冲突就会被显示。调度员可以调整时刻表的内容。一旦存储，时刻表就被确定，可以为不同类型的运行阶段存储不同的时刻表。

系统时刻表中列车运行图或列车运行档案通过列车运行图表示器显示出来。

2. 时刻表系统处理程序

手动选择当天运行的时刻表，这样的时刻表当天运行有效。

时刻表查询功能通过向时刻表系统查询，得到列车的计划到达或出发时间及到达下一站的时间。列车自动调整从时刻表系统得到的用于列车调整的时刻表数据。

如果列车识别号在列车自动追踪时丢失，查询处理程序会向时刻表系统询问列车识别号，时刻表系统则给出一个列车识别号建议。由此确定的列车识别号应是（按当天时刻表）预定的与地点和时间相应的车次号。

3. 时刻表比较

时刻表比较器比较时刻表上预定的到达或出发时间和当前列车的到达和出发时间，为列车运行图表示器和自动列车跟踪提供列车与当前时刻表的偏差，启动列车自动调整。若时刻表偏差超过一规定值，时刻表偏差通过 MMI 给以显示，时刻表比较器进而给列车自动调整指令以调整列车的运行，其目标是补偿列车的实际偏差。此时，在乘客信息显示盘上的列车到达时间将会更新。

7.4.4 列车自动调整原理

由于许多随机因素的干扰，列车运行难免偏离基本运行图，尤其是在列车运行密度高的城市。一列列车晚点往往会波及许多其他列车。当出现车辆故障或其他情况时，列车运行紊乱程度会更加严重。因此需要从整体上大范围地调整已紊乱的运行秩序，尽快恢复运行。采用人工调整很难尽善尽美，而采用自动调整方法，则可以充分发挥计算机的优势，能比较及时并全面地选出优化的调整方案，使列车运行调整措施更智能化，避免人工调整的随意性。同时，调度员也可以积极发挥主观能动性，尽一切可能主动干预列车运行调整。

1. 列车运行调整所需采集的数据

列车运行调整，首先必须实现对列车运行情况以及轨道、道岔、信号机等设备状况信息的采集的集中监督。所需采集的基本数据包括：车站的顺序和种类、站间旅行时间、各站的停站时间、车站与折返线之间的旅行时间、在折返线上的停留时间和计划时刻表数据等。实时数据包括：调度员下达的控制指令、在线运行列车的实时位置和速度、在线运行列车的限制速度和安全距离等。

2. 列车运行调整的目标

主要包括：减少列车实际运行图与计划运行图的偏差；使所有列车的总延迟时间最短；减少旅客平均等待时间；列车运行调整的时间尽量短；实施运行调整的范围尽量小；使整个系统尽快恢复正常运营。

3. 列车运行调整的系统模式

列车运行调整的系统模式可分为人工调整和自动调整两种类型。人工调整方式下，除具有自动排列进路、自动的时刻表和车次号管理功能外，还具有自动调度功能，即能根据时刻表和调度模式，按时自动调度列车从端站出发，但运行调整仍需要人工进行。自动调整除具有人工调整模式的全部功能外，还具有自动调整功能，能根据计划时刻表自动调整列车停站时间和运行等级，使列车尽量恢复正点运行。

调度员应具有通过策略选择程序引用正确策略的能力。对于计算机显示的可应用方案和实施选择方案，什么样的修正动作是最适宜的，调度员需能做出最佳判断，选择最适宜的方案。

4. 列车运行调整的基本方法

对列车运行进行调整，实质上是对列车运行图的重新规划，它是在ATS对列车运行和道岔、信号设备实时控制的基础上实现的。当列车偏离计划运行图的程度不大时，可以利用运行图自身的冗余时间，对个别列车进行调整即可恢复按图运行；当列车运行紊乱程度较严重时，则需要大幅度调整列车运行。

列车运行调整的基本方法如下。

① 改变车站停车时间。通过车站 ATS 适时发送命令，控制站内列车的停站时间。若列车晚点，可使列车提前出发（但也必须受车站最小停站时间的约束）；若列车早点，则可延长列车停站时间。这种方法可以在一定范围内调整列车正点运行。

② 改变站间运行时间。根据列车的速度和位置，可以预测列车到达下一站的到站时间。如果预测的到站时间晚于计划到站时间，可以向列车的 ATO 设备发送命令，提高 ATO 运行等级，缩短站间运行时间，从而及时消除可能出现的晚点。

③ 越站行驶。如果列车晚点太多，需要快速赶点，可要求列车直接通过下一个车站或多个车站，以尽快恢复到计划时刻表上。

④ 改变进路设置。在有道岔的车站，可通过改变进路的设置来改变列车运行的先后顺序，从而达到调整的目的。

⑤ 修改计划时刻表。当列车晚点时间比较多，或者涉及晚点的列车比较多时，可以考虑直接修改计划时刻表，尽可能地减小对整个系统的影响，保证系统的有序运行。修改计划时刻表通常包括加车、减车和时刻表整体偏移等。

5. 列车运行调整的主要算法

1）线路算法

一旦列车进入运营，线路算法将监视和控制列车的运行性能。线路算法的主要功能是快速和自动地管理由于较小的线路干扰造成的延误。线路干扰是指列车与其时刻表相比提早或滞后的状态，这将影响列车停站时间和在正线上列车的运行。线路算法通过调整列车的停站时间和运行等级，动态和自动地调整列车运行性能和列车运行时刻，使延误的影响减小或消失，以使本站的出发计划误差和下一站的到达计划误差最小。线路算法还调整受影响列车的前行列车和后续列车的空间间隔，以平稳地脱离线路干扰。当线路算法确定一列车或一组列车不能保持与时刻表一致（在时刻表误差内），它将产生一个报警。调度员能从时刻表控制中撤销一列车或一组车或者修正时刻表误差并取消报警，还能终止线路算法的自动运行。线路算法还应用于列车到达车站之前启动车站广播设备和旅客向导系统的控制。

2）进路控制算法

进路控制算法将监督所有运营中列车的进路。列车上所存储的进路应能被控制中心改变。控制中心能自动地或由控制台发出命令，要求改变目的地，并且能验证列车已收到的新目的地。

7.5 ATS 系统的控制

ATS 系统的控制分为中央级和车站级。

1. 中央级控制

正常情况下的控制方式，据联锁表、计划运行图自动设置列车进路，据计划运行图自动控制列车运行时分和停站时分。

控制中心 ATS 人工控制包括以下情况：信号机人工控制状态；非自动调整列车；调度工作站给联锁设备进路控制命令；列车实际运行和计划运行图严重偏差；“扣车”；“跳停”及人工设定列车识别号等。

2. 车站级现地控制

ATS 系统正常情况的车站级控制包括以下情况：车站值班员未修改，所有原自动控制仍由中央 ATS 自动控制，原人工控制由车站值班员人工控制，原自动调整和非自动调整列车维持原方式。ATS 故障下的车站级控制包括以下情况：车站值班员未修改，原进路和信号机控制模式不变；运行图下载到车站 ATS 分机控制，不能自动调整；据时分缺省值控制行车，ATS 分机故障的车站联锁设备控制，现地工作站人工排列进路；在联锁设备人工控制下，信号机 设为联锁自动进路，列车不能实现自动调整。

复习思考题

1. ATS 集中联锁站和非集中联锁站设备以及功能的区别是什么？
2. 列车监督跟踪功能包括哪些部分？是如何实现的？
3. 进路的可行性检查的原因是什么？
4. 列车调整的目的、目标和自动调整的原理是什么？
5. 简述 ATS 系统中央级和车站级控制。

8 第8章 实用的ATC系统

目前，我国还不具备提供完整的ATC系统的能力，应用于城市轨道交通的列车自动控制系统的核心技术基本从国外引进。综合国外各大信号供货商信号产品的特点，本章主要介绍我国城市轨道交通实际应用较多的几种ATC系统。

知识点

1. WSL－ATC 系统的基本组成及特点；
2. WSL－ATP 系统的构成及功能；
3. WSL－ATS 系统的构成及功能；
4. WSL－ATO 系统的构成及功能；
5. LCF－300 型 CBTC 系统的基本组成。

技能目标

1. 掌握 WSL－ATP 车载系统的四种驾驶模式；
2. 掌握 WSL－ATP 最大安全速度和目标速度的组合形式；
3. 掌握车辆段（DPU）的命令类型；
4. 掌握 LCF－300 型 CBTC－ZC 子系统的功能及特点；
5. 掌握 LCF－300 型 CBTC－VOBC 子系统的功能及特点。

8.1

WSL - ATC 系统

WSL - ATC 系统是英国西屋公司（Westinghouse Signals Ltd，WSL）研制开发的列车运行自动控制系统（简称 WSL - ATC 系统）。该系统是典型的基于轨道电路（包括基于模拟轨道电路和数字编码轨道电路）的 ATC 系统，已在世界各地的城市轨道交通中得到了大量使用。我国的北京地铁 1 号线和天津地铁 1 号线等采用的就是 WSL - ATC 系统。

8.1.1　WSL - ATC 系统的基本组成及特点

1. WSL - ATC 系统的基本组成

WSL - ATC 系统的基本组成如图 8-1 所示。

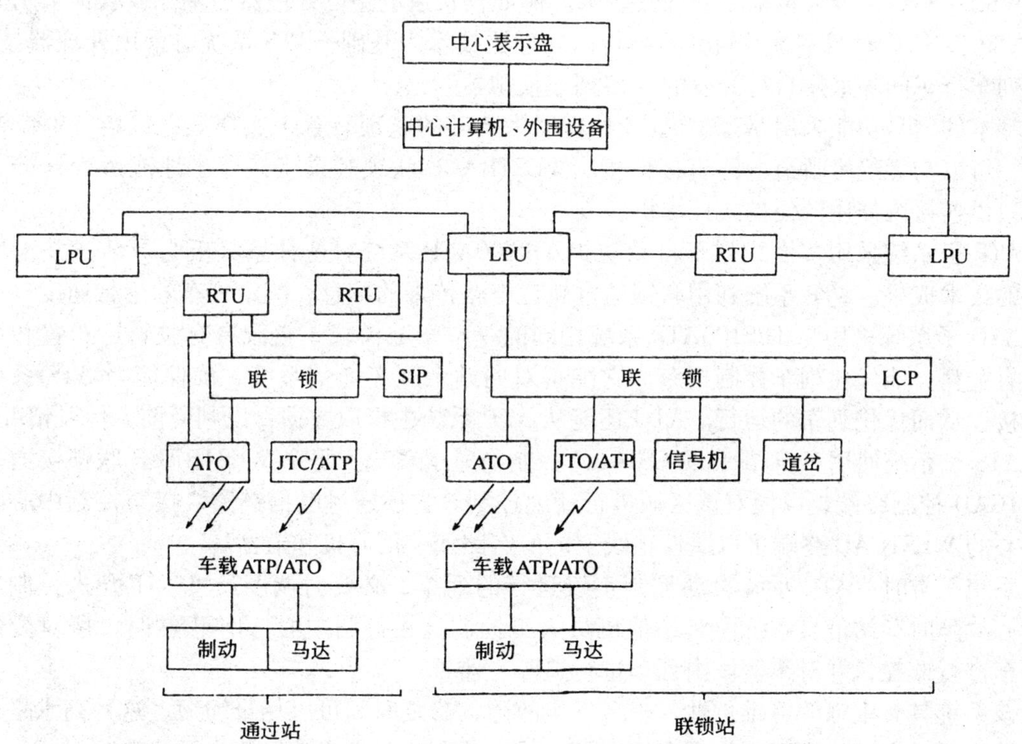

图 8-1　WSL - ATC 系统的基本组成

WSL - ATC 由 TBSl00ATP 和 ATO 系统、FS - 2500 无绝缘轨道电路、基于 WESTRACE 处理器的联锁及 WESTCAD 监控系统组成。所提供的设备主要为模块式，便于扩大功能或延伸系统。

ATP 子系统设备包括地面及车载设备两大部分，车载 ATP 设备安装在每一列车的头尾驾驶室内，每个车站安装地面 ATP 设备，地面 ATP 设备主要指轨道电路设备。

ATO 子系统设备也分车上、地面设备两部分，车载 ATO 设备安装在每一列车的头尾驾驶室内，每车站安装地面 ATO 设备，地面 ATO 设备包括站台 ATO 通信器及配套的信标环路。

ATS 子系统包括控制中心子系统、车站控制子系统、车辆段程序单元 DPU（Depot Program Unit，简称为 DPU）和通信网络 4 部分。控制中心（简称 OCC）设备包括：操作员工作台，调度长及信息员工作台，模拟表示盘，计算机，打印机，绘图仪，培训单元及不间断电源等；车站设备包括：车站局部处理程序单元 LPU（Local Program Unit，简称为 LPU）或远程终端处理单元（Remote Terminated Unit，简称为 RTU），列车发车计时器，实际列车识别器，不间断电源等；车辆段设备包括：车辆段程序处理装置，列车发车计时器，单色监视器，打印机及不间断电源等。

其他基础信号设备包括：安装在每车站室内的联锁设备和控制台，转辙机、信号机和分界标等室外设备。

2. WSL－ATC 系统的特点

WSL－ATC 系统大量采用处理器技术。例如，轨道电路以处理器为基础，联锁采用处理器，ATP 和 ATO 车载系统及轨旁系统均以处理器技术为基础，ATS 系统也采用处理器技术。正线列车行车间隔采用自行开发的“多列车模拟器”。

基本的信号功能采用 WESTRACE 处理器为基础的联锁装置来实现。它包括特别设计的模块，可以与无绝缘轨道电路直接衔接。WESTRACE 联锁装置将接通本地或远程终端，并有端口供连接维修用的便携式计算机。

ATP 子系统采用多模式列车自动防护 TBSl00ATP 系统。这种系统极为灵活，并采用了最新的技术成果。ATP 系统利用联锁通过轨道电路传来的信息，决定列车的运行速度。

ATO 子系统采用与 TBS100ATP 系统相同的基本车载模块。它载有有关轨道布置和坡度的所有资料，能优化列车控制指令。它配备双向站台列车通信系统，确保能与 ATS 系统直接衔接，从而优化列车的运行。ATO 还能从 ATP 系统中提取数据，以判断前方信号情况。

ATS 子系统使用 WSL 最新 WESTCAD 控制与显示系统。每个 WESTRACE 联锁接通一台 WESTCAD 控制终端，以便对该区域进行就地控制。它还通过电信链路，接至控制中心。控制中心的 WESTCAD 终端可以遥控正线上的所有路线、信号机和道岔。

系统正常时，ATC 系统自动控制正线运行的列车，必要时调度员可人工介入控制。控制中心故障时车站信号系统由车站值班员人工控制。在控制中心 ATS 正常时，可对全部正线列车进行监控，并对车辆段内列车进行追踪、监视。

该系统具有很强的可维护性，一旦发生故障，修复时间可以尽量缩短。这种高水平的可维护性是通过广泛采用下列技术来实现的：用自诊断法和发光二极管指示或故障提示，进行有效的故障报告，可快速找出故障所在；使用模块化“在线可更换单元”，可更换失灵的模块，快速排除故障；尽量减少在不可及地点（例如隧道内）的设备；各系统一般分散布置，某些方面采用冗余，以提高系统可用性。

8.1.2　WSL－ATP 子系统

WSL－ATP 子系统可先按照目标距离模式设计，这是可以满足城市轨道交通初期运营要求的最经济的低风险模式。在“目标距离”系统中，每列列车被告知它可以安全行驶的目标距离，据此列车决定到达该点的安全速度。即使发生某些故障，列车仍能以一定限制速度行驶。

将来需要时，WSL－ATP 子系统的 TBS100 产品可以升级为移动闭塞模式，用一个无线系统在列车和轨旁设备之间进行双向通信。每列列车向地面控制系统不断报告其所在位置，控制系统则向控制范围内的所有列车分配目标距离。TBS100 由一系列标准模块组成，这些模块的大小都是欧洲板的两倍，装在 19 英寸（48.26 cm）的工业标准机架中。根据不同的应用条件，可选择相匹配的机箱和接口电路。

WSL－ATP 子系统由地面系统、车载系统及车站联锁设备组成。

1. 地面 ATP 系统的功能及设备构成

地面 ATP 系统设备用于向车载设备传送相关的安全信息。轨道电路提供了前方线路的状态信息，绝对位置参考应答器（APR）为列车提供精确的位置信息。

1）FS－2500 无绝缘音频轨道电路

地面 ATP 系统主要由 FS－2500 无绝缘音频轨道电路组成，简称 JTC 系统，它是英国西屋 WESTHOUSE 公司 FS－2000 系列信号设备的一部分。每一个 JTC 轨道区段的轨道电路由发送器（TX）、接收器（RX）、调谐单元（TU）及短路棒构成。JTC 是通过采用不同频率及设在轨道区段端部的短路棒来实现电气隔离。

JTC 系统中设于轨道端头的发送器（TX）通过一个调谐单元（TU）向轨道电路一端的钢轨连续地发送一个移频键控信号（FSK），此信号在轨道电路的另一端通过另一个调谐单元送至接收器（RX），由接收器对其译码，假如接收到的信号表明该区段无车占用，接收器将使对应的轨道继电器保持励磁状态，而当列车第一轮对进入轨道电路后，RX 将检测到此信号，电平下降使轨道继电器失磁，表示轨道电路占用。继电器的接点将用于信号联锁系统的轨道电路占用情况的表示。每一轨道电路的发送及接收器采用一个专用电源单元（PSU）。

JTC 系统能够有效、及时、可靠地连续检测列车位置，与电气联锁结合构成自动闭塞；根据列车位置向车载 ATP 设备发送列车运行限速码信息；保证在电源电压或道床电阻变化时可靠分路；向列车发送足够功率的信息保证车载设备可靠接收；防止牵引动力对轨道电路的干扰；实现断轨检查及自诊断。

如果列车需要由 ATP 控制在一段轨道电路上双向运行，则只要发送器和接收器的端子与切换继电器的接点互换连通，通过继电器与相应的轨道电路终端相连，就可以实现。

道岔区段仍需采用有绝缘轨道电路，因该系统采用的载频车载设备无法识别，所以道岔区段列车占用情况需要通过轨道电路进行检查，而 ATP 速度信息编码则靠附设安装在线路上的特殊 ATP 感应环路单独传送。

2）ATP 车站设备

ATP 车站设备主要包括 ATP 速度编码电路和与车站集中联锁及 ATS 设备的接口电路等。

ATP 速度编码电路的主要功能是根据发送速度码的条件、速度码的码序及前方轨道电路的空闲状态，为每一轨道区段选择正确的速度码。

车站集中联锁与 ATP 速度编码电路的接口电路的主要功能有：保证站内联锁区内的轨道电路仅在进路建立和信号机开放后，才能发送速度码；在列车进入进路内之后始终保持速度码的发送，直至列车出清进路。

ATP 与 ATS 及环路调制解调器（PAC）的接口电路，包括车站内各种信号设备的状态表示、进路建立的表示信息等接口电路，控制接口电路等。

3）绝对位置参考应答器（APR）系统

APR 系统向列车提供所在绝对位置信息。APR 系统的基础是那些安装在走行轨中间的应答器。APR 应答器是一种小巧、坚固耐用的无源装置，没有永久的外部电气连接，安装在钢轨中间，并编入唯一的标识号。当列车经过应答器时，车载设备轮询应答器，应答器把自己的唯一标识号编码发送给列车作为应答。

APR 信标沿轨道等距放置，每个信标都有一个独一无二的识别号，存储在 ATP/ATO 分布图系统存储器中。这个系统可以在指定范围内，对转速传感器发出的信号进行自动重新校正，也能进一步确定位置。

ATP 通过车载识别器与应答器接口，通过车载天线接收 APR 信息。每个 ATP 控制器各接一个应答器的识别器。APR 应答器的识别装置安装在列车底架上，位于轨道中央的上方。APR 识别器和 ATP 控制器之间有两个接口，一个串行，一个离散（数字式）。当检测到列车通过一个 APR 应答器时，识别器的离散接口输出信号，提醒 ATP 控制器。这样，ATP 控制器在采用串行接口传来的信息计算列车位置时，就有了一个时间标志。

4）北京地铁一号线的地面 ATP 系统

北京地铁一号线西段苹果园至复兴门段的信号技术改造于 1995 年初完成，其信号技术改造采用了当时具有国际先进水平的 WSL－ATC 系统。1999 年一号线东段复兴门至四惠东段贯通运营，同样采用了与西段相同的信号系统。WSL－ATC 系统的使用不但提高了北京地铁一号线列车运行的安全性、可靠性和行车效率，而且还提高了自动化水平及乘车舒适度，并在一定程度上减少了操作人员的劳动强度，又规范了行车组织操作。

北京地铁一号线的地面 ATP 采用了 FS－2500JTC 系统。主要技术指标如下。

（1）无绝缘轨道电路设备技术指标

无绝缘轨道电路型号为 FS2500/V－Z。

主要技术规格：以微机为基础的移频键控信号（FSK）无绝缘轨道电路，载频从 4 080 ～6 000 Hz 范围内选用 8 种可用频率，间隔为 240 Hz，即载频为 4 080 Hz、4 320 Hz、4 560 Hz、…、6 000 Hz 8 个载频。FSK 由电码发生器电码调制，其调制频率范围为 28 Hz ～ 80 Hz。每种调制频率相差 4 Hz，共 14 种调制频率供选择使用。

轨道电路长度 L：40 ～ 400 m；道床电阻 R：2－1 000 Ω/km；频偏：$\Delta f=\pm 40$ Hz；列车分路电阻：0.3 Ω；无绝缘音频轨道电路模糊区：4 ～ 5 m；轨道电路发送功率：80 W；发送端电压 17 ～ 18 V；接收端电压约为 1.8 V；轨道继电器额定电压 50 V。

（2）有绝缘轨道电路设备技术指标

有绝缘轨道电路型号：FS2000/1－4。

主要技术规格：以微处理机为基础的单轨条轨道电路，载频从 1 700 ～ 2 600 Hz 的范围内选出 4 个可用频率，由每隔 15.6 Hz 进行调制。用 ATP 电码环线辅助形成列车速度码。环线由4 080 ～6 000 Hz 范围内选定的载频馈送，调制频率范围为 28 ～ 80 Hz，环线最大长度 150 m。即在道岔区段，检查轨道电路是否有车占用由有绝缘轨道电路检测完成，速度码（用于车载设备）由铺设在轨道内端的 ATP 码环路传送完成。

（3）载频的选用及配置

载频选用：f1 =4 080 Hz，f2 =4 320 Hz，f3 =4 560 Hz，f4 =4 800 Hz，f5 =5 040 Hz，f6 = 5 280 Hz；f7 =5 520 Hz，f9 =6 000 Hz。FS－2500JTC 的频率分配如表 8-1 所示。

表 8-1　FS－2500 JTC 频率分配

频　率　号	额 定 频 率	识　别　号	使　　用
f1	4 080 Hz	V	东行线 JTC/ATP 环路
f2	4 320 Hz	K	西行线 JTC/ATP 环路
f3	4 560 Hz	W	西行线 JTC/ATP 环路
f4	4 800 Hz	L	道岔区 ATP 环路
f5	5 040 Hz	X	西行线 JTC/ATP 环路
f6	5 280 Hz	M	东行线 JTC/ATP 环路
f7	5 520 Hz	Y	东行线 JTC/ATP 环路
f9	6 000 Hz	Z	特殊的 JTC/ATP 环路

注：f9 在需要改变正常频率顺序处使用

（4）调制频率及与速度码组合关系

由于轨道电路不只是检测列车位置，而且还要向列车传送限速信号，或者说传送安全速度码。ATP 安全速度码由最大安全速度和目标速度（MSS/TS）的组合形式向占用 ATP 闭塞分区的车载 ATP 设备发送，向每一分区 ATP 装置发送的 MSS/TS 码的选择由电气联锁系统实现，每一个码代表一个特定的 MSS/TS 组合。

一个 ATP 码发生器模块用于产生一个固定载波频率，并由 14 个标准调制频率中的一个调制组成移频键控信号（FSK）。此模块的 FSK 输出通过电气联锁系统接至 JTC 发送器（TX）的输入。调制频率与轨道电路频率没有固定关系。调制频率可用 14 个码发生器中的某一个产生，此 14 种频率的范围为 28 ～ 80 Hz，以每 4 Hz 为频率间距。由于每 ATP 码频率的产生方式是故障/安全的，因此仅当其频率经过验证是正确的之后才能够输出。每个码发生器可以同时驱动同一设备室（SER）内的 50 个 JTC 发送器。

为了保障列车运行安全，JTC 所构成的闭塞方式为每列车都有一个保护区段，保护区段的速度码为% 码，不允许后续列车进入，若列车之间相隔 4 个轨道区段，列车可以实施不降速运行。

调制频率为：28 Hz、32 Hz、36 Hz、40 Hz、44 Hz、48 Hz、52 Hz、56 Hz、60 Hz、64 Hz、68 Hz、72 Hz、76 Hz、80 Hz。

频率与速度码的对应关系如表 8-2 所示。

表 8-2 频率与速度码的对应关系

调制频率/Hz	28	32	36	40	44
速度关系 MSS/TS/(km/h)	74/73	74/58	59/58	59/37	38/37
调制频率/Hz	48	56	72	76	80
速度关系 MSS/TS/(km/h)	38/27	38/0	28/27	28/0	0/0

注：MSS 是最大安全速度；TS 是目标速度。

道岔区的单轨条轨道电路不适用于 ATP 速度信息的传输，轨道电路的发送将通过环路馈电单元（LFU）及电阻盒（RB）连续地向沿钢轨铺设的电缆环路发送调制了的信号。

2. 车载 ATP 系统的功能及设备构成

车载 ATP 系统接收轨道电路传送的速度码（最大安全速度 MSS/目标速度 TS），当列车速度超过目标速度时向司机报警，提醒减速，如未减速或操作不当，列车超过最大安全速度时，实施紧急制动，实现列车超速防护功能。

当列车实际运行速度超过 ATP 规定的限制速度时，系统实施紧急制动；列车运行实际速度接近 ATP 规定的限制速度时，系统发生音响并告警司机进行减速；如未能减速时，系统自动启动常用制动使列车减速；列车非正常移动时系统采用紧急制动。系统可对轮径磨损进行自动补偿，实现故障自诊断及告警，进行运行状态记录。

1）TBS100 型 ATP 车载设备

TBS100 型车载 ATP 设备由 ATP 控制器、速度表、天线及测速电机等组成。该系统安装在一个 ATC 机柜中，同时也装有车载 ATO 设备，各种外设都连接到机柜。车载机柜装有一套双通道 ATP 系统（ATP_1 和 ATP_2），组成 2 取 2 系统，即 ATP 控制器包含两个相同的处理器通道，通过一块背板和多个接口模块互相连接。每个系统独立地计算 ATP 数据，并且分别驱动输出。它们与 ATO 系统和列车电路连接，还与用于速度和距离测量的 ATP 测速电机和多普勒仪、检测轨道电路 ATP 编码的 ATP 天线以及查询 ATP 应答器的 APR 识别器相连接。

（1）ATP 控制器

ATP 控制器的每个 ATP 处理通道单元都与许多模块相结合，它们之间的连接通过局部 VME 总线实现，VME 总线接口使得模块之间可以通信。总线上有多个主控程序来控制总线通信情况。每条通道单元都有一个主处理器和必要的输入输出模块。所有模块，包括处理器，都有一个诊断/测试串行链路。每个 ATP 通道由五个模块组成，如图 8-2 所示。

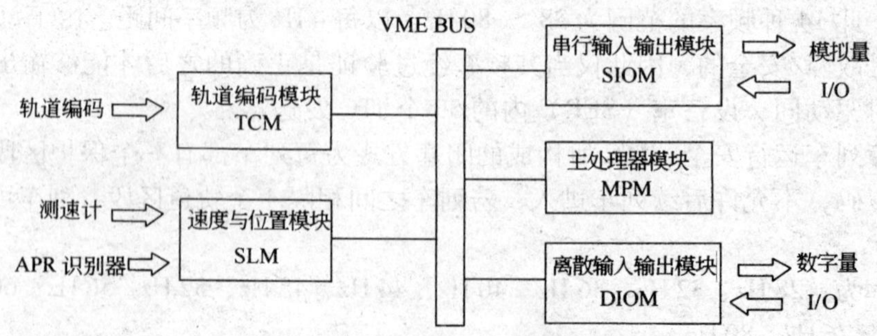

图 8-2 ATP 通道结构

① 主处理器模块（MPM）

主处理器模块提供主处理和存储功能，以运行各种应用程序，以及存储各种数据。该模块提供一个 VME 外部总线控制器，它有硬件选择性切断功能，能对这条处理线路中的其他模块进行控制；它还提供串行链路，通往诊断和数据上载单元（DDU）。

主处理器模块提供一个基于摩托罗拉 68030 中央处理器，带有时钟、重启和看门狗电路。该中央处理器可以访问专用的非易失的只读存储器、专用的随机存取存储器和非易失的随机存取存储器。VME 总线接口使得模块间可以通信，随机存取存储器中有一个区域为该中央处理器和该 VME 总线所共用。

只读存储器的各区域可以采用诊断和数据上载单元（DDU）来编程，通过一个串行接口来连接。这是所有 TBSl00 模块的基本配置情况。

MPM 是一种充分采用表面安装技术的先进处理器，车载 ATO 设备中的模块及移动闭塞信号系统中的地面移动闭塞处理器采用的也是这种处理器。

② 串行输入输出模块（SIOM）

SIOM 为外部子系统例如控制中心和数据上载单元（DDU）等提供缓冲串行链路，为系统提供串行通信接口。它包括两个单独的功能块，一个主要的中央处理器程序块和一个串行输入输出程序块，并带有一个对两者都通用的随机存取存储器的区域。

主要的中央处理器程序块基于一个摩托罗拉 68030 微处理器，带有专用的非易失的只读存储器、易失的和非易失的随机存取存储器。串行输入输出程序块则基于两个摩托罗拉 68302 微处理器，一个是作为串行处理器，而另外一个则作为串行通信控制器，带有专用的随机存取存储器和非易失的只读存储器。

该模块为外部子系统和线路间通信提供了缓冲串行链路。串行输入输出模块（SIOM）配备了下列的基本接口：

- 一个串行通道，RS－232C，速度 19.2 Kbps，诊断/测试端口通往前端面板；
- 两个串行通道，RS－485，速度 1 Mbps，同步或者异步方式；
- 三条串行通道，RS－485，速度 500 Kbps，同步方式；
- 两条串行通道，RS－485，速度 19.2 Kbps，同步方式。

③ 离散输入输出模块（DIOM）

DIOM 为主处理器提供缓冲串行输入输出，为离散的输入和输出信号设备提供各种接口。它提供了一个 VME 总线受控接口。

DIOM 通过电平转换器和 VME 总线接口为不连续的列车布线提供处理器接口。由于一系列列车信号与行车安全息息相关，非常关键，因此接口都应采用主备配置。DIOM 向列车提供紧急制动、车门启动和禁止牵引的输出。

DIOM 把离散的安全和非安全输入信号转换成为数字形式，通过 VME 总线传送到控制处理器模块。DIOM 还通过 VME 背板总线接受来自控制处理器模块的状态命令，以执行安全和非安全功能，相应地改变各自的输出驱动。此外，DIOM 还检验输出状态的正确性，并且把报告送回处理器模块。

SIOM 和 DIOM 为其他车载模块提供接口。SIOM 和 DIOM 也在 ATO 设备中采用。

④ 速度与位置模块（SLM）

SLM 模块为列车速度传感器（测速电机、多普勒雷达）提供接口，列车速度传感器分别连接到每个 ATP 通道，以避免单条通道故障。SLM 提供两个串行接口，以便接收绝对位置参照（APR）系统的串行数据。它与用在车载 ATO 设备中的模块是一样的。

SLM 模块接收来自测速电机、APR 阅读器和多普勒速度传感器的输入信息。该模块保存精确的列车速度和位置测量数据。

SLM 模块提供一个处理器和足够的存储器来运行应用程序编码，存储变化的数据。它提供了一个 VME 外部总线控制器和从属接口，接口是通过硬件配置的。该模块还为多达四个环路调制解调器模块提供缓冲串行链路。

SLM 模块提供一个基于摩托罗拉 68030 的中央处理器，带有时钟、重启和看门狗电路。该中央处理器可以访问专用的非易失的只读存储器、专用的随机存取存储器和非易失的随机存取存储器。有了一个 VME 总线接口，就使得模块之间可以通信。

⑤ 轨道编码模块（TCM）

轨道编码模块接收 ATP 轨道编码，并对其进行解码，它将验证无误的载频编码和调制频率发送给处理器。

（2）ATP 天线单元

ATP 天线单元由两个绕在铁氧体棒上的电感线圈组成，两个线圈彼此屏蔽、密封。一个线圈用于 ATP 安全系统，另一个线圈用于 ATP 非安全系统。

通过天线，ATP 车载设备可以读出由 ATP 地面设备传来的编码信息。天线共两套，列车两端各装一套。天线分别装在两条运行轨的正上方，它们读取由运行轨传递的信息。两侧天线反相串联，可滤掉列车牵引产生的共模干扰。

（3）ATP 测速单元

ATP 车载设备测速单元采用两个测速电机来提供速度、走行距离和运行方向等信息（同时也为 ATO 车载设备提供这些信息）。测速电机一般装在列车头车的拖车轴上，与 ATP 控制器相连，它们之间的接口主要取决于测速电机的类型，一般而言，是测速电机对“速度及位置模块”的非连续性输入。

测速单元在车轴转动时，带动一个齿数已知的内置齿轮，由电子传感器检测出经过的齿数，向测速电机提供一个输入，测速电机的接口电路对此进行信号处理，产生一个方波输出，送到 ATP 控制器。这是一种双通道结构，由两个电子传感器提供的两路信号经过 90°的相移，根据哪个信号在前，哪个信号滞后，可以判断出列车是前进还是后退。利用每个方波信号的频率可算出列车的速度，并且通过脉冲计数，可以测量出列车已经行驶的距离。

（4）ATP 多普勒雷达

由于测速电机无法精确补偿车轮滑转和滑行造成的误差，因此用一台多普勒雷达装置，向 ATP/ATO 系统输入第三个车速信息，这个信息与测速电机输入的车速相比较，以检验车速测量系统的可靠性。多普勒雷达提供另一套距离、方向和速度的测量系统。它通过串行接口，能修正列车空转和打滑误差。多普勒雷达单独安装在车架下，朝向运行轨的相邻区域。

（5）司机操作设备

TBS100 在配置方面具有高度的灵活性，可以与司机操作设备相连，这样在显示和控制设备方面挑选的余地非常大，从硬线连接的司机台，到显示盘、触摸屏等都可以支持。

司机控制操作可分成不同的级别，其中，实现系统必要功能所要求的一级控制为：操作驾驶模式选择开关的 ATO 启动键。其他的控制，如“无人手柄”类控制等，一般都直接与列车线路相连。

向司机提供的一级显示有：实际速度、目标速度、目标信息、系统状态及报警。如果采用的是司机台控制方式，那么在列车线路上会加上无压触头，由电流环路来驱动模拟显示，如速度显示等。如果采用的是更高级的系统，那么就应采用适合的串行链路，与控制和显示模块相连。另外，对某些功能，如一级的模式选择功能等，由于享有比其他级别的控制更高的地位，所以为确保安全，可能还需要进行一些特殊的处理。

(6) ATP 与其他系统的接口

ATP 设备与其他系统以及车载子系统之间存在有一系列的接口。例如与 ATO 接口、与测速电机接口、与轨道编码接收天线接口、与多普勒雷达装置接口等。

与 ATO 接口：ATP 通过高速通信链路与 ATO 接口。接口为内置接口，不需要外部接线。

与轨道编码接收天线接口：天线连接到两个 ATP 控制器中。天线输出为模拟信号，通过列车线路输送到“轨道编码模块”。

与多普勒雷达装置接口：每个 ATP 控制器与一个多普勒雷达装置相连。多普勒雷达装置通过一个串行接口与 ATP 单元相连。

与 APR 接口：每个 ATP 控制器分别与一个识别器相连。APR 识别器和 ATP 控制器之间有两个接口，一个串行，一个中断。

与司机控制及指示系统接口：根据列车人机界面接口设计原则，信号系统与司机控制和提示系统将通过并行或串行的方式相连。

与列车安全控制输出接口：ATP 控制器有两种安全输出，即紧急制动继电器（EBR）和零速继电器（ZVR）。这两种输出与列车线路直接相连，用于保证列车的安全行驶。EBR 和 ZVR 同时接至列车的安全联锁继电器（SIR），只有达到特定的条件时 SIR 才励磁，SIR 未励磁时，列车不能实施牵引，但可以实施全面紧急制动。当列车通电后，ZVR 得电励磁，表示列车处于停车状态，而 EBR 也得电，表示 ATP 控制器认为列车处于安全状态，SIR 得电励磁，列车可以驾驶，直到 ATP 控制器使一个或多个 EBR 失电，安全联锁继电器 SIR 也跟着失电落下，列车停止牵引，实施全面的、不可撤销的紧急制动，导致列车停车。

(7) ATP 软件

ATP 软件包含一个应用软件和一系列服务软件。应用软件执行 ATP 的所有功能，服务软件用于支持应用软件的各项行动。这些服务软件主要支持通信、线路地图和 BIT 功能。

ATP 应用软件执行 ATP 的基本功能可分成两部分，即速度/位置和前进权限功能。速度/位置功能识别列车的位置和行驶速度。它接收速度传感器的速度信息并进行相应的计算。如必要，还可加上 APR 的多普勒雷达的速度信息。如果 ATP 发现列车超过了速度和位置模块规定的安全速度限制，它将对列车采取紧急制动。前进权限功能主要确定列车还可以向前行驶多远，并识别列车的一些临时性速度限制信息等。

ATP 通信服务软件，是为了实现 ATP 与其他外部系统的通信，需要使用通信软件来支持两者的协议。

ATP 线路地图数据库服务软件支持每一个 ATP 单元数据库包含的全线地理信息，以及与这些数据相配套的其他有关信息，如环路位置、永久限速区的方位及预测制动性能所需要的一些参数（轨道坡度等）的信息处理。

BIT 自行检测服务软件。执行 BIT 功能时，用软件方法实现，可以提高 BIT 的灵活性，并降低 BIT 的成本。BIT 被设计成为一系列的基本功能，在此基础上，可以再组建更加复杂的测试和控制程序。这些程序执行 BIT 的中断和连续性服务。

2）北京地铁一号线的车载 ATP 系统

（1）系统的总体构成及功能

北京地铁一号线车载 ATP 系统由二个性质各异的独立子系统，即 ATP 安全系统（ATP - SS）和 ATP 非安全系统（ATP - NVU），以及天线单元设备、测速电机（TAC）单元设备、显示单元（速度表）设备、制动继电器和车辆接口设备等组成，如图 8-3 所示。

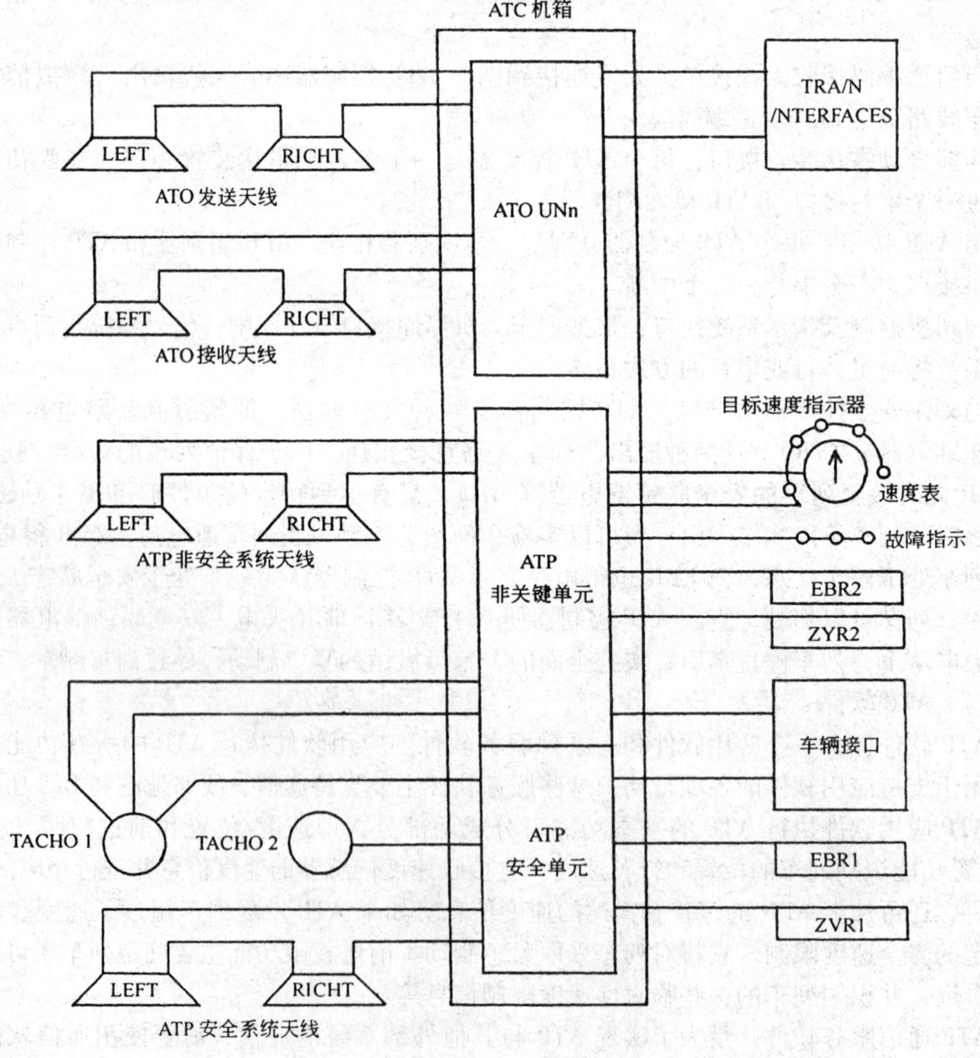

图 8-3　车载 ATP/ATO 系统框图

ATP 安全系统的设计原则为故障、安全型，而 ATP 非安全系统则采用相反的设计方式。ATP 非安全系统单元除执行 ATP 功能外，还向车载 ATO 系统及司机提供信息并具有监视功能。安全系统和非安全系统按照故障、安全原则组成多微机（7 个微处理器）控制系统，两个系统在信号处理和软件算法上采用不同的方式，独立完成相同的主要功能，以确保系统的安全和可靠。由于使用计算机软硬件结合技术，系统具有良好的性能，通过修改软件技术参数，可满足用户特殊的使用要求。

ATP 安全系统和非安全系统分别控制一个紧急制动继电器（EBR）和一个零速继电器（ZVR）。EBR 经常处于励磁状态，一旦列车超过最大安全速度即失磁，对列车实施紧急制动。ZVR 经常处于失磁状态，当列车速度降到预定值（2.5 km/h）时励磁，允许打开车门。

系统的主要功能包括：车载 ATP 系统接收来自地面 ATP 设备的最大安全速度信息（MSS），并防止列车超过这一速度，MSS 和列车实际速度在车载 ATP 系统中进行比较以监督超速现象是否发生；当车载 ATP 系统检测到超速条件形成时，将产生列车紧急制动，该制动维持至车速为零才予以缓解；当车载 ATP 系统检知来自地面 ATP 设备为无码或无效码时，需产生紧急制动；ATP 系统监视列车速度是否低于某一预置的最低极限速度，以便控制列车打开车门。

系统的辅助功能包括：ATP 非安全系统向车载 ATO 系统传送信息，以实现自动驾驶，传送的信息包括列车允许最高速度，目标速度（TS）和线路上全部道岔和渡线（P&C）等信息；为满足人工驾驶，ATP 非安全系统将向司机提供车速、目标速度（TS）等显示信息；ATP 非安全系统还包括监督和自诊断功能，并可通过测试和维修端口（STAMP）输出。

车载 ATP 系统设备可以由司机选择 4 种驾驶模式：限制人工驾驶模式（RM）、非限制人工驾驶模式（NRM 或 UCM，正常非限制和紧急非限制两种）、编码人工驾驶模式（CM）和自动驾驶模式（ATO 或 AUTO）。

限制人工驾驶模式。司机可以在一定的限制速度内驾驶列车，一旦列车超过限制速度，便发出指令，使列车以常用制动或紧急制动停车。

编码人工驾驶模式。司机按 ATP 系统所给出的目标速度驾驶列车，此模式下，执行 ATP 车载设备的全部功能。

非限制人工驾驶模式。此模式又细分成两种：紧急非限制人工驾驶模式，此模式用于 ATP 车载设备发生故障情况下，切除车载 ATP 设备，即 ATP 退出列车自动控制系统；正常非限制人工驾驶模式，此模式用于 ATP 车载设备未发生故障情况下，列车往返于设备区与非设备区段的运行模式。在非限制人工驾驶模式下，列车安全由司机保证，ATP 设备退出列车防护系统。

自动驾驶模式（ATO 或 AUTO）。此模式由 ATO 设备自动驾驶列车运行。

（2）ATP 安全系统（ATP－SS）的构成及原理

ATP 安全系统由电码检测模块、测速电机处理模块、逻辑输出模块、驱动输出模块、电源单元组成。图 8-4 为 ATP 安全系统方框图。

电码检测模块（CDM）接收 ATP 安全系统天线送来的移频键控信号（FSK），进行动态实时采样，应用 FFT（快速傅立叶变换）进行信号频谱分析，解出载频和代表速度码的调制频率，通过 C 总线送至逻辑输出模块。

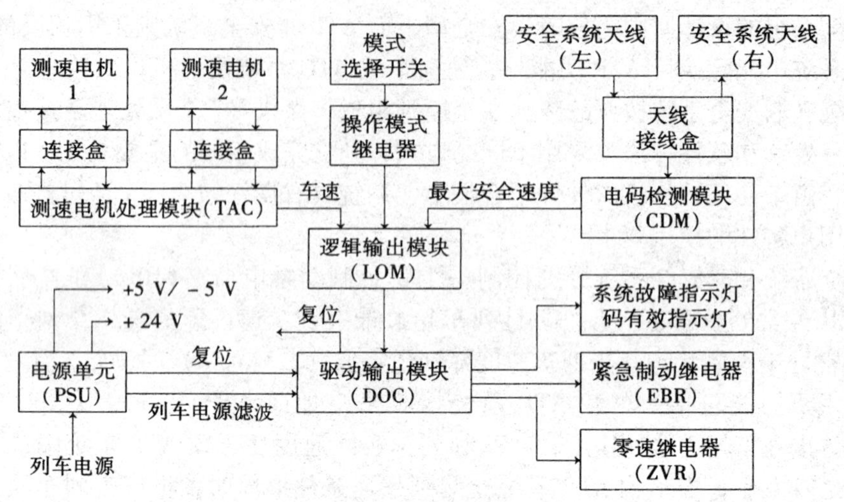

图 8-4　ATP 安全系统方框图

测速电机处理模块（TAC）由两个独立通道分别接收测速电机 1 和测速电机 2 的信号，应用 FFT 检出速度信号，通过 C 总线送至逻辑输出模块。测速电机处理模块利用双通道信号的一致性以判断数据是否正确；并向测速电机发送和接收验证信号，对测速电机信号检测电路进行安全检查。

逻辑输出模块（LOM）接收最大安全速度/目标速度与列车实际速度信息，进行分析、处理。若超过最大安全速度，通过驱动输出模块使紧急制动继电器失磁，导致列车紧急制动；如果列车速度低于预制的零速度线，通过驱动输出模块使零速继电器失磁，允许打开车门。

驱动输出模块（DOC）为 ATP 安全系统与外部电路之间的接口，驱动紧急制动继电器和零速继电器，驱动系统故障码有效表示器，为 ATP 安全系统其他模块提供系统复位信号。

电源单元（PSU）向系统提供 +5 V、-5 V、+24 V 电源。

（3）ATP 非安全系统（ATP - NVU）的构成及原理

非安全系统除执行 ATP 主要功能外，还向 ATO 车载系统提供信息，向司机提供列车实际速度和目标速度显示。

ATP 非安全系统主要包括列车数据输入模块（TID）、载频检测模块（CD）、调制检测模块（MD）、逻辑处理模块（PAL）、列车数据输出模块（TOD）和电源单元（PSU）等，图 8-5 为 ATP 非安全系统方框图。

列车数据输入模块（TID）接收非安全系统天线送来的 FSK 信号和测速电机的信号，送至载频检测模块。

载频检测模块（CD）将 TID 送来的信号进行分析、处理，检出载频和验证载频顺序，送至调制检测模块。

调制检测模块（MD）将 CD 送来的信号经处理检出调制频率（代表最大安全速度 MSS/目标速度 TS 码），送至逻辑处理模块。

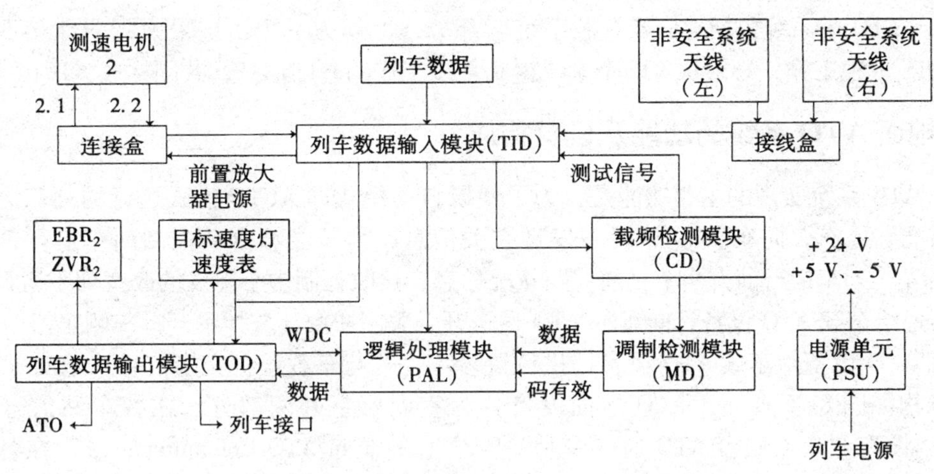

图8-5 ATP非安全系统方框图

逻辑处理模块（PAL）是非安全系统的重要处理单元，从TID、CD、MD模块接收多种信息和数据，向列车数据输出模块发送控制信号和数据，即从数据输入模块送来测速电机的脉冲信号，从数据输出模块送来轮径修正值，根据对EPROM的定义，计算出列车实际速度，送至数据输出模块；从调制检测模块送来调制频率有效码（目标速度），送至数据输出模块。逻辑处理模块比较两个值，当列车实际速度超过目标速度时，向数据输出模块提供超速音响报警和视觉报警信号；当列车速度超过最大安全速度时向数据输出模块发出紧急制动命令。逻辑处理模块检测测速电机2.1和2.2信号的相序（两输出信号相位相差90°），判断列车运行方向，并送至数据输出模块。当出现退行信号、ATO主要故障信号、丢失一定时间ATP有效码和EBR_1、EBR_2自检信号时系统使紧急制动继电器失磁。此外，非安全系统可实现常用制动控制。

列车数据输出模块（TOD）接收逻辑处理模块送来的控制信号和数据，根据列车实际速度驱动速度表；根据目标速度驱动目标速度灯；当列车实际速度超过目标速度时，提供超速音响报警和视觉报警；当列车速度超过最大安全速度时使紧急制动继电器失磁，列车实施紧急制动。

电源单元（PSU）向系统提供+5 V、-5 V、+24 V电源。

8.1.3 WSL-ATO子系统

WSL-ATO子系统采用最新的TBS100技术。初期可将ATO子系统安装并配置在“目标距离”模式下工作。需要时，可改进为移动闭塞。ATO子系统采用与ATP系统同样的基本功能模块。和ATP系统一样，ATO也存储了轨道布局和坡度信息，能够优化列车控制命令。经过专门设计，ATO可以与站台屏蔽门（PSD）的控制系统全面接口，保证列车的精确和可靠的到站停车。ATO还具有一个双向通信系统，允许列车直接与车站内的列车自动监控系统（ATS）连接，可以实现最佳的运营控制。

WSL－ATO 子系统包括地面及车载系统两部分，但作为一个系统来说，ATO 又不能脱离 ATP 及 ATS 单独工作，必须从这两个系统得到系统工作的基础信息，共同构成 ATC 系统。

1. 地面 ATO 系统的功能及设备构成

地面 ATO 系统实现的主要功能是：为了使以自动模式即 AUTO 模式运行的列车能够在规定停车点准确停车，向车载 ATO 设备发送有关信息；为了能够自动控制列车运行，向车载 ATO 设备发送列车运行前方两个站间线路状况信息；接收控制中心下发的改变列车运行等级的命令并传送给车载 ATO 设备；向车载 ATO 发送开、关门命令，并指示开哪一侧车门。

地面 ATO 设备给车载 ATO 设备提供位置参考，并与车载设备交换信息。地面 ATO 设备的基本结构如图 8-6 所示。ATO 地面设备分为室内及室外两部分：在各车站信号设备室（SER）内设有“车站站台 ATO 通信单元”PAC（Platform ATO Communicator），在各车站室外上下行站台及折返线处轨道上设有 ATO 信标环路。PAC 最多能与四个 ATO 停车位置相连接。PAC 与 ATS 系统、站台屏蔽门及联锁装置相连。当列车经过 ATO 信标环路时，PAC 与列车车载 ATO 进行双向信息交换。

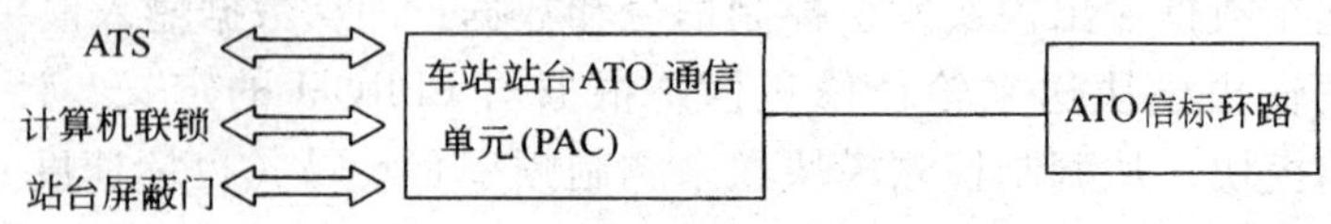

图 8-6　ATO 地面设备的基本结构

1）地面 ATO 系统站台通信单元 PAC

站台 ATO 通信单元 PAC 通过地面 ATO 信标发送环路与车载 ATO 通信，通信内容包括：来自 ATS 系统及联锁系统的惰行控制命令、扣车命令、下一车站通过命令及运行方向和目的地等信息；至下两个车站停车点的站间距离、轨道电路数量及长度，以及线路坡度和曲线信息；列车开/关门信息等。另外通过地面 ATO 信标环路接收来自车载 ATO 发送的信息，主要包括列车实际停车位置及请求打开车门等信息。

PAC 包括一个 6U（1U＝44.45 mm）高的设备外壳，里面包含各种电路模块、电源和相关的硬件。PAC 由一些模块构成，这些模块通过背板相互连接，电路模块插入机壳的插件导轨中，并与两块背板紧密配合。它们与 ATO 和 ATP 车载设备采用相同的基本核心模块。这些模块的配置情况如图 8-7 所示。

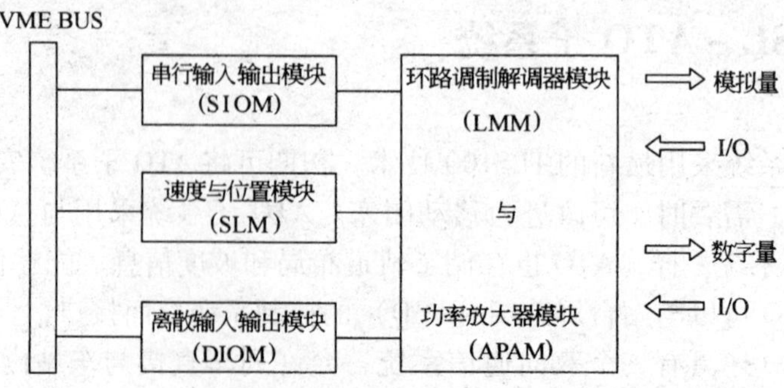

图 8-7　PAC 结构

PAC包括11个模块：1个速度与位置模块（SLM）；1个串行输入输出模块（SIOM）；1个离散输入输出模块（DIOM）；4个环路调制解调器模块（LMM）（用于列车与地面的双向通信，驱动一个36 kHz的低频载波进入轨旁发送器环路，并接收一个来自轨旁接收器环路的28 kHz低频载波）；4个功率放大器模块（APAM）（与环路调制解调器模块相对应，提供足够的功率，驱动车载发射天线和轨侧环路）。

7个模块为第一组，形成PAC的处理“通道”，这些模块安装在接地屏蔽罩的左边。4个功率放大器模块（APAM）安装在接地屏蔽罩的右边。环路调制解调器模块（LMM）和功率放大器模块（APAM）的数量，取决于一个PAC可以带多少个站台（最多达到4个）。

PAC的供电是一个（50±5）V的直流电源，信号设备机房电流大约为8 A。电源组垂直装在背板的后面，带散热片。接口插件板紧挨着后面板上的连接器安装，它提供外部连接器和PAC处理通道之间的信号路径。所有的ATO外部连接都是通过后面板连接器接通的。

一个单独的状态指示器安装在测试插座的旁边，有一个发光二极管（绿色），当处理通道正常时，它点亮。机壳的内部是一个开放的框架结构，使冷却空气可以自由地流动。上下机盖都打了孔，以便让冷却空气流能够通过机壳。可以由一台单独的风扇提供强制空气冷却，该风扇的安装极为适合PAC外壳下面的机箱。2U高的风扇座包含六个风扇，保证提供充分的冷却。

2）地面ATO系统信标环路

ATO信标环路的作用有两个：一是通过环路的位置及交叉，使列车得知确定的位置信息，实现车站定点停车；另一作用是在列车停车期间，与列车进行信息交换。ATO信标环路除作为地面与列车交换信息的媒体外，还具有对列车走行距离修正和列车轮径补偿校核的功能。

ATO信标环路由电缆和环路单元组成。

（1）ATO环路单元

ATO环路单元包括ATO环路馈送单元（LFU）和ATO匹配单元（AMU）。它们各包含在一个玻璃强化聚酯塑模的机箱内，该机箱装备有一个可分离的机盖，由四个六角形螺丝固定。它们通常安装在站台下面的一侧，备有四个8 mm安装孔，机箱的每个角各装一个。它们的电缆线路入口要通过电缆密封套。

（2）ATO环路的布置

在各车站上下行站台以及进行ATO折返的折返线处轨道上设有环路。每一定点停车经路设一个ATO发送环路及一个ATO接收环路。ATO环路的布置如图8-8所示。

ATO发送环路由铺设在走行轨旁边的电缆组成，位于列车停在停车点时列车接收天线所在位置的下方。发送环路通过环路馈入单元接收来自PAC的模拟信号，然后产生36 kHz的调制信号传给列车接收天线。发送环路可以配置为一个X_d环或者一个地面标志环（X_z环）当两个环在地面轨旁安装的时候，一个环是另外一个的镜像。

ATO接收环路，由挨着走行轨铺设的电缆组成，位于列车停在停车点时列车发送天线所在位置的下方，配置为一个R_d环。接收环路接收来自列车的28 kHz调制信号，并产生一个模拟信号，经过匹配单元送到PAC的调制解调器模块。

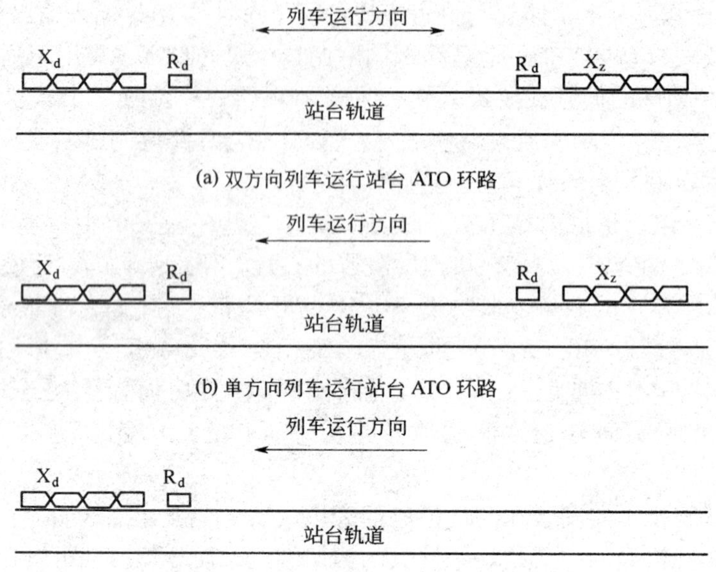

图 8-8　ATO 环路布置图

根据不同的功能，ATO 环路可有几种不同的类型。在每个指定的停车位置，有两个 ATO 环路，发射环和接收环。指定的停车位置通常为车站站台，也可以是折返线，或车辆段内停车线。这两种环路允许在 PAC 和车载 ATO 之间建立双向的全双工通信通道。这一通信通道用于传送各种信息，包括站台屏蔽门（PSD）控制和显示、ATO 运行曲线、列车和乘务组标识等。这个通信通道构成了车载 ATO 系统与 ATS 系统之间的主要通信链路。

（3）列车和 PAC 通过 ATO 环路的通信过程

为站台入口提供地面标志环（X_z），标志环能够使列车在车站或者移动停车处精确地在一个 ATO 发送环（X_d）和一个 ATO 接收数据环（R_d）上停车。

一旦列车在发送 X_d 和接收 R_d 环上正确地停车，列车和 PAC 之间的双向通信就确立了。一旦 PAC 和列车之间确立了完全的通信，双方就会交流以下信息。

① 列车通过接收环（R_d）把列车的详细数据发送给 PAC。这些数据包括列车编号、目的地、车组全体人员编号以及当值/不当值信息。

② PAC 向 ATS 发送一个“列车到达”的信息。

③ PAC 响应接收到的列车详细数据，PAC 通过发送数据环（X_d）发送数据。这个数据包括要通过下一个车站的任何要求、制动率、位置信息、惰行请求和实时更新。

④ 当列车门关闭的时候，指令站台屏蔽门关闭；当列车门打开的时候，指令站台屏蔽门打开。

列车上也装有环路调制解调器模块（LMM）和功率放大模块（APAM）。环路调制解调器模块产生 28 kHz 低频载波通过车载 ATO 天线发射器发送出去，并从车载 ATO 天线接收器接收 36 kHz 的低频载波。该模块提供一个 VME 从属接口总线，用于一般控制、监视和内装测试。它的数据以串行方式由 SLM 提供。功率放大模块提供足够的功率，来驱动车载发射天线。

3）地面 ATO 系统的工作原理

当列车从某站出发之前，地面 ATO 系统通过 X_d 环路向车载 ATO 发送线路状况及运行等级方面的信息，以便车载 ATO 对这些信息进行运算，得出一条运行曲线，自动控制列车运行。当列车进入站台并越过 X_z 环路时，车载 ATO 接收到定位信号，便知列车距停车点还有一列车车长的距离，据此可以对运行曲线进行校正。当列车准确停下来时，车载 ATO 发送天线向 R_d 发送一个特别信号，R_d 接收到此信号后，得知列车已准确停车，便指示司机开门并向车载 ATO 设备发送运行前方两站间信息，以避免在一个车站出现问题时会影响到 ATO 设备正常工作。当计划发车时间到时，地面 ATO 环路向车载 ATO 设备发送关门指示，司机接收到此信息时，便可关门，车门关好后，则可启动列车前行。

2. 车载 ATO 系统的功能及设备构成

车载 ATO 系统的目的在于自动驾驶列车，尽可能高效驱动列车和精确控制列车在预定停车位置停车。由于车载 ATO 设备在站停时，从地面环路接收到一系列前方站间相关信息，所以 ATO 设备可将这些数据进行处理，使得列车在 ATO 设备操作下高效运行。

车载 ATO 系统的功能主要有：列车的速度调整、惰行运行、信号停车、定点停车、防止后退、门控、紧急制动实施、故障控制和显示等。

车载 ATO 设备可分成 ATO 控制器和附件，这些附件用于速度测量、定位和司机接口。ATO 车载设备由设在列车每一端司机室内的 ATO 控制器（包括司机控制台）及安装在列车每一端司机室车体下的两个 ATO 接收天线和两个 ATO 发送天线组成，如图 8-9 所示。

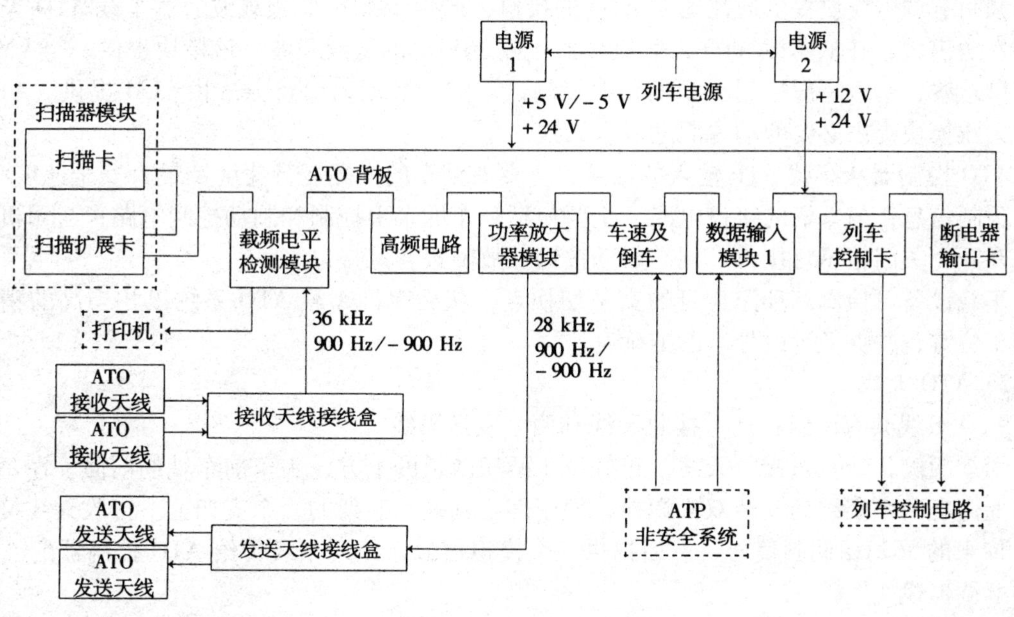

图 8-9　ATO 车载设备组成

1）ATO 控制器

车载 ATO 设备安装在 ATC 机柜（该机柜也安放了车载 ATP 设备）中。车载 ATO 系统的主要部分是 ATO 控制器。ATO 控制器包括一组 TBS100 模块，安装在一个 19 英寸的机架内。ATO 的硬件结构包括单一的 ATO 处理器通道单元，通过一块背板和多个接口模块互相连接。该系统独立于 ATP，单独计算 ATO 数据，分别形成驱动输出。机柜还接测速电机（用于速度和距离测量），以及 ATO 天线（用于与地面 ATO 环路通信）。

ATO 控制器由许多模块组成：主处理器模块（MPM）、串行输入输出模块（SIOM）、速度和位置模块（SLM）、离散输入输出模块（DIOM）、环路调制解调器模块（LMM）、ATO 功率放大器模块（APAM）。

串行输入输出模块为主处理器模块提供缓冲串行输入输出信号，如果需要的话，缓冲能够使主处理器不用中断就可以执行程序。速度和位置模块能够为列车的速度传感器提供各种接口，如图 8-10 所示。

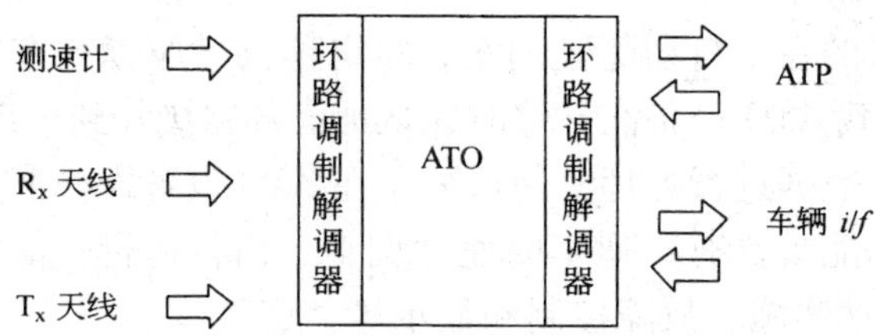

图 8-10　车载 ATO 控制器接口

离散输入输出模块通过电平转换器和 VME 总线接口为分散的列车配线提供处理器接口。环路调制解调器模块提供通往地面 ATO 的接口，产生 28 kHz 低频载波通过车载 ATO 天线发射器发送出去，并从车载 ATO 天线接收器接收 36 kHz 的低频载波。该模块提供一个 VME 从属接口总线，用于一般控制、监视和内装测试。它的数据以串行方式由 SLM 提供。ATO 功率放大器模块提供必要的动力驱动发送天线。

ATO 控制器从车载 ATP 输入的信息，主要有列车的实际运行速度及最大安全速度/目标速度限制信息；与车辆的接口电路，主要包括列车的牵引控制和制动控制电路；与司机台的接口有开、关门指示灯接口、列车启动按钮及故障报警灯接口等。

车载设备可检测到环路自身的交叉切换点，从而允许车载 ATO 系统以相当高的精度生成列车位置，并保证进站停车的准确度。

2）ATO 天线

ATO 天线共有两组：两个接收天线和两个发送天线。

列车两侧各装一条接收天线，正好位于两条轨道的上方，头车前车轴的前面。在每个天线的上面有两个螺纹套安装双头螺栓，便于固定到列车底架的一个支架上。接收天线接收由 PAC 传来的 36 kHz 调制信号，然后提供一个模拟信号，经列车线传给 ATO 控制器的“环路调制解调器模块”。

列车两侧各装一条发送天线，正好位于两条轨道的上方，头车前车轴的后面。在每个天线的上面有 4 个双头螺栓，便于固定到列车底架的一个支架上。发送天线向 PAC 发出28 kHz 的信号。信号是 ATO 控制器提供的模拟信号，经列车线传递给发射天线。

3. ATO 诊断和数据更新单元 DDU

DDU 与 ATO 控制器和 PAC 相连。PAC 提供一个 RS-232 串行接口，可以与 DDU 或 PC 机相连，由此可以下载系统的工作状况信息和记录数据，以便进行诊断测试。PAC 还提供一个 RS-485 接口，以便对 PAC 中的数据进行更新。DDU 可实现外部测试、事件下载监控和程序/数据下载功能。

4. ATO 相关软件

ATO 软件分为执行 ATO 功能的应用软件和一系列支持应用软件的服务软件。服务软件主要支持通信、线路地图和 BIT 功能。

ATO 应用软件执行 ATO 的最基本功能。ATO 最基本的功能可分成 3 部分：速度和距离、运行权限及车辆控制。

速度和距离功能指示列车的当前位置和当前速度，主要通过采集测速电机数据并经过计算而完成。

运行权限功能主要确定列车还能允许走行多少距离，还能识别临时限速区。

车辆控制功能利用速度和距离、运行权限两个功能提供的信息，计算出采取紧急制动时列车还能前进的距离，然后采取相应的行动。如果在紧急制动距离范围之内，ATO 将利用电机牵引和常用制动进行列车速度调节，以实现希望的行车间隔或节能措施。

服务软件与 ATP 的基本相同。

5. ATO 系统相关接口

在列车上，ATO 设备和其他系统，以及和自己的子系统之间，存在一系列的接口。

1）ATO 与司机控制和显示接口

ATO 与司机的接口有多种模式。司机接口能提供当前实际速度、目标速度、允许行驶距离等信息。此外，还有一系列指示功能，如超速指示灯和蜂鸣器、故障指示灯和开门指示灯等。如果列车以 ATO 自动驾驶，则不启用超速蜂鸣器报警。

司机的 ATO 控制开关包括模式选择开关和 ATO 启动开关。ATO 将向司机提供 ATO 状态指示和开门指示。

2）ATO 与 ATP 接口

ATP 通过一条专用的高速链路与 ATO 相连。这一通道为系统内部通道，不需要进行任何外部接线，通过这一通道，ATO 可以收到原始的轨道码数据。ATO 控制器接一个测速电机，由它提供两个反相信号，用于判断列车行驶方向。它们之间的接口主要取决于测速电机的类型，一般而言，主要是一个离散型输入，送到“速度和距离”模块。

3）ATO 与列车牵引和制动系统接口

根据牵引控制系统的要求，ATO 控制器与牵引和制动系统的接口可采用并行或串行的方式。ATO 同时也接收来自列车的离散型输入，如制动保持等有关列车当前状态的信号。

4）ATO 与地面系统接口

① 与 ATS 接口。PAC 与 ATS 之间有一串行接口，便于与控制中心双向传输数据。

② 与站台屏蔽门接口。PAC 可以与站台屏蔽门的控制系统进行接口，这一接口为并行接口，可以保证站台屏蔽门和列车车门的同步控制。

③ 与联锁系统接口。ATO 与联锁系统之间的接口为离散型输入输出接口。

8.1.4　WSL－ATS 子系统

1. ATS 系统的设备构成及原理

ATS 子系统包括控制中心子系统、车站控制子系统、车辆段程序单元和通信网络 4 部分。整个 ATS 系统由控制中心（OCC）控制，OCC 与车站局部处理装置程序处理单元（LUP）以星形方式连接，LPU 与车站远程终端（RTU）以并联方式连接，无论 OCC 与 LPU，还是 LPU 与 RTU 之间都有备用通道。北京地铁一号线 ATS 系统通道构成如图 8-11 所示。

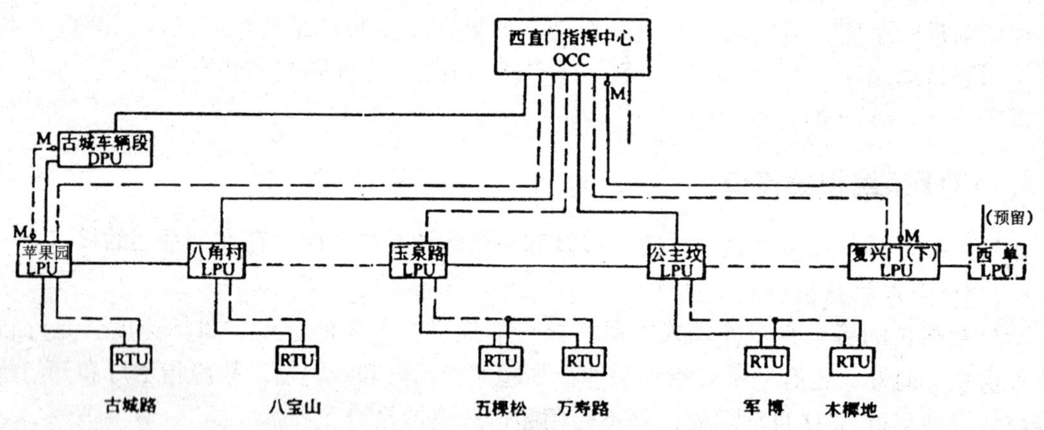

图 8-11　北京地铁一号线 ATS 系统通道构成

注：1. 图中虚线表示使用通信系统上行光缆通道，实线为下行光缆通道；

2. 图中注 M 的通道为特殊情况下使用的通道，需要时由人工在设备侧进行转换。

北京地铁一号线 ATS 系统是一个分散控制系统。实用性体现在分布式车站控制子系统均采用双处理器结构，控制中心对全线进行监控，也是双处理器结构。每天运营之前控制中心将计划运行图下载到车站程序处理单元（LUP），正常情况下所有在线列车及信号设备由车站 LPU 控制，OCC 只起监视作用。只有出现异常，比如因客流量突然增加造成列车晚点需要人工调整时，控制中心的调度员可以以较高优先级强迫控制。

1）控制中心子系统

控制中心设备分别设置在行车调度室及机房内，放置在调度室内的设备有单元式的模拟表示盘、调度员台、调度长台、操作员控制台、信息员控制台、报告打印机、偏差打印机、培训单元、列车实际运行描绘绘图仪等。放置在设备室内的设备有两台互为主、备（热备）的 HP – A900 小型计算机，分别配置了系统终端及打印机，并带有磁盘及驱动器、串并行接口及自动转换装置。

控制中心的两台计算机其中一台为主机，另一台为热备机，平时控制中心由主计算机进行控制，备机可进行运行时刻表编制；当主机故障时可由主机自动切换到备机，不过要经过约 3 ～ 5 min 用于备机建立系统实时数据，如转换时备机正在编制时刻表，在转换后并不中断时刻表的编制。但备机投入使用后，要对所有车站信息重新刷新后方可进行系统控制。中心还配有一套与备机相连的培训单元，用于进行调度员的培训。中心的其他设备还包括与各 LPU（车站程序单元）的通信接口及一套 20 kV · A 的不间断电源。

控制中心表示分为两种，一是大单元表示盘；二是显示器。在站场布置图上显示全部正线内的信号机状态、道岔位置、轨道电路状态、进路状态及开通方向、站台扣车状态、列车位置及车次、车站控制状态（站控或遥控）、行车闭塞方式（自动闭塞或站间闭塞）、三轨供电情况、信号设备报警，以及根据调度员的需要在显示器上显示车辆段内列车运用状况及各种报告。

控制中心子系统又分为 OCC、运行图编制、全线表示盘三个子系统。

(1) OCC 子系统

OCC 由中央服务器、调度工作站、数据服务器、管理服务器等构成。

① 中央服务器（CS）。中央服务器基于坚固型 PC 硬件，双机配置，“热备”。工作和备用处理器的状态由一个自动开关模块监视。每个处理器通过并行接口向自动切换模块发出一个脉冲，显示它正在运行，而且运行情况良好。如果自动切换模块未收到工作处理器的脉冲达 5 s 之久，它据此检测出工作处理器失灵，便将控制功能自动切换至备用处理器，此时后者便成为工作处理器。备用处理器成为工作处理器后，就要求所有的 LPU 快速反应，立即提供当时路网状态和列车运行的信息，以更新其数据库，掌握当时的情况。

每个处理器有两个接口卡，可与 OCC LAN 连接，提供 LPU 连接。每个处理器都有专用的维修终端。

中央服务器与调度工作站一起，组成 ATS OCC 的核心，而这两个子系统在一起运行时，能实施监测和控制。

中央服务器提供调度员和 LPU 之间的接口，调度员监测全线并进行人工控制，LPU 负责自动执行调度指令。中央服务器负责记录对全线有影响的操作员指令。

中央服务器向不同的对象提供有关信息：向调度员工作站提供有关联锁设备、列车位置、报警等方面的信息；向数据服务器提供档案信息，包括调度员指令记录；提供列车位置和时刻表信息，驱动全线表示盘；向列车运行图编辑器提供信息，显示预定及实际列车运行信息。它还将调度员指令发送给 LPU，以便据此予以执行。

中央服务器通过 LAN 与其他 OCC 的子系统衔接，另外也通过 CBN（通信系统）与 LPU 衔接。

② 调度工作站（WKS）。控制中心配备工作站，供调度员对系统运营进行监控。

调度工作站配置标准的 PC 单机。调度员信息在一个 21 英寸的监视器上显示，该监视器可显示高分辨率的图像。每个工作站硬件配置完全一致，便于维护，并可减少备件。工作站通过 LAN 与其他 OCC ATS 子系统衔接。

调度工作站供调度员灵活操作，提供屏幕显示或以打印方式检视存储在 SQL 数据库中的数据；具有列车图表功能，可进行列车时间表修改；实现对全线运营的监控。

③ 数据服务器（DS）。数据服务器基于同 ATS 系统其他部分相似的坚固型 PC 设备，单机，并配备一个专用维修终端。数据服务器通过 LAN 与其他 OCC 子系统衔接。数据服务器提供集中式信息记录，用来存储和检索，并包含一个 SQL 数据库系统。

④ 管理服务器（AS）。管理服务器基于同 ATS 系统其他部分相似的坚固型 PC 设备，单机，并配备一个专用维修终端。管理服务器通过 LAN 与其他 OCC 子系统衔接。管理服务器起到打印服务器的作用，管理那些没有具体分配给某台机器的打印机。该服务器还能主持以下功能和软件：通信网管理、防止 ATS 软件发生讹误的病毒检查软件、提供软件升级控制能力的软件。

（2）运行图编辑子系统（SC）

运行图编辑器由一台桌面 PC 系统构成，单机，这台 PC 中装有运行图编制软件。

运行图编辑器是一种独立式子系统，通过 LAN 与其他 ATS 子系统通信。此系统用来提前生成时刻表，并将这些时刻表复制到中央服务器中。

（3）全线表示盘子系统（OVW）

ATS 采用显示屏幕用来显示全线情况，展现控制区域内的轨道布局和列车位置。一组屏幕由一个独立的 PC 控制器驱动，该控制器通过 LAN 与其他 ATS 子系统衔接。

全线表示盘通过串行接口与中央计算机通信，如果外接系统需要，也可以选择网络接口与中央计算机通信。

2）车站控制子系统

车站控制子系统分为两个层级：联锁车站（有道岔的车站）配备的车站程序单元 LPU，为所负责的路段提供全面监测和控制；非联锁车站配备一个远程终端单元（RTU），接通信号系统和 ATO 设备。车站控制子系统又分为 LPU、RTU、维修终端三个子系统。

（1）车站程序单元 LPU

有道岔的联锁站采用车站程序处理单元（LPU），LPU 为智能型设备，是 ATS 系统的车站级智能控制单元。用来控制与监测联锁设备和轨旁设备，提供自动路线设定功能，可存储 7 日时刻表，有记录功能，并与轨旁系统衔接。

每个 LPU 与中心计算机通信。一般按有岔站划分为若干个 LPU 控制区，其余无岔站的 RTU 分属这些 LPU 控制，每个 LPU 最多可以控制 5 个 RTU。

每个 LPU 由处理器 A 和 B、自动切换模块、线路控制系统组成。各处理器配置坚固型 PC 设备，采用双机热备模式，主、备转换由自动切换单元进行，其方式与 OCC 完全相同。处理器装在架式机柜内。LPU 使用一个自动开关模块和一个线路控制系统，实现串行数据信道切换到工作处理器的操作。

LPU 负责执行所有的 ATS 自动监测与控制功能，这些功能包括：列车跟踪、列车进路安排、根据从 OCC 下载的时刻表发车、监测列车运行，发现反常情况报警。

万一 OCC 丧失其功能，或与 OCC 的通信中断，LPU 可以用降级的进路模式维持运行（例如用列车运行目的地来确定列车进路路径），直到功能恢复正常。

LPU 不仅与 CBN（通信系统）衔接，各个 LPU 之间还可互相接通，提供控制中心与 LPU 之间的另一条通道。也就是说，如果某一个 LPU 与控制中心的通信中断，相邻的其他 LPU 可以将控制中心的信息转达给它，并与它进行双向通信。

此外，还有一个联锁接口，用来将 LPU 与信号联锁装置衔接。其他接口信息包括：从 PAC 传送到控制 LPU 的列车识别 PTI 信息、从 LPU 传送到 PAC 的惰行矢量编辑指令、从 PAC 传送到 LPU 的报警信息、乘客信息、来自 LPU 的列车出发信息。

（2）远程终端单元 RTU

无岔站采用远程终端单元 RTU。RTU 为非智能单元，为无岔站信息传输接口终端设备，单套，用来提供 LPU 与联锁及 RTU 站的 PAC 之间的接口。LPU 与其管辖范围内的 RTU 通信，RTU 由各所属的 LPU 控制。

联锁接口设备提供通往信号设备的接口和通往该站 PAC 的链路。RTU 子系统与 CBN（通信系统）相衔接，并提供下列信息传输接口功能：从 PAC 传送到控制 LPU 的门信息、从 LPU 传送到 PAC 的惰行矢量编辑指令、从 PAC 传送到 LPU 的报警信息、乘客信息、来自 LPU 的列车出发信息。

（3）维修终端

维修终端为 LPU 和 OCC 提供维修功能。维修终端基于一台便携式计算机，通过一个 RS－232 数据信道或 LAN，与 LPU 通信。该计算机使用 Windows 操作系统，并提供安全、便于用来分析来自 LPU 数据的标准软件包。文件传输通过 Windows 操作系统的文件管理功能实现。

3）车辆段（DPU）子系统

车辆段采用的车辆段程序单元 DPU 是专为车辆段提供的 ATS 车站设备，也为单套。车辆段还包括两台显示终端和一台打印机设备。

ATS 车站设备还包括设于各正线车站及车辆段的站台发车端的发车计时器（Train Departure Timer，TDT），以及正线列车投入点的列车识别装置（Positive Train Identification，PTI）的地面查询器（电缆环路）。

PTI 装置属于 ATS 系统的配套装置，因为 ATS 系统是根据计划运行图控制列车运行的，所以，计划运行图中所含的一个重要参数就是列车号，为了保证列车号的正确或者说提高列车号的可信度，所以采用 PTI 校核列车车号，以便 ATS 系统能够正确控制列车运行。PTI 分地面查询器及车载应答器两部分。地面查询器只安装在运行线路的入口处，如北京地铁 1 号线苹果园上行站台，古城车辆段小站台出口，1 号线与 2 号线交接处。车载应答器安装在每一列车的头尾车上。当列车经过地面装有查询器的地方时，车载应答器都将其车组号及乘务员号传送给查询器。查询器将接收到的信息传送到 LPU，LPU 又将这些信息传送给 OCC。OCC 将接收到的实际列车号与计划列车号进行比较，若比较结果一致，则确认车号正确，若不一致，则在控制台上告警，提示调度员查找原因，并做修改。

4）通信网络系统

（1）局域网

每个 OCC 和 LPU 所在站点都有一个局域网（LAN），将该点的 ATS 系统连接在一起。

OCC 网络组成 ATS 系统的 OCC 部分的各个子系统之间的所有通信，均通过局部区域网实现。这包括调度员工作站和中央服务器之间的通信。

为了确保系统可用性，安装一个双重冗余网络，所有硬件均有备份，LAN 连接也采用双通道，方法是在每个站点采用独立的 NIC（网络接口卡），这样可以消除单点故障。

（2）传输通道

ATS 系统传输通道为带迂回的光通道，即 ATS 系统在车站和控制中心之间采用光缆进行通信。

（3）OCC 与 LPU 通信以及 LPU 与 LPU 通信

信号设备状态的变化，列车位置及状态均需回送给 OCC，另外，任何一种由 LPU 检测出来的故障或操作错误，均以报警方式回送给 OCC。在两个 LPU 之间要传送进路设置请求信息，以确保有充分时间设置进路，以防列车在进入 LPU 边界时，收到限定速度码。OCC 亦可以给相邻 LPU 发送再设进路信息。

控制中心与 LPU 之间的传输通道为点对点方式，LPU 之间信息传输有单独通道，并可作为相邻 LPU 与中心通信的迂回通道，一旦中心至某一 LPU 的通道故障，则可自动转至经由相邻 LPU 的通道进行通信。

（4）LPU 与 RTU 通信

LPU 和 RTU 之间的通信通过 CBN（通信系统）的多点串行链路实现，为并联传输方式。每个 RTU 与 LPU 之间的通道也为迂回方式，正常情况下，使用主通道与 LPU 通信，一旦通信故障，自动转至备用通道与 LPU 通信。

RTU 由相邻的 LPU 控制，如果通往 LPU（通常控制 RTU）的通信路径失灵，可以进入降级运行模式，在这种情况下，通信路径将改为相邻的另一个 LPU。

（5）LPU 与 PAC 通信

在 LPU 和 RTU 所在站点与 PAC 的通信通过本地接口实现。

（6）LPU 与 PIS 通信

在 LPU 和 RTU 所在车站，与乘客信息系统 PIS 的通信通过本地串行接口实现。

（7）LPU 与 TDT 通信

在 LPU 和 RTU 所在车站，与列车出发计时显示系统 TDT 的通信通过本地串行接口实现，向 TDT 发出显示列车距计划发车的时间差及其他指令。

2. ATS 系统的软件构成及原理

ATS 系统完全以 PC 为基础，采用微软 Windows 操作系统和用微软 Visual C ++ 语言编写的应用软件。OCC 的调度员接口由运行 WESTCAD 前端软件的 PC 提供，而报告功能则由带 PowerBuilder 用户报告前端的 SQLServer 数据库提供。

系统使用标准操作系统，普及性强，技术支持随处可以获得，而且可以与 COTS（现成的商业性）软件包配套。COTS 应用程序不受系统平台软件控制，只是与 ATS 平行运行。

1）Windows操作系统

Windows操作系统用于OCC工作站、车辆段和便携式维修终端的所有OCC计算机和LPU计算机。

Windows操作系统是一种可伸缩、多重处理调度系统，它支持种类繁多的、市场上可买到的软件包，并提供高级的GUI开发支持。

运行Windows操作系统的服务器可提供操作系统功能，例如文件服务、打印服务或系统管理功能，并提供数据库服务之类的应用功能。

控制台PC运行西屋公司的WESTCAD软件系统，这样调度员可以监视全线路，并发出指令。调度员用标准键盘或鼠标，通过标准的Windows用户接口输入。从菜单中选择指令，对话框打开，提示用户输入信息，信息（LPU区域、记录报告等）在屏幕上的窗口中显示。

2）软件的模块化设计与可携带性

ATS软件设计采用模块化方法，使应用软件不会产生对硬件的依赖性。用分层式软件设计法，有实现将应用软件携带到调度系统和硬件平台中的功能。

3）商业性软件包

除了专用应用软件外，ATS还使用若干种商业性软件包，执行各种功能。

（1）微软SQL服务器软件包

微软SQL Server Enterprise Edition作为数据库软件，用于OCC数据服务器。这是一种高性能数据库管理系统，是专门为Windows操作系统的应用程序而设计的。

（2）PowerBuilder Enterprise软件包

PowerBuilder Enterprise Edition 6.0用于调度员工作站，用来自SQLServer服务器数据库的数据，生成报告。

（3）网络管理软件包

网络管理让维修人员能够监测并分析通信网络的性能。这是一种基于SNMP的网络管理系统，可提供ATS网络连接的简明而深入的视图。网络管理器收集并展示数据，满足各种各样的信息需要。它能自动将网络布局整理成一份简化的布局图，调度员可以遍历网络布局图，从高级网络构件块到低级网络装置，均可一览无余。

（4）病毒检查器软件包

病毒检查软件安装在管理服务器PC上，可防止病毒从其他系统输入到ATS中。

（5）系统管理服务器软件包

这种软件安装在管理服务器的PC上，能提供控制软件升级的功能。

3. ATS系统与其他系统的通信接口

ATS系统有若干个接口，可实现与ATS、ATO、ATP没有直接关系的外接系统的通信。

1）与BAS接口

ATS拥有与BAS（环境与设备监控系统）相接的链路。通过这个链路，BAS系统可以在当列车在隧道段停止时间超过给定的长度后，向ATS提供环境警告及显示信息。在ATS和BAS系统之间传递的信息仅限于报警和状态信息的传输。

2）与线路运行图显示系统接口

ATS 拥有与线路运行图显示系统相接的链路。通过这个链路，ATS 系统把监视控制区内的所有列车的位置信息用易懂的方式转达给显示系统。

3）与联锁装置接口

接通信号联锁装置的接口系统，是通过 ATS—LPU 装置的串行通信链路实现的。

4）与 PI（站台显示器）接口

车站的站台显示器由 ATS 的 PI 接口控制。站台显示器主要显示下一列进站列车的前方目的地和到达时间信息。除了状态信息之外，信息流只来自 ATS 系统，故必须有与车站的 PI 显示器相接的链路。

5）与 TDT（列车出发计时显示器）接口

列车出发计时显示器由 ATS 控制。通过与 TDT 接口，将目前停在本站列车的预定出发时间传送给显示牌，通知司机，并将在列车出站时清除。除了状态信息之外，信息流只来自 ATS 系统，故必须有与每个站台的外接列车出发计时显示器相接的链路。

6）与系统时钟接口

系统时钟将时间/日期数据传达给中央计算机。

7）与 PAC 接口

这种 ATS 支持 PAC 功能，在 RTU 站和 LPU 站把 PTI 信息由 PAC 传输给 ATS。

8）与车辆段接口

该接口用来识别从 ATS 控制区进入车辆段的非 ATS 自动控制的列车。

4. ATS 的培训与模拟系统

为了支持调度人员培训，在调度员上岗操作 ATS 主系统之前，提供一种模拟系统用于培训，这种模拟系统由 ATS 系统的主要部件组成。

模拟系统中有相对独立的 OCC 和 LPU 部分，系统的所有组成部分将与 ATS 的构成相似，由于是单机式，因此可用性没有 ATS 那么高。

模拟系统的显示工作站与 ATS 主系统相同，调度员可以熟悉显示器的布局，并模拟调度指挥及控制接口。为了使调度培训有的放矢，模拟系统还可重放列车的各种运行状态。

5. 北京地铁一号线 ATS 系统的主要功能

1）控制中心子系统

（1）人机对话功能

① 命令输入。控制中心人机对话系统的所有命令均使用 Aydin 终端的键盘输入，键盘上有普通的 Q、W、E、R、T、Y 键（即字母键），一套终端控制键和一套功能键。每个功能键的意义都由软件确定。为了简化命令输入，只需使用所需功能键输入即可，按下功能键时，相应的命令正文即以中文字符显示在屏幕上。一旦命令输入，即可用字母键输入参数，在按下 Enter 键时命令才起作用。

所有输入命令经过句法及语义的检查，若发现有参数不适当或超出范围，将显示错误信息。如果命令被正确接收，则附带有时间显示，并将此命令记入日志文件。命令的接收并不意味着已被成功的执行，如果命令执行的时间超过预先设定的时间，将产生告警。命令在按下 Enter 键之前可以删除，一旦按下此键就不能改变了。

② 屏幕输出。控制中心显示装置 VDU（Visual Display Unit）上主要显示轨道图。除此之外还可显示命令输入及命令执行后的响应情况；告警信息和时间、日期，另外还可以显示报告。当显示报告时，只是屏幕上的轨道图部分被覆盖，其他区域仍保持不变。操作员能在任何时候迅速地将轨道图切换回来。

轨道图包括：站名、轨道布局、站台位置、轨道占用、信号状态、道岔位置、进路设置及列车信息等。正常情况下，道岔处在定位或者是反位。如果从信号接收来的表示不是上述两状态中的任何一种，则屏幕上相应道岔的位置闪烁，表示挤岔。同样，如果接收到的信号状态是无效的，则相应的信号闪烁。列车号在列车头占用的轨道附近显示，并且随着轨道电路占用情况的变化而移动。

轨道图显示的等级是由操作员选择的，操作员可以选择显示轨道、信号和道岔号。列车信息可选为车次或列车号加表号。如果显示车次，以头码方式运行的列车将显示它的目的地号。当显示画面改变时，显示等级保持不变。

③ 打印输出。在控制室内设置偏差打印机和报告打印机两台打印机，均可打印中文字符。

偏差打印机用来产生偏离时刻表预定时间的所有列车日志。操作员可以改变列车偏离极限参数，并且保证极限值始终有效，直至下一次改变。

偏差打印输出，详细记录列车号、车次、位置及列车是到达还是出发。当事件发生时，产生按时间顺序打印的报告。另设一个加车预告，产生在 YQL（玉泉路）西行站台上，警告列车已经晚点很多，需要考虑增加列车。

报告打印机只在操作员编辑报告并让其打印时才有用，报告内容由操作员指定，如故障报告、命令报告等。

（2）信号模拟表示功能

控制中心模拟表示盘是轨道布局的图解描述，轨道占用和信号状态均由 LED 显示（LED 是发光二极管）。在盘上设有一些 5 位字符点阵的 LED 显示单元，这些单元通常用来显示站间或接近车站的列车号。

模拟表示盘的显示信息取决于列车类型。列入计划的列车显示车次（4 位数字），头码列车显示目的地（二位数字及三位车组号），人工操作的列车显示列车号（三位数字）。

（3）命令生成功能

命令按功能主要可分为网络控制命令、屏幕显示命令、计划报告命令和其他命令四组。

网络控制命令提供自动运行的调度方法，是为单独设置或取消进路或扣车准备的。使用网络控制命令可使 LPU 办理的相应项目被隔离，直至此项目被操作员明确地解除才会改变。

屏幕显示命令，实现操作员可选择在屏幕上显示哪个 LPU 区域，或显示任一页报告内容，当选定一页报告时，操作员可向前或向后翻页。

计划命令用于选择时刻表，选定时刻表后，系统自动将这天的时刻表下载至 LPU。无论何时，在 OCC 控制区域运行的列车都能被调整或重新设置计划列车、头码车或人控车，如果需要，可以删除一列或多列计划车。OCC 操作员可以用以下方式调整运营：站台扣车、改变计划（时间表平移，重新设计新的车次）、设置头码车、改变头码车目的地、删除/增加列车、通过车站和报告命令等。

OCC 操作员能选择各种报告命令，根据记录在硬盘上的有关系统运行信息按照列车号、车次、时间、位置等打印输出报告。报告在后台模式下产生，可以使用的报告有：命令日志、告警日志、行车里程、列车状态、网络状态、到达/出发和偏差报告等。

其他命令包括：注册、注销、确认告警、删除输入、设置日期和时间、重新启动 LPU、测试模拟表示盘显示，以及测试 TD（车次）显示命令等。

（4）告警处理功能

发生在系统内部的告警主要是由 LUP 产生的，但 OCC 和站台 ATO 通信装置也会产生一些告警。OCC 的告警可采用两种记录方式，一是在设备室内的告警打印机上打印输出，二是显示在控制室的一个或多个 VDUs 上。哪种告警显示在何处，由数据文件决定，但与运营无关的故障不在调度室报警。

告警打印机的告警日志要作为差错和故障的永久性记录，为将来需要时提供分析依据。而在 VDUs 上显示的故障告警记录，需操作员的确认，且每次告警输出都同时伴有告警音响。

告警有两种不同的类型：瞬时性和永久性。瞬时告警一旦被操作员确认就从告警列表中除去。永久告警一直保留在告警清单中，直至此告警解除才从表中除去。对永久告警的确认只是清除了屏幕上的告警信息，但告警仍保留在告警清单中，当告警原因清除时，产生一个“All Right”的告警，只有对“All Right”告警的确认，才能将此告警及原始告警都从清单中清除掉。告警又分为紧急性和非紧急性，在操作员的告警信息队列中，紧急性告警优先于非紧急性告警，并且无论何时，只要存在一个尚未被确认的紧急告警，就会产生告警音响。

（5）日志和报告生成功能

系统运行的详细情况连续记录在硬盘上，并存贮于至少可保存 24 个小时信息的循环文件中。这些信息日志详细记录如下情况：所有瞬间告警和永久告警的产生和清除情况；操作员输入的有效命令情况；每列车在每一车站的到达或出发情况；每辆列车运行的距离、偏离时刻表的情况。

当操作请求一个报告时，该报告被作为后台任务编辑，使 VDU 能作系统正常监控使用。当报告完成时，屏幕上显示一个信息提示操作员，然后他可以选择报告页，并从报告的首页看起。需要时操作员能将报告向前翻页或向后翻页，而且任何时候都能迅速回到轨道平面图的显示状态。一个报告完成后，如果需要新信息，必须产生一个新的报告。所有报告都包括报告编辑时间和目录或行号。

① 信息报告。该报告所给出的信息有当前列车信息和网络状态信息。

当前列车信息包括：头码信息、车组（set 设置）号、车次（如果列车是当前计划列车）、位置（轨道电路号）信息、运行或静止信息和乘务员号等。

网络状态信息包括：轨道占用/空闲/故障状态信息、道岔定位/反位/锁闭/故障状态信息、进路设置/未设置状态信息、信号红/白状态信息、站台扣车/解除状态信息和受控方式状态信息等。

② 可从磁盘内索取的报告。用磁盘上存贮的信息编辑出的报告有：出发/到达报告、偏差报告、命令报告、告警清单和车辆维修报告等。

出发/到达报告内容包括：事件发生的时间、站台识别号、车组号、目的地号或车次号、到达还是出发、时刻表识别号（在表头）等。

偏差报告内容包括：车组号、车次号、时间、与时刻表的偏差时间、位置（站台识别号）、时刻表识别号（在表头）等。此报告有别于在偏差打印机上产生的偏差列表。偏差报告可根据指定的列车或位置等要求产生。

命令报告内容包括：命令输入时间、命令和参数、输入命令的操作员、响应情况等。

告警清单内容包括：告警是瞬时的还是永久的、告警优先级（紧急还是非紧急的）、告警产生在哪一个LPU区域、告警内容、告警时间、告警是否已确认等。

车辆维修报告内容包括：车体识别号、最后一次大修的日期、自最后一次大修后列车在线路上运行的距离等。

2）车站控制子系统（LPU）

（1）列车跟踪功能

① LPU列车跟踪规则。列车运行情况从轨道占用变化获得，采用全轨道连续跟踪方式。采用全轨道连续跟踪方式有以下两个原因：其一，地铁的运输稠密程度要比大铁路系统高得多。其二，用自动列车超速保护（ATP）系统代替原系统，取消了通过信号机，依靠信号及某些轨道状态进行选点跟踪已不可能。

按照LPU采用的跟踪规则，每次一个轨道电路被占用，其相邻轨道区段也要被检查，可使得列车即使驶入非计划线路，亦能够确保正确的跟踪。LPU列车跟踪具体规则如下。

如果本轨道区段和相邻轨道区段被一列车占用，并且两个轨道区段均不是道岔区段，则认为列车行进在轨道区段上；如果相邻轨道区段被占用，其中一个轨道区段为道岔区段，则包含一个岔尖，要对道岔位加以考虑，方可判断出列车向哪个方向运行。

如果本轨道区段占用，相邻轨道区段未被占用，并且本轨道区段不位于与另一LPU的分界点，那么将产生一个“未识别列车”报警。

如果本轨道区段占用，相邻轨道区段未被占用，并且本轨道区段位于与另一LPU的分界点（或与车辆段或其他线的分界点），那么就认为该列车进入了本地区。如果此时有来自于另一个LPU的“未定列车”信息，那么该列车就被赋予一个“未定列车”信息；如果此时并没有一个“未定列车”信息，那么将产生一个“只识别列车”报警信息。

如果一轨道区段被占用，其多个相邻轨道区段也被占用，则产生报警信息。因为这属于异常情况。

如果一列车仅占用一个轨道区段，然后该轨道区段空闲，那么该列车就被认为是消失了。这时产生一个报警信息。这种列车的消失，最有可能是由S2输入位故障而引起的。因为信号电气联锁为安全设备，不应出现直接影响列车运行安全的问题。然而，仍或多或少地存在着设备故障隐患，为此采取了一些必要的措施。

② 列车描述。LPU设置了一个列车描述清单，所有在本LPU控制区域内运行的列车的

运行信息都列入这个清单上，LPU 不断查巡此清单，获得列车跟踪信息。

列车描述清单所存信息包括：车组号、列车类型（计划车、头码车、人工车等）、车次号或目的地、乘务员号、列车位置（即当时列车所占用的轨道编号）、是运行还是静止状态。

车组号作为列车与 OCC 或 LPU 通信联系统中的主要参考。车组号与计划车的车次号及头码车的目的地号都有着一定的对应关系，此对应关系是由调度员根据实际情况设定的。对于任一列车都可以存贮乘务员号，但不影响列车控制。

③ 向 OCC 发送列车状态信息。每当一列列车占用一个新的轨道电路，或列车的状态发生变化（例如停车等）时，就向 OCC 发送一个信息，以报告新的列车跟踪状态。OCC 不断查询每个 LPU 送来的列车状态信息，并显示到表示盘上。

④ 列车驶离联锁站跟踪信息。当列车将离开联锁站时，本地站 LPU 将给相邻站的 LPU 或 DPU 发送一个列车信息。所发送的信息包括列车标志，以及列车有关的信息，如目的地、司机号和列车正在运行的线路等信息。发送信息的点取决于联锁站和列车运行的方向。该发送信息点应是一个最能确定列车运行方向的地点，当列车一旦进入此点，列车运行方向就不会改变，只能进入唯一相邻的联锁站控制区域。

对于各种类型的列车，如头码车、计划车、人工车等，本地站 LPU 均将给相邻站的 LPU 发送列车驶离联锁站跟踪信息。

（2）列车设置功能

① 未识别列车（未定列车）设置。当一列车出现在联锁站或到达相邻 LPU 的交界点时，而相邻的 LPU 并没有接收到该列车信息，那么本地 LPU 就向 DCC 发出一个报警信息。

LPU 可给这一列车赋予一个未识别列车参数，这一参数是利用本地 LPU 标识而推导出来的，相邻 LPU 不可能生成相同的一个未识别列车参数。一旦给定了一个未识别列车参数，那么未识别列车便可以进行正常列车跟踪。当这列列车通过两 LPU 控制分界点时，其信息亦能被送给相邻的 LPU 以便不会产生重复报警。

② OCC 列车设置。OCC 列车设置是指 OCC 操作员键入设车命令，由 LPU 来执行完成列车的设置。

OCC 可以给未识别列车设置一个实际的车组号，也可以把这种车设置成头码车或计划车、人工车等形式。在把列车设置为人工车的情况下，该列车就不能由 ATS 控制自动办理进路和控制列车出站。

OCC 在任何时间均可以设车，但仅在列车到达下一站台或折返区域内时生效。当一列车被设上一个新的目的码时，系统就要校核该列车是否能够到达此目的地，若不能则该命令不被执行。例如，在木樨地给运行的一列车设置目的地为苹果园，就被认为是不允许的。同样，当给一列车设置计划车次时，系统就要校核该列车是否符合计划，若不能进行则拒绝执行该命令。在任何时间，OCC 都可以给一列车设定一个新的乘务员号，以代替原有的乘务员号，但是只有当列车到终端站时才起作用。

（3）进路设置功能

① 一般操作过程。一般列车运行的顺序是：一列车从相邻联锁站进入，在轨道电路上运行一段距离，停在一个车站上，停一段时间，然后，离开车站，向下一站运行。此时，列

车可能仍运行在本联锁站区域或相邻联锁区域内。

在列车到达站台之前，LPU 办理进路，以使该列车能到达它的下一个停车点，并触发装在本站台的 PAC 工作，这样 PAC 可以通知列车上的 ATO 控制器关于下一段路程的特点。（仅仅对于那些装有 Westing house 制动和信号公司 ATO 的车有效）。

一旦触发轨道被占用，就开始办理进路。系统所选择的触发轨道能够确保在正常情况下，有足够的时间办理进路，以防列车接到一个限制目标速度码。如果两列车相隔很近，就要求排队办理进路。一旦第一列车的进路被解锁，立即办理第二列车的有关进路。

② 进路设置。在 ATS 系统自动控制下，每当列车进入道岔区段之前都需提前办理进路。有时列车从一个停车点运行到下一个停车点，要经过多条进路，所以要考虑充分的设置进路时间。

在列车实际到达站台之前，开始设置进路，这样能确保既使列车的停站时分很短，或通过该站台，也能完成进路的设置。

在发送“设置进路”请求之前，LPU 要校核该进路的有关信号表示。在设置一条进路之前，LPU 要检查这条进路的联锁条件，倘若发现办理进路时机不成熟，即联锁条件不具备，LPU 就一直处于等待状态。当具备办理该进路条件时，方可办理进路。如果到了计划出发时间，进路的联锁条件仍不满足，那么 LPU 就向 OCC 发送一个报警信息。如果进路条件可以满足，发出办理进路命令却未办理成功，那么 LPU 要向 OCC 发送一个设备故障报警。

③ 远程进路设置。若 B 联锁站 LPU 所管辖区域的进路刚好处于 A 联锁站 LPU 管辖范围的分界点处，等到列车进入 B 联锁站 LPU 区域时再办理进路就来不及了，所以要进行远程进路设置。

在这种情况下，列车从 A 联锁站出发之前，A 站 LPU 将向相邻 B 联锁站发送一个远程进路设置请求信息，B 站 LPU 进行必要的校核，并设置进路，当办理进路成功后，则向 A 站 LPU 返回一个确认信息。若发现 B 站 LPU 设备故障，将向 OCC 发出报警信息。

④ 列车出发控制与取消进路。列车出发控制：当一计划列车完全进入站台后，LPU 通过控制列车发车计时器 TDT 发送一个信息，启动 TDT 工作。这一信息包括列车从该站出发之前所要停的时间，TDT 显示这个时间，向下计数，到 0 以后，再累计计数。TDT 安装在司机可以看到的地方。当 TDT 显示零时，司机就应该从本站出发。

当设置了一条所要求的进路后，LPU 允许发车。如果在所要求的时刻，不允许列车出发（即扣车）时，则 TDT 显示“－H－”，并向 OCC 发送一个报警信息。当要求列车通过时，TDT 显示“……”，当要求列车提前发车时，则 TDT 显示立即变成“000”。

正常情况下，当列车出清进路的防护区段后，进路自动取消而不用 LPU 发出任何命令。

(4) 异常停车报警功能

当列车头部一进入某一轨道区段，就启动 time－ouf（计数器）。如果列车在一个轨道区段占用时间超出计时器规定时间，计时器计时溢出，此时认为列车异常停车。如果列车占用的是站台轨道电路，或是停在一个红色信号机前方，则不做为异常停车处理。否则，将向 OCC 发送一个异常停车报警信息。对于停在一个红色信号机前方的列车，从红灯变成绿灯时，开始计时，做同样处理。当列车没在规定时间出清该轨道区段，则也向 OCC 发出异常停车报警信息。

（5）实际列车识别（PTI）功能

由于在车站干线的入口处安装了实际列车识别询问器，询问器可通过天线感应接收到车载 PTI 应答器发送的列车车组号及乘务员号，并送给 LPU。随后 LPU 对此实际列车识别信息与计划车车组号进行比较，便可以确保车号的正确性，若发现不一致则向 OCC 发出报警。

（6）列车折返信息变更设置功能

当一计划列车到达了终点后，LPU 就要检查时刻表，根据折返方向以确定该列车下一个车次的变更信息，然后该车被自动赋予新的车次信息；当头码车到达了它的目的地后，OCC 操作员必须在 LPU 为该车办理进路前，给该列车设置一个新的目的地。

（7）偏离报警、到达/出发报告功能

当一列车到达一个停车点，或从一个停车点出发时，都要向 OCC 发送一个报文。

每当列车到、离一个车站，LPU 都要与该列车的计划到、离时间进行比较，如若超出允许偏离极限时间（预先设定好的，也是可以由 OCC 调度员修改的），则产生一个偏离报警、到达/出发报告发送给 OCC。对头码列车也将进行同样处理。

（8）执行插入控制命令功能

LPU 执行由 OCC 操作员输入的插入控制命令。主要控制命令包括：设置或取消进路命令、站台扣车命令、提前发车命令等。

（9）故障/安全检测功能

尽管电气联锁及轨道电路被设计成故障安全系统，LPU 还是设置了一些故障/安全检查环节，以便在“不可能”发生的事情发生时，检测 ATS 系统设备有可能产生的故障。

LPU 按照列车的轨道占用次序逐轨道地跟踪列车，并基于这种跟踪规律性检测输出不符合轨道占用规律的错误信息。如果检测出此类问题，很大可能是由于错误的信息处理所造成，而不是实际故障造成。LPU 可以对所有列车可能经过的轨道电路、站台/侧线进行分析，并且在列车失踪处，实行站台扣车，防止别的列车进入此区域。

当检测到错误信息时，LPU 将向 OCC 发出列车失踪告警，由 OCC 操作员负责管理，直到设备检测出的故障已被排除。当设备被确认正常时，OCC 向 LPU 发送释放扣车的命令。

（10）双机切换功能

LPU 设备有一个“线开关”单元，通过“线开关”单元可以控制切换 LPU 与 OCC 数据通道。不过，在切换过程中不应丢失数据，LPU 有二个处理器，一个是在线处理器，另一个为备用处理器，两处理器均从通道的接收端接收数据。因此，虽然只有在线处理器控制系统，但两个处理器都能监视信号设备的变化，并且能与相邻 LPU 和 OCC 通信，也能够跟踪列车。

在线处理器和备用处理器定时地向自动开关单元输出监视信号，自动开关单元不断分析这个信号，以决定使哪一个处理器处于在线工作状态。如果在线处理器故障，自动开关将检测监视系统的故障，并将传输线转向备用处理器，此时，备用处理器变成在线状态。转换过程不应丢失控制。

（11）控制列车发车计时器（TDT）功能

除了北京地铁一号线苹果园下行线之外，每个月台的出口处及车辆段小站台出口处都安装了 TDT，TDT 用于指示发车时间和晚点时间。时间显示倒计数持续至 0，然后开始正计时，零代表计划车的发车时间。

时刻表里，有计划列车的发车时间。头码车的站停时间参照计划车预定的计划站停时间停车。当 OCC 操作员发出扣车、通过、提前发车等控制命令并被 LPU 接收时，LPU 将向 TDT 发出显示指令，由 TDT 执行。TDT 接收到显示指令后，向 LPU（或经 RTU）发送信息。倘若 LPU 收不到应答信息，则认为 TDT 故障，并向 OCC 发送 TDT 故障报警。

（12）信号设备监视功能

对于每个信号，电气集中可以给出显示红或绿的表示，但不能同时给出两个表示。道岔应在定位或反位，不能既不是定位，也不是反位。若 LPU 所采集的信息违背这些原则，则由 OCC 发出报警。

（13）OCC 设备监视功能

如果 OCC 在线处理器发生故障，那么备机将成为在线处理器。但是由于 OCC 不是热备份系统，所以倒机过程不能做到不间断工作。

为使 OCC 备机快速投入工作，OCC 要求每个 LPU 快速将其区域的各类详细信息（列车、轨道电路、道岔状态、进路设置等）发送给 OCC，以使 OCC 据此继续监控系统工作。

由于每个 LPU 都存贮着与其有关的计划时刻表，所以，当 OCC 更新自已的数据库时，其他各 LPU 仍能继续控制列车正常运行。

LPU 可以自动为头码车设置进路，并能保证头码车到达其目的地。由于在正线入口处都安装了 PTI 询问器，所以因 OCC 倒机造成的信息丢失（主要指 OCC 设置的头码车目的地号）不能立即补上，只有等到 OCC 调度员的补设。

（14）LPU 与其他系统的通信功能

与电气联锁及轨道电路设备接口：此接口接收到的是并行数据，这些并行数据通过 S2 设备转换成串行数据，然后，发送给 LPU。

与 OCC 接口：信号设备状态的变化，列车位置及状态均回送给 OCC。另外，任何一种由 LPU 检测出来的故障或操作错误，均以报警方式回送给 OCC。

与相邻 LPU 接口：当一列车接近 LPU 控制的区域边界时，这个 LPU 就收到该车的详细信息（该车正接近本区域）。详细信息包括：列车号、目的地、乘务员号，以及列车被设置的车次号。在两个 LPU 之间传送进路设置请求，以确保有充分时间设置进路，以防列车在进入 LPU 边界时，收到限定速度码。OCC 亦可以给相邻 LPU 发送再设进路信息。

与车辆段接口：向车辆段发送列车接近预告。其信息与接近相邻 LPU 时的相同。一号线只有苹果园与车辆段有接口。

与列车发车计时器（TDT）接口：向 TDT 发出显示列车距计划发车的时间差及其他指令。

与 PTI 询问器接口：接收来自 PTI 询问器的列车组号及乘务员号的串行信息（有效信息 17 位）。

与 ATO 的 PAC 接口：此接口为并行接口，实现 ATS 向 PAC 发送列车动行等级指令等。

3）车辆段（DPU）系统

DPU 安装于北京地铁一号线的古城车辆段及四惠车辆段内，并与相邻正线车站的 LPU 及控制中心相连，它为车辆段操作员提供段内列车的位置和状态信息，并同时提供至 ATS

系统的接口。

DPU 仅是一个监视系统，不控制车辆段内的进路和道岔。控制功能由信号控制台完成。DPU 的硬件构成以 Z80 为基础。DPU 为单系统工作方式，它使用与 LPU 相同的基本模块来驱动运转室内的一个单色 VUD 及一台打印机。另外在信号楼控制室内设置了一台单色 VDU，也由 DPU 控制。

DPU 的监视范围为：车辆段内库线（包括停车库线及检测库线），库线至小站台的咽喉区及小站台。小站台为车辆段控制区与 ATS 系统自动控制区域的分界点。小站台的出段高柱信号机由正线 LPU 自动控制。

（1）车辆段（DPU）系统功能

为了使 DPU 能够辅助 OCC 了解出入车辆段的列车运行情况，需要运转室调度员在列车出发之前，通过键盘输入即将出发列车的详细信息，包括车组号、乘务员号、车次号/表号或目的地号。如果列车进入小站台时没有输入相应信息，则在 OCC 将出现告警。

时刻表下载后，系统开始运行前，车辆段调度员可以将列车的车组号及乘务员号分配给来自 OCC 的时刻表，并与车次号和表号相对应，即给计划运行图赋予派车计划。

在系统运营过程中，车辆段控制员（运转调度员）可以根据 OCC 的要求（即增加列车要求）或车辆状态，在列车到达小站台前的任一时刻重新设置列车车组号和乘务员号。

列车出发前 7 min，车辆段运转室 VDU 屏幕将显示某列车已到出发时间。如果列车在按时刻表规定投入运营时间前 3 min 未到达小站台，则在车辆段控制员终端 VDU 及 OCC 控制台或 VDU 上出现告警，以提起注意。

列车进入小站台时，DPU 发送此信息给相邻 LPU。如果列车为计划列车，则 LPU 将按此次列车的计划时间及经路自动办理进路；如果列车为头码车 LPU 则按目的地办理进路。如果为头码车设置了时间参数，则按此参数指定时间发车，否则立即办理进路发车。如果列车既不是计划列车，也没有指定目的地，则进路由 OCC 操作员办理。与车辆段相邻的 LPU 在办好至车辆段的进路后，向 DPU 发送一个列车接近预告信息。当列车运行到达（除非折返否则只能进入）车辆段的某地点时，将产生一个列车到达信息（Train Arrived Message）。由小站台进入车辆段的列车进路，在车辆段信号楼控制室内的信号控制台上办理。

车辆段内的列车运行跟踪，可以基于来自信号设备的轨道及进路信息来实现。在车辆段 VDU 屏幕上所显示的列车位置跟踪，都附有其列车车组号，列车走到哪就跟到哪，即不会丢失车组号。

DPU 可以根据运转室调度员及 OCC 调度员要求产生列车运行或状态报告。

（2）人机对话接口功能

命令输入：所有命令输入都通过 VDU 键盘完成，输入的命令和参数在屏幕上有显示。由于 DPU 设有磁盘且操作员不能发出任何控制命令，故命令不作记录。

屏幕输出：库线及小站台的占用情况以表格方式在一个显示屏幕上显示。目的地、车次号、表号、列车状态、发车时间也显示于同一画面上，当画面空间不够时，也可显示在另一画面上。

打印输出：全天列车进出段情况可以自动打印输出。当 OCC 检测到乘务员有变化时，则在运转室内的打印机上打印出相应列车的车组号、乘务员号、列车位置等信息。此类信息可以以报告形式打印输出。

车辆段操作员可以请求一个维护报告，列出每节车自上次维修后的运行距离信息。当列车进行大修完毕后，应由调度员将走行距离设置为零。ATS 系统又从零开始记录此列车走行公里数。

（3）DPU 命令功能

形成列车编组码信息命令：当列车重新编组时，必须输入新的列车编组的详细资料。所需信息包括车组号、车辆号，车辆号最多输入 6 节车辆号。

设置派车计划命令：在一天开始运行之前，运转室调度员通过终端键盘输入派车计划，即指定列车走几号表，DPU 接收此计划，并传送给 OCC。派车计划所需信息包括车组号、车次号、列车目的地、乘务员号等。当车辆段控制员（Controller）输入的派车命令被 DPU 拒绝时，告警信息为：时间（时/分/秒）、车组号、车次号，及以下任意一种告警参数：未接到时刻表、无意义的车次（即计划表中不存在的车次）、车次重复出现、车组号重号。

改变/删除车组号命令：改号命令用来改变某个具体车辆号，所需信息为原来车辆号、新的车辆号。删除车组号命令是当车辆到大修期时，可将其从系统中删除要删除的车辆号。

请求维修报告命令：车辆段操作员可在任一时间请求一个维修报告，它由 OCC 磁盘中的信息编辑而成。所需信息包括列车第一节车箱号和列车最后一节车箱号。如果不输入最后一节车箱号参数，则报告将给出整列车所包括的每节车箱的维修情况。维修报告给出的信息包括车辆号、上次维修的时间（年、月、日）等。

列车编组列表显示命令：如若车辆段调度员希望了解列车编组情况，则可以请求 DPU 产生此类报告，产生此报告的信息包括表中第一个车组号（如果仅需要一个列车的组成资料，则只输入这一个车组号即可）和所要了解列车的排序中最后一个列车的车组号，如果不输入最后一个列车车组号参数，则每个有车组号的列车的组成资料将按顺序列出。

未指派段内列车到达小站台告警命令：当未经运转室调度员指派的列车进入小站台时，将出现音响告警。告警信息将显示在车辆段和控制中心。

列车接近车辆段通知命令：当列车接近车辆段小站台时，车辆段 DPU 终端将向车辆段调度员给出两次预告通知。第一次预告：当列车离开车站开往车辆段小站台，并且 LPU 办理好回段进路时，给出第一次预告（只有对计划列车和头码列车给此预告），给出的信息为时间、车组号、车次号、乘务员号。第二次预告：当列车到达某轨道区段（此处列车除非折返，否则只能进小站台）时，对所有列车给出此预告。

错误命令提示：当发生输入命令不存在、参数有错、命令中参数多或少等情况时，系统给出产生错误提示信息。

错误命令处理：若 OCC 认为所接收到的命令为错误时，则产生告警信息：包括 DPU 发出的命令找不到相应列车或乘务员；命令参数不存在；数据传输错误。

8.2 LCF－300 型 CBTC 系统

CBTC 是基于通信的新型的城市轨道交通 ATC 系统。LCF－300 型 CBTC 系统是典型的国产化系统，该系统的 ATP/ATO 部分是由北京交通大学研制开发，ATS 和计算机联锁部分由卡斯柯公司研制开发。该系统已应用于北京地铁亦庄线。

8.2.1 LCF－300 型 CBTC 系统的基本组成

LCF－300 型 CBTC 系统的基本组成如图 8-12 所示。

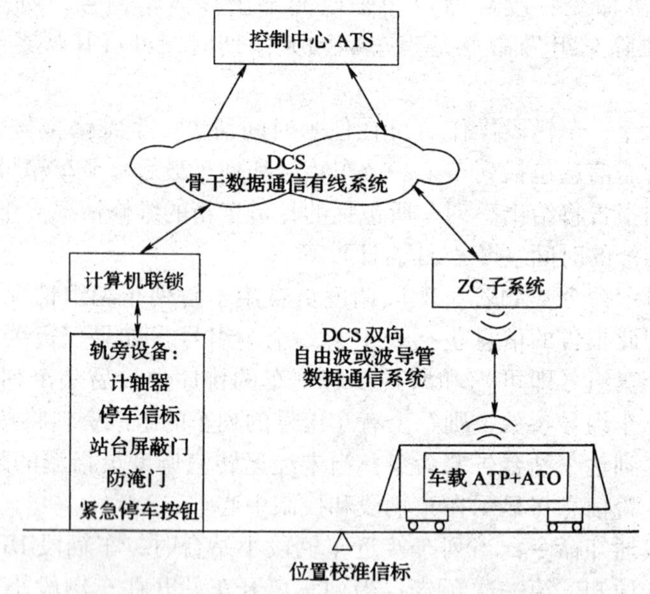

图 8-12　LCF－300 型 CBTC 系统

LCF－300 型 CBTC 系统的地面设备包括：ZC（区域控制器）子系统和用于定位及点式后备的应答器设备等。车载设备包括：VOBC（车载计算机和车载控制设备）子系统、车载无线设备等，VOBC 子系统包含 ATP 车载系统（含数据记录系统）、ATO 车载系统和 MMI 系统。

LCF－300 型 CBTC 系统的设备还包括：数据通信子系统（DCS）、主备用控制中心的切换设备等。数据通信子系统由 ATC 骨干网和 ZC 网、ATS 网、CBI 网、维护网等组成。

8.2.2　LCF-300 型 CBTC-ZC 子系统

ZC 子系统从结构上分为 ZC 应用子系统、安全计算机平台和维护系统（ZCM）三部分。

ZC 子系统是 CBTC 系统中 ATP 的轨旁部分，主要负责根据列车所汇报的位置信息及联锁所排列的进路和轨旁设备提供的轨道占用/空闲信息，为其控制范围内的列车生成移动授权（MA），保证手控列车的安全运行，具备在各种列车控制等级和驾驶模式下进行列车管理的能力。

1. ZC 子系统的特点

① 分层设计。整个平台从逻辑上分成外部通信网、通信控制器层、内部通信网、2 乘 2 取 2 处理层、容错和安全管理（FTSM）层。

② 采用 2 乘 2 取 2 处理层为安全计算机平台的核心。该处理层分为两个 2 取 2 通道，完成通信、应用等处理功能和与容错、安全有关的各种功能。通道的 2 取 2 结构保证了平台的安全性，2 乘 2 取 2 通道构成“2 乘”关系，在主机故障情况下能实现主备通道热切换，保证了平台的可用性和可维护性。

③ 采用双系统并行工作的 2 乘 2 取 2 安全计算机系统，内部通信和外部通信都采用冗余通道设计。双系统之间采用隔离技术，对其中一系统进行维修与替换不会对另外一系统及其子系统正常工作有任何影响，即任何一个 ZC 计算机或网络设备不能正常工作，整个系统仍可继续正常工作，不会导致其他子系统无故切换。

④ 通道内双机采用相异软件，满足软件差异性设计原则。

⑤ 基于 COTS 开发原则，4 个处理单元和 2 个通信控制器均采用 X86 工业控制计算机和 VxWORKS 操作系统以及对应的软件开发平台开发。

⑥ 容错和安全管理（FTSM）层负责指挥、监视双系统的运行，它是 2 乘 2 取 2 结构的容错与安全特性的支撑。容错和安全管理单元基于纯硬件结构，在任何时间都能够强迫 2 取 2 任一系统进入安全状态。由于关断的方法不止一种，所以冗余管理是自冗余的。

2. ZC 子系统的功能

ZC 子系统的功能包括：计算列车安全位置、列车排序、更新轨道占用状态、信号机强制命令设置与处理、移动授权、列车注册、列车注销、列车管理数据库版本号比较、通信状态检测、时钟同步、提供维护数据等。

3. ZC 子系统的结构

ZC 子系统的结构如图 8-13 所示。ZC 子系统的部件如表 8-3 所列。

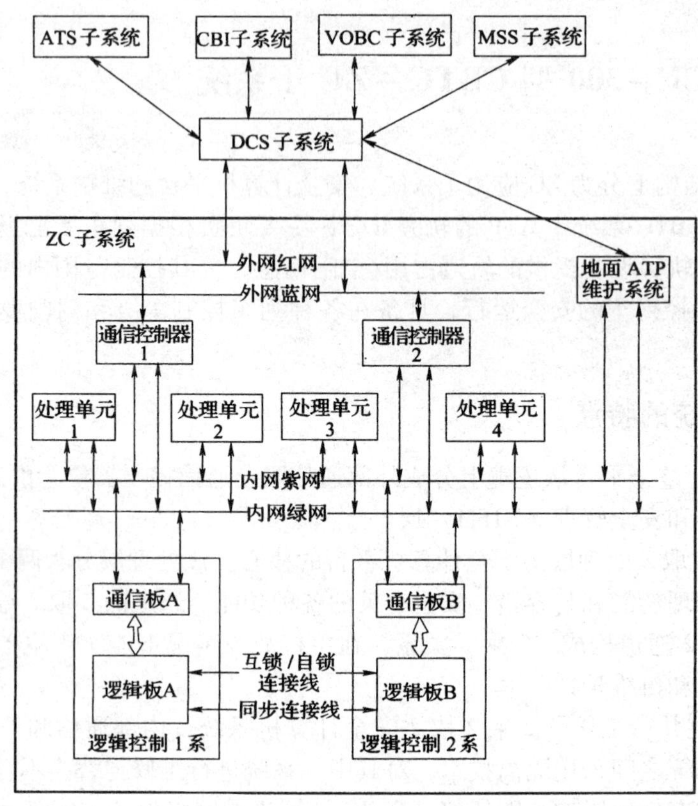

图 8-13　ZC 子系统的结构图

表 8-3　ZC 子系统的部件

类　别	设备名称	功能说明	设置位置
容错和安全管理单元（FISM）	安全电源板	安全电源的提供	FISM 的 6U 机箱上
	输入输出板	完成系统对输入输出的控制	FISM 的 6U 机箱上
	通信板	完成逻辑板和工控机的相互通信	FISM 的 6U 机箱上
	逻辑板	完成安全平台的安全控制功能	FISM 的 6U 机箱上
冗余处理单元	处理单元	完成安全平台的逻辑功能运算	信号设备室 ZC 机柜上
	通信控制器	完成外网冗余通信和内网通信	信号设备室 ZC 机柜上
维护系统	维护机	完成 ZC 系统的记录功能	信号设备室 ZC 机柜上
	KVM	观测各个机器的运行状态和操作	信号设备室 ZC 机柜上
安全冗余操作组件面板	按钮	完成相应的 ZC 的安全平台操作	3U 面板组件上
	指示灯	指示 ZC 的运行状态	3U 面板组件上

图 8-14 为 FTSM 机箱结构示意图。FTSM 层由两个 FTSM 单元组成，每个 FTSM 单元负责控制 1 系内双机的运行并与另一个 FTSM 单元共同控制两个通信控制器。两个 FTSM 单元相互作用来维持整个 2 乘 2 取 2 结构的正常运行。两个 FTSM 单元之间的互锁/自锁逻辑完

成“主”、“备”转换，所以只要有 1 个 2 取 2 通道处于“正常”模式，2 个 FTSM 单元之间的互锁/自锁逻辑就可以“判决”出“主”通道。

安全电源板 8R	输入输出板 8R	逻辑板 8R	通信板 14R	补空板 8R	安全电源板 8R	输入输出板 8R	逻辑板 8R	通信板 14R

注：R = 5. 06 mm

图 8-14　FTSM 机箱结构示意图

一块输入输出板有 DB25 插针和 DB37 插针，另一块输入输出板有 DB25 插孔和 DB37 插孔，通信板有 2 个 RJ - 45 接口。

4. ZC 子系统通信网

如图 8-15 所示，ZC 子系统配置冗余的内部通信网络（内网）和外部通信网络（外网）。安全计算机平台通过冗余的 100 Mbps 以太网（内网）进行内部设备之间通信，完成安全计算机平台与内部设备之间的数据通信功能，接收来自于安全计算机系统内部其他设备的数据，并对数据的正确性、有效性和及时性进行判断，剔除非法的数据。

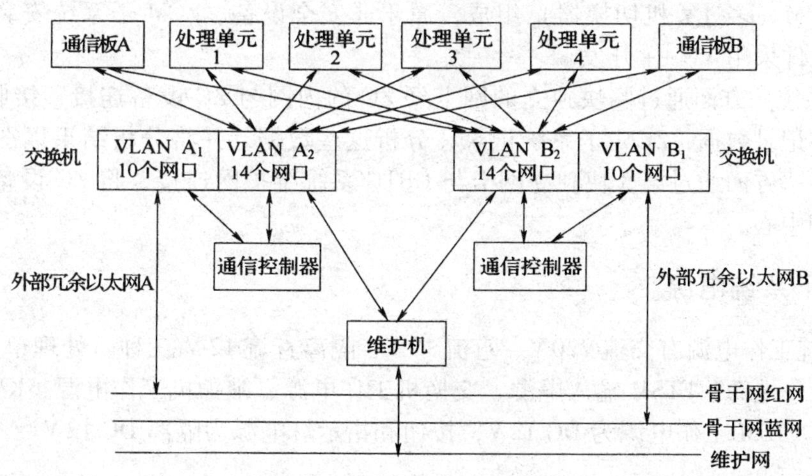

图 8-15　ZC 网络拓扑结构

ZC 的内部通信网络（内网）和外部通信网络（外网）均采用冗余方式，都是由两条相互独立的 100 Mbps 以太网构成的，因此一旦冗余网络中的一条网络发生故障，各子系统仍可以通过另一条网络进行通信。所有基于以太网的通信接口，均是采用安全通信协议进行通信，保证信息的可靠性和可用性。同时，出于冗余设计的考虑，设置了两个相互独立而功能相同的通信控制器。通信控制器分别向两系转发 CBTC 系统中的其他设备发送给 ZC 子系统的信息，从而完成外网和内网的信息的相互传递。通信控制器的存在，使 ZC 子系统对于 CBTC 系统中的其他设备而言，表现为单一的 IP 地址，同时通信控制器起到安全计算机平台内部网络与外部网络隔离的作用。

出于简化系统设计的目的，内部冗余通信以太网（绿网和紫网）和外部冗余通信以太网（红网和蓝网）没有分别使用4个以太网交换机，而是利用中高端以太网交换机具有的虚拟以太网（VLAN）的功能将每个交换机划分成两个VLAN，VLAN之间相互独立，就好像是两个独立交换机一样。这样使用2个交换机就可以使内部冗余通信以太网和外部冗余通信以太网同时工作。

ZC子系统的两个通信控制器对外通过冗余的红、蓝网接入ATC的骨干网，实现外部ATC设备的信息交换。

每个处理单元FTSM的通信板、通信控制器和维护机各提供两个通信接口，连入冗余的基于TCP/IP协议的ZC子系统内网，实现系统内设备相互之间信息交换。同时，维护机还提供与维护网的接口，可以将ZC子系统的运行状态信息通过维护网发给控制中心。

5. ZC维护子系统（ZCM）

ZCM作为ZC子系统与维护系统（MSS）的交互接口，主要负责ZC子系统运行的相关维护数据传输以及ZC子系统的故障报警，为维修人员及时提供ZC子系统的运行状态和报警信息，并提供故障处理帮助信息。

ZCM安装于ZC设备机柜内，由一台4U主流配置的x86工业控制机和一台1U17英寸LCD、8口KVM（多计算机切换器）组成，属于非安全设备。ZCM子系统安装Windows操作系统，其软件采用VC++开发。

ZCM子系统一方面通过两块独立的网卡经ZC的内网与ZC设备连接，接收ZC设备发送的运行状态记录数据，ZCM子系统记录、分析这些数据，并将分析结果以图形界面方式显示出来。另一方面通过第3块独立网卡与CBTC系统维护网连接，将ZC设备运行状态信息发送给维护中心。

6. ZC子系统电源

ZC子系统工作电源有交流220 V、直流12 V、隔离直流12 V三种。处理单元工作电源、通信控制器工作电源、FTSM输入电源、交换机工作电源、维护机工作电源、KVM工作电源为AC 220 V，FTSM工作电源为DC 12 V，按钮和指示灯电源为隔离DC 12 V。

7. ZC子系统接口

ZC子系统的外部接口有：逻辑接口、有线通信接口、电源接口、综合接地接口等。

1）逻辑接口

（1）人机接口

3U面板上的指示灯有：通道1电源指示灯、通道1运行指示灯、通信控制器1电源指示灯、通信控制器1运行指示灯、通信控制器2电源指示灯、通信控制器2运行指示灯、通道2电源指示灯、通道2运行指示灯。

3U面板上的按钮有：通道1工作按钮、通道1恢复按钮、通信控制器1恢复按钮、通信控制器2恢复按钮、通道2工作按钮、通道2恢复按钮。

（2）ZC和VOBC之间的双向信息交换

ZC和VOBC之间的双向信息交换构成了列车移动闭塞运行原理的基础。

ZC→VOBC 的信息有：ZC 的 ID，ZC 对列车申请信息的应答，数据库版本号信息，下一个登录 ZC（非周期提供），列车识别号信息，停车保证查询信息，PSD（站台屏蔽门）、EMP 状态、临时限速信息（包含在 MA 信息中）。

VOBC→ZC 的信息有：列车的运行信息（申请 MA、注销、切换）和类型（通信列车/非通信列车），列车的位置信息（包括非安全车头、车尾信息，以及列车的测距误差等与计算安全位置相关的信息），列车速度、运行方向、车门信息，列车完整性标识，列车紧急制动状态信息，列车停车保证信息，列车停稳信息、列车站台准确停车信息，VOBC 维护/诊断信息。

（3）ZC 和 ZC 之间的信息交换

相邻的 ZC 之间交换信息，保证通信列车可以越过 ZC 的边界。

相邻的 ZC 之间交换的信息有：数据库版本号、信息帧类型、列车位置、列车运行信息和 MA 信息。

（4）ZC 和 ATS 之间的信息交换

ZC 从 ATS 接收操作命令并给 ATS 提供状态指示和故障信息。

ZC→ATS 的信息有：通信列车占压的逻辑区段、非通信列车占压的逻辑区段、向 ATS 发送时间同步申请。

ATS→ZC 的信息有：时间同步、临时限速。

（5）ZC 和 CBI 之间的信息交换

CBTC 系统应当支持一个到计算机联锁（CBI）的双向接口，以进一步优化列车的运行。

CBI→ZC 的信息有：障碍物数量和状态、申请停车保证对象及数量、进路信息、PSD 与 EMP 状态和临时限速。

ZC→CBI 的信息有：信号机强制命令、逻辑区段信息及状态、停车保证信息。

（6）ZC—ZC 维护机

ZC 向 ZC 维护机发送维护/诊断信息，经 ZC 维护机转发到维护网络。

2）有线通信接口

ZC 子系统对外提供两个独立的 100 Mbps 以太网通道，每个通道提供一个 RJ－45 的电气接口。系统使用这两个通道作为 ATC 系统间的数据传输通道。

ZCM 子系统通过两块独立的网卡提供两个相互独立的 100 Mbps 以太网通道与 ZC 设备的冗余内网连接，接收 ZC 设备发送的运行状态记录数据。每个通道提供一个 RJ－45 的电气接口。

ZCM 子系统通过第 3 块独立网卡提供一个相互独立的 100 Mbps 以太网通道与 CBTC 系统维护网连接，将 ZC 设备运行状态信息发送给维护中心。该通道提供一个 RJ－45 的电气接口。

信号系统与有线传输系统的接口协议应符合 IEEE 802.3 的有关规定。

3）电源接口

ZC 子系统的双路 220 V 交流电源来自于机房电源屏。由于 ZCM 子系统由一台 4U 主流配置的 x86 工业控制机和一台 1U17 英寸 LCD、8 口 KVM 组成，同时 ZC 设备的交流电接线端子排冗余配置，因此可将工业控制机和 KVM 的供电接口分别接在 ZC 设备冗余交流电接线端子排的不同系上。

4）综合接地接口

ZC 子系统通过综合接地系统实现接地。

ZC 子系统机柜中设置内部接地汇流排，内部设备连接到内部汇流排上，内部汇流排再连接到机房接地汇流排上。

由于 ZCM 子系统由一台 4U 主流配置的 x86 工业控制机和一台 1U17 英寸 LCD、8 口 KVM 组成，因此可将工业控制机和 KVM 分别通过供电接口或独立的接地接口接入 ZC 设备机柜内部接地汇流排上。

8. ZC 子系统计轴设备

CBTC 信号系统配置计轴设备，作为次级列车占用检测设备，它可以连续地对线路的占用/空闲进行安全可靠的检测。ZC 结合计轴区段的占用/空闲信息及列车位置信息，确定在 CBTC 级别下的线路占用/空闲情况，实现对线路上运行的通信列车的定位。

在 CBTC 系统中，以逻辑区段作为轨道的最小划分单位，将计轴区段划分为若干逻辑区段，并基于相互连接的逻辑区段实现对轨道线路的描述，ZC 将列车定位等相应的信息以逻辑区段占用/空闲状态的形式发送给联锁系统，辅助联锁系统完成线路上列车的定位。

轨道状态根据逻辑区段占压列车的情况可以划分为：通信列车占用、非通信列车占用、空闲、故障。

ZC 判断计轴故障的原则为：当一列受 ZC 控制的列车完整运行出清一个计轴区段后，ZC 确定此时计轴区段内无列车占用，但计轴区段在一定时间后仍然汇报计轴区段状态为占用的时候，ZC 将认为计轴区段状态异常，并将该计轴区段异常信息以逻辑区段的形式报告给系统。

8.2.3　LCF－300 型 CBTC－VOBC 子系统

VOBC 系统包含 ATP 车载系统（含数据记录系统）、ATO 车载系统和 MMI 系统。

1. LCF－300 型 CBTC 车载系统的特点

① 能获得最佳的行车间隔。由于使用了无线系统进行车地间的双向连续通信，实现了对列车的连续监控，列车通过实际位置进行分隔。

② 通过列车自主定位，基于速度距离曲线对列车提供超速防护，在保证列车安全的前提下有效缩短追踪距离。

③ 具有 ATO 自动驾驶功能，能自动控制列车的启动、巡航、精确停车以及车门和安全门的自动打开关闭，满足高效、节能、舒适的运营要求。

④ 正常模式下，与次级检测系统（计轴器）完全独立，次级检测系统也用于降级模式。

⑤ 使用一套驾驶台的屏幕显示，能显示列车的各种运行数据，并为司机提供辅助驾驶信息。

⑥ 系统提供完备的数据记录和故障诊断功能，便于系统的维护、维修。

2. LCF－300 型 CBTC 车载系统的构成

车载控制系统安装在每列车的两端，两端的车载设备配置完全一样，两端设备通过通信线互连，可以实现它们之间的通信以及无线通信的双路冗余。

一端车载设备的构成如图 8-16 所示。应答器车载查询器（BTM）、DCS 无线通信系统、ATO 车载系统及 ATP 车载系统安装于车载支架中。

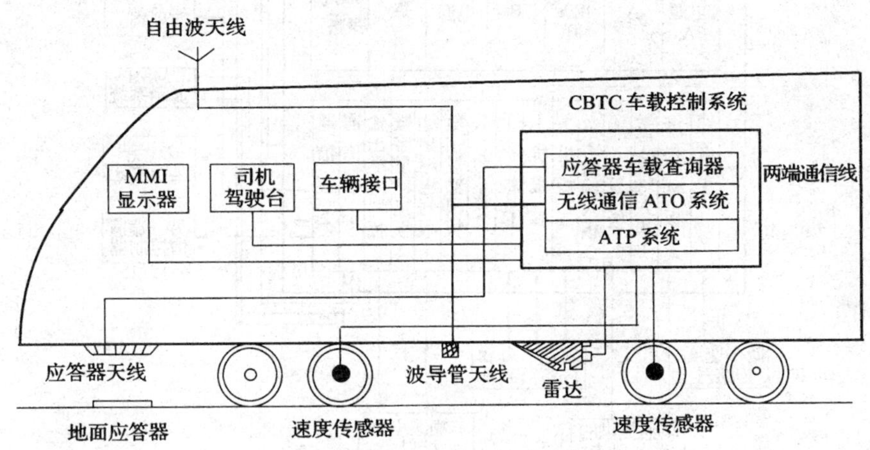

图 8-16　车载设备构成

3. 车载 ATP 系统

在列车头尾两端各安装一套设备，两端通过通信线进行连接。ATP 系统采用了 3 取 2 技术，无须采用列车两端冗余，提高了系统的可靠性、安全性和可用性。车载 ATP 系统为 3U＋6U 的结构，其组成如图 8-17 所示。

根据 IEC 61508 标准，选择 3 取 2 结构来完成容错、安全的车载运行控制功能。系统具有三路独立的输入、输出、主处理单元，每路的电源也独立设置。对外的输入、输出 24 V 电源采用双重冗余的方式提供。

对于数字量、模拟量、脉冲量输入信号，可以采用多重模块结构的输入接口电路，即输入的传感器信号分成 3 路，直接送入 3 个通道的信号调整、隔离电路，然后分别通过扩展总线送到 3 个运算处理单元。

对于数字量输出，采用 3 取 2 表决器输出方式，3 个运算处理单元输出的自诊断看门狗信号，分别通过动/静信号变换电路变换后，也进行 3 取 2 表决，用输出控制数字量输出表决器来保证故障/安全控制，如图 8-18 所示。

3 个运算处理单元之间必须保持同步，才能完成 3 取 2 容错处理功能。同步主要有时钟级同步和任务级同步两种。时钟级同步缺点较多，目前应用很少。任务级同步最大的优点是对共模错误抑制能力强，目前在容错系统中广泛应用。它将控制程序分成若干任务，分别在每个任务之后通过通道间通信总线交换同步信息，由软件完成同步功能，为此付出的软件处理资源很大，对通道间通信总线的通信速度要求较高。考虑软件的工作量和可靠性，采用软

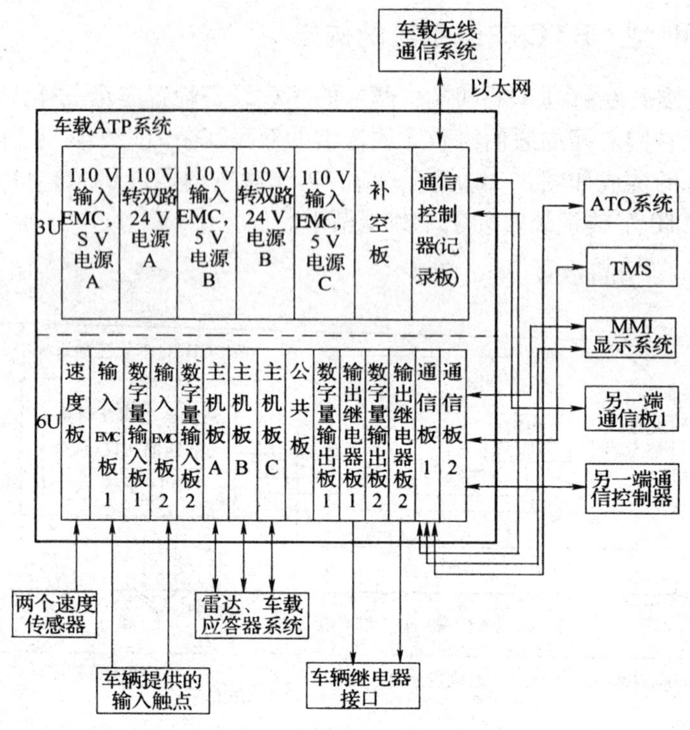

图 8-17　车载 ATP 系统组成

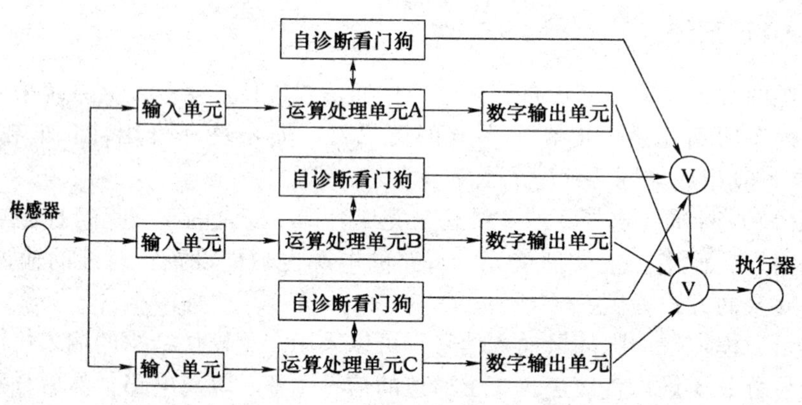

图 8-18　3 取 2 结构的输入和数字量输出结构

件设置任务工作周期，硬件设置三重冗余时钟基准，多个工作周期通过三重冗余时钟基准校正一次同步。由于主处理板的时钟频率很高，能够保证三个主处理板工作周期的准确性。在每个工作周期里，系统顺次完成如下工作：信息输入、输入信息的 3 取 2 表决、应用处理、运算结果等信息的交换、输出结果软件 3 取 2 表决、输出命令。系统同步校正脉冲来自冗余时钟电路，冗余时钟电路采用三重冗余方式。3 个通道的运算处理单元之间的同步不但依靠于同步校正时钟，也依靠于它们之间的通信。上述连接中任意一个故障也不会影响三个运算处理单元之间的正常通信，即提高了系统的通信吞吐能力，又符合 3 取 2 结构的 3 组独立系统通信总线的要求，提高了系统通信总线的可靠性。

整个 3 取 2 系统的对外通信口是两个独立的通道，在运算处理单元内，对外输出的通信信息已经经过了表决处理，在外部通信单元 1、2 上还将再次进行通信信息的表决，保证整个系统对外的通信信息输出是可靠的、安全的，而且任意一个外部通信单元故障，系统都能够保证正常运行。

车载 ATP 系统实现与车辆制动装置的可靠接口，保证对列车实施连续有效的控制。车载 ATP 系统还向车辆监控设备提供控制车辆牵引及制动信号执行终端的监控接口。

4. 车载记录系统

车载记录系统是一块 3U 标准大小的电路板，以 PC104 系统为核心，位于车载 ATP 插箱中。记录系统主要实现各子系统（包括 ATP、ATO、MMI、无线通信系统）的运行数据和故障报警数据的记录，可通过 USB 接口将数据转储到地面计算机进行后续的分析处理，通过 RS－232 串口可在线输出各子系统的故障报警数据，以便维护人员进行在线诊断、维修。

5. 车载 ATO 系统

ATO 为 3U 结构（与车载无线通信系统处于同一个 3U 插箱中），系统的结构如图 8－19 所示。车载 ATO 系统主要完成的是非安全功能，故未采用冗余设计，但若处于人工驾驶模式或不满足 ATO 的启动条件，即使 ATO 故障，ATP 也能将 ATO 所有的输出切除掉，使 ATO 不会干扰正常的司机驾驶。当 ATO 设备在运行过程中发生故障，ATP 也能立即发现，并将立即切除 ATO 的控制，保证系统的安全。

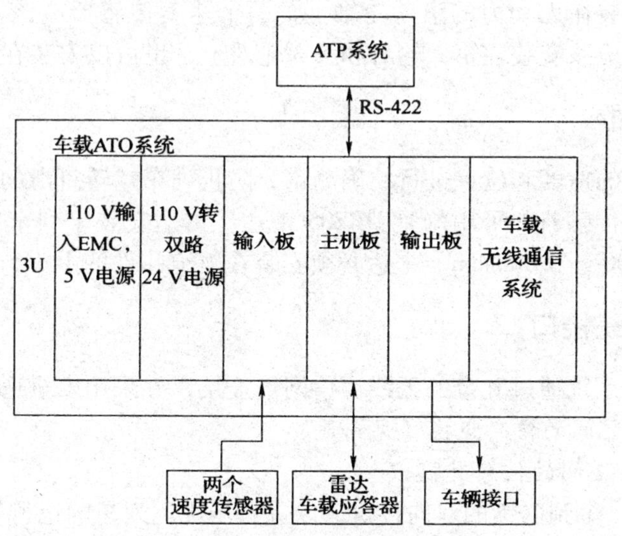

图 8－19　车载 ATO 系统组成

6. 车载无线通信系统

在列车的两端均安装无线自由波与波导管网络设备，包括无线接收的天线和波导管的接收天线，每端安装两个天线用于天线分集。两端的无线网络设备分属于两个独立的无线网络系统，任意一个网络发生故障，整个系统均能够继续保持正常工作。无线网络系统与 ATP 系统进行双向通信。

7. MMI 系统

MMI 系统是显示单元，为带触摸屏的 10.4 英寸显示器。司机可以通过 MMI 显示器查看列车当前的运行状态，通过触摸屏进行操作以及设置某些参数。

8. 应答器车载查询器（BTM）

列车的两端都安装欧标的应答器车载查询器及天线，接收系统有 4 块通信板与车载 ATP 系统的 3 个主机及 ATO 主机通过 RS－422 接口分别相连。应答器接收系统还提供 ATTENTION 信号，以便通过应答器对列车当前的位置进行精确的校准，车载设备利用应答器信息还可以获知列车当前的运行方向。在以点式级别运行时，车载设备可以通过可变应答器获得点式下的移动授权。通过接收地面点式环线的信息，车载设备还可以对红灯时司机的误出发进行安全防护。

9. 速度传感器

列车的两端分别安装 2 个 DFl6 速度传感器，速度传感器提供速度脉冲信息，经处理后由 ATP 和 ATO 进行速度、方向和走行距离的计量，其中一个传感器故障不影响系统的正常工作。

速度传感器应安装在无动力的滚动轮轴上，两个速度传感器应该安装在不同的转向架上。两个速度传感器应该安装在第 2 轮对和第 3 轮对上，也可以安装在列车的两侧。

10. 雷达传感器

为了能够对列车的速度和位置进行精确测量，防止列车空转打滑的影响，在列车的两端分别安装了一个雷达传感器，采用的是 DRS05 雷达。雷达安装于列车底部，雷达和道床反射面之间的距离为 500 ～ 1 000 mm。雷达必须安装在轨道扣件的上方，靠钢轨的内侧。

11. 与地面系统接口

车载系统与地面系统通过冗余的无线通信网络连接，并采用安全通信协议进行通信。

1）VOBC 和 ZC 之间的信息交换（见前述）

2）VOBC 和 CBI 之间的信息交换

CBTC 系统支持一个到联锁的双向接口，以进一步优化列车的运行。

车载 ATP→CBI 的信息有：安全门打开、关闭命令。

CBI→车载 ATP 的信息有：安全门状态。

3）车载 ATP 和 ATS 之间的信息交换

CBTC 系统支持一个到 ATS 的双向接口，以进一步优化列车的运行。

车载 ATP→ATS 的信息有：列车位置、列车识别号、列车任务号、列车运营状态信息、

VOBC 维护/诊断信息。

ATS→车载 ATP 的信息有：分配的列车识别号、分配的列车任务号、列车停站时分、列车下一站、列车目的地、跳停命令、扣车命令。

8.2.4　LCF－300 型 CBTC－DCS 子系统

ATP 信息传输应为连续的数字传输方式，所有正线车站的线路、折返线、停车线、车辆段/停车场的转换轨及试车线应通过车地双向通信，实现列车的停准控制功能。数据通信子系统（DCS）由 ATC 骨干网和 ZC 网、ATS 网、CBI 网、维护网等组成。其中骨干网和 ZC 网、ATS 网、CBI 网、维护网均为有线通信网，ZC 与 VOBC 之间采用无线通信网。除了维护网外，都为双网。

ATC 骨干网为光纤网，采用 SDH 技术，其他有线网在 SDH 节点与 ATC 骨干网连接。

ATP 子系统应具备与其他相关子系统的通信功能（包括车地通信，以及向车载 ATO 传送有关信息等），并应监督与其他子系统的通信状态，在发生通信故障时实施紧急制动以保证列车的安全运行。

ZC 子系统通信网和车载无线通信系统如前述，它们之间采用无线自由波（地下段）与波导管（地面段和高架段）传输。

1. ATS 通信网

ATS 通过 100 Mbps 以太网接口连接到正线/车辆段/停车场计算机联锁系统。ATS 与联锁系统采用直接连接的方式，通过车站分机直接连接联锁的上、下位机，同时在紧急站控时，保留目前的 HMI（人机接口）直接连接到联锁的方式。

ATS 通过 100 Mbps 以太网接口连接到 ATP/ATO 系统。

ATS 通过 100 Mbps 以太网接口连接到 MSS（维护支持）系统，基于 SNMP 协议实现与 MSS 的连接，向 MSS 报告 ATS 的设备状态。

ATS 子系统在控制中心通过通信前置机为综合监控系统提供两路以太网接口，接口类型为 10/100 Mbps 以太网，双方通过基于通用、开放的 TCP/IP 协议的 Socket 编程的方式建立连接，ATS 子系统通过 RS－422 串行通信口连接到无线通信系统、时钟同步系统、乘客信息系统。

控制中心通过通信前置机为 TCC（轨道交通指挥中心）系统提供两路以太网接口，接口类型为 10/100 Mbps 以太网，双方通过基于通用、开放的 TCP/IP 协议的 Socket 编程的方式建立连接。

2. CBI 网络

CBI 网络如图 8-20 所示，联锁子系统配置两套冗余的通信传输通道，一套用于 ATS 子网，一套用于 ATP/ATO 子网。ATP/ATO 子网实现与地面 ATP/ATO 之间的安全信息交换、与车载 ATP/ATO 之间的安全信息交换，以及相邻设备集中站 CBI 之间的信息交换。ATS 子网则实现 CBI 与现地控制工作站之间的信息交换、现地控制工作站与 ATS 之间的信息交换、现地控制工作站与 SDM（联锁维护工作站）之间的信息交换、CBI 与 SDM 之间的信息交换、设备集中站 CBI 与非设备集中站现地控制工作站的信息交换。

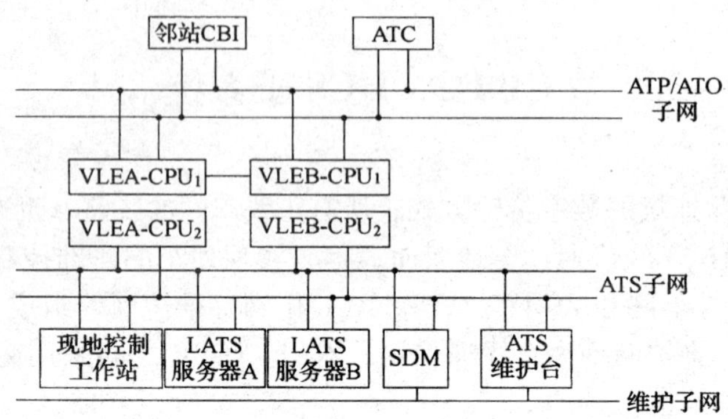

图 8-20　CBI 网络

LATS—车站 ATS；VLE—安全逻辑处理器

联锁机、现地控制工作站和系统维护台各提供两个网络接口，接入冗余的基于 TCP/IP 协议的 ATS 子网，实现相互之间信息交换。同时，通过通信接口节点接入 ATC 骨干网，实现和 CATS（ATS 控制中心）之间的信息交换。联锁 A/B 机通过另外独立的两个网口接入冗余的 ATP/ATO 子网，通过通信接口节点接入 ATC 骨干网，实现和地面 ATP/ATO、车载 ATP/ATO、相邻 CBI 之间的信息交换。这两套通信传输通道，均采用冗余的方式，因此一旦冗余网络中的一条网络发生故障时，各子系统仍可以通过另一条网络进行通信。网路链接状态信息传递给 SDM 子系统，便于现场人员及时查询和维护。

设备集中站 SDM 提供一个网络接口，直接连接至维护子网，实现和维修中心 MSS 子系统的通信。

8.2.5　主备用控制中心的切换

ATS 子系统包括两个控制中心：主用控制中心和备用控制中心。备用控制中心位于车辆段，其主要功能是在主用控制中心故障的情况下，允许备用控制中心接管全线控制权，实现对全线的运营调度管理。在主用控制中心正常的情况下，作为备用服务器，对全线设备进行监控。也可以切换至培训模式，对调度员进行离线培训。

每个控制中心可能处于两个状态“主控”、“非主控”。“主控”代表该控制中心 CATS 执行对线路的管理。“非主控”代表该控制中心 CATS 只执行对线路状态的监视，不承担任何控制功能。各个地点的 ATS 工作站可以选择连接到主用控制中心的 CATS 还是连接到备用控制中心的 CATS。ATS 工作站/终端会显示当前连接到哪个控制中心的 CATS，以及该控制中心 CATS 处于“非主控”状态还是“主控”状态。

当每个控制中心的 CATS 启动后，初始都处于“非主控”状态，当指定的用户登录工作站后，可以操作连接的控制中心 CATS 从“非主控”升级为“主控”时，该操作需要输入一个特定密码并在 CATS 服务器进行密码验证。当 ATS 工作站连接到一个控制中心 CATS，操作从“非主控”升级为“主控”时，该控制中心 CATS 检查与另一个控制中心 CATS 的连接，如果与另一个控制中心 CATS 有连接，并且另一个控制中心 CATS 处于“主控”状态时，不允许操作升级。

当一个控制中心 CATS 处于“非主控”状态时，它仅处理表示功能（接收来自 LATS 的站场和列车信息，并向连接它的 ATS 工作站发送），但不处理来自工作站的操作命令，也不向 LATS 和外部接口输出控制命令。ATS 工作站当与“非主控”的 CATS 连接时，也不允许进行操作。

当主用控制中心的 CATS 发现备用控制中心的 CATS 与自己连接上时，主用控制中心将使自己数据库中的用户账号信息、系统参数配置信息、周计划使用配置信息等向备用控制中心 CATS 同步。

仅有主用控制中心的 CATS 处于“主控”状态时，才能接受来自工作站的管理用户账号，进行修改系统参数的操作、保存修改结果，并将更新后的用户账号、系统参数信息向备用控制中心的 CATS 同步。

计划员编制完离线运行图后，可以选择同时向两个控制中心 CATS 的数据库上传。

两个控制中心的外部接口计算机（通信前置机）都同时连接两个控制中心的 CATS，保证与外部接口的功能不受控制中心 CATS“主控”、“非主控”切换的影响。

复习思考题

1. WSL－ATC 系统的基本组成及特点。

2. JTC 无绝缘轨道电路是由哪几种设备组成的？

3. WSL－ATP 最大安全速度和目标速度（MSS/TS）的组合形式表示什么意义？

4. 北京地铁一号线信号系统所选用的载频有哪几种？如何配置的？

5. WSL－ATP 车载系统的四种驾驶模式是什么？

6. WSL－ATO 地面系统与车载系统分别具有哪几项功能？

7. 做为自动驾驶列车的依据，装有 WSL－ATO 系统的列车需要接收哪些信息？

8. WSL－ATS 系统的构成及功能。

9. 为什么说 ATS 的 OCC 只起监视作用？正常情况下计划运行图是下载到车站程序处理单元（LUP），所有在线列车及信号设备是由车站 LPU 控制还是由 OCC 控制？

10. DPU 的命令类型有哪几种？

11. LCF－300 型 CBTC 系统的基本组成。

12. LCF－300 型 CBTC－ZC 子系统的功能、特点、结构。

13. LCF－300 型 CBTC－VOBC 子系统的功能、特点、结构。

9 第9章 通信传输系统

通信传输系统是系统各站点/车辆段与中心及站与站之间的信息传输、不同线路的信息交换的通道。因为担负着城市轨道交通几乎所有通信系统信息传输的重任，所以在城市轨道交通中通信系统的地位非常重要。

知识点

1. 通信传输系统的基本构成；
2. 传输网络三种逻辑拓扑结构；
3. 通信传输技术的基本原理；
4. 通信传输系统的组网技术。

技能目标

1. 掌握环形传输网物理结构及特点；
2. 掌握通信传输系统各组网技术的内容及特点；
3. 掌握基于 SDH 的 MSTP 组网实现方法；
4. 掌握 SDH - MSTP - XDM 系列产品的特点及应用。

9.1

通信传输系统的结构

9.1.1 传输系统的构成

通信传输系统由光纤骨干网络、网络节点、用户接口卡、网络管理系统等组成，如图 9-1 所示。

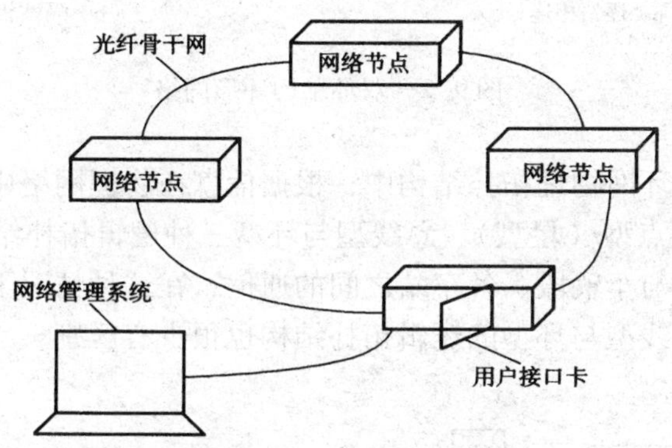

图 9-1　通信传输系统构成

光纤骨干网，贯穿整个传输介质，它有光纤、电缆两种传输介质。短距离连接使用电缆或多模光纤和 LED 光源；长距离只能使用单模光纤，获得可靠保障。

网络节点是用户访问、使用网络的途径。它为用户接口卡提供电源，接收用户接口卡信息并发送到光纤网络，同时接收光纤网络信息并传送到用户接口卡。

用户接口卡是实现用户接入系统的硬件工具，使自身系统无限向外延伸。它有硬件和软件两种实现形式：硬件形式，即通过板卡自身跳线和微动开关实现；软件形式，即通过网络中心实现。

网络管理系统，基于主流、成熟的操作系统和友好的操作界面，实现对传输网络进行配置、扩展、管理和维护功能。

9.1.2 传输网络的拓扑结构

城市轨道交通通信传输系统的网络拓扑结构包括物理拓扑与逻辑拓扑。网络的物理拓扑描述的是传输网络节点以及连接各节点的传输媒介的实际分布及连接方式；网络的逻辑拓扑描述的是信息流在网络中流通的途径。

城市轨道交通传输网络的物理拓扑结构，多数采用如图 9-2 所示的双环结构环形网络。

双环包括主用光纤环与备用光纤环，见图 9-2（a）；为使各节点间光纤长度均匀分布，一般采用隔站相连方式组成环网，见图 9-2（b）。网络中若发生节点故障或光纤中断时，传输节点会自动绕开故障点，在主、备两个环路中重新组织路由，从而使环中的通信不受影响或少受影响。

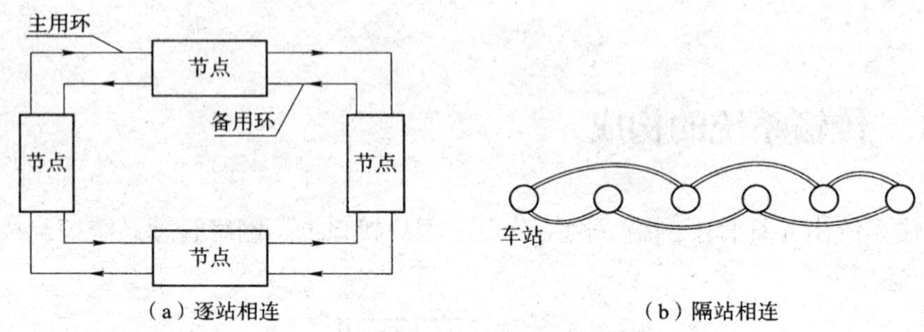

图 9-2　双环结构环形网络

在城市轨道交通的环网物理拓扑结构中，根据信息在物理网络中的流通途径，可划分为如图 9-3 所示的点对多点型（星型）、总线型与环型三种逻辑拓扑结构。城市轨道交通通信是以控制中心为核心的与车辆段、各车站之间的通信，在这种情况下点对点型与星型的逻辑拓扑结构没有区别；总线型与环型的逻辑拓扑结构也很少有区别。

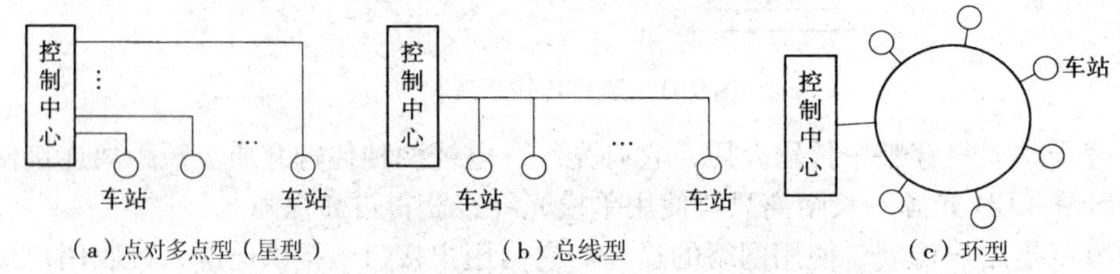

图 9-3　传输网络的三种逻辑拓扑结构

1. 星型逻辑拓扑结构

星型逻辑拓扑结构包括：点对多点 E1 传输线路（如公务电话中继、无线集群中继、CCTV（闭路电视）等）；点对点音频话路（如调度用户电话等）；点对点低速数据传输（如 RS－232、RS－422、RS－485 等电路数据传输等）。

点对多点型逻辑拓扑结构的实现，需要更多的设备、电缆，并且受地理环境影响大。

2. 共享总线型逻辑拓扑结构

共享总线型逻辑拓扑结构有两种方式：TDM 总线方式和以太网总线方式。

TDM（时分复用）总线方式适用于传送广播信号或电路数据。在城市轨道交通通信中，控制中心与各车站之间采用 TDM 总线方式，通过 PCM（脉码调制）接口设备传送高保真广播、RS－422、RS－485 电路数据等。与点对点方式传输广播信号相比较，其优点为节约带宽；缺点为每个节点对途经的 TDM 信号采用收后重发机制，当总线上的某个 PCM 接口架故障时，后续节点将会收不到信号，故需要提供相应的保护机制。

以太网总线方式适用于传送点对点信号与广播信号。目前在城市轨道交通通信中，控制中心与各车站之间采用以太网总线方式传输信息的已经有：CCTV、广播、公务电话、调度电话和低/高速数据等业务。采用以太网总线方式在传送点对点信号时，与 TDM 点对点传送方式相比较，其优点为可以根据需要动态分配带宽。采用以太网总线方式在传送广播信号时，每个节点中的以太网交换机需对途经的广播信号进行复制与转发，当总线上某个以太网交换机故障时，后续节点将会收不到信号，故需要提供相应的保护机制。

9.1.3　传输网络的组成与接口

1. 主要通信子系统传输网络的组成

城市轨道交通各通信业务子系统传输网络的组成，采用何种传输通道与接口，完全取决于所采用的设备。如用于监控/网管的电路数据接口采用 RS－422 接口还是采用 RS－485 接口，是点对点方式传输还是总线方式传输；某种业务或控制信号通过 TDM 通道传输，还是通过以太网传输，完全取决于所采用的设备类型。因此，以下所介绍的各种业务传输网络的组成所使用的传输通道与接口仅作参考。

1）公务电话子系统的组网

在城市轨道交通公务电话系统中，通常在控制中心和车辆段各配置一台程控电话交换机，并以 E1/NO. 7 或专网信令局间中继相连。在各车站配置有车站电话交换机，车站电话交换机可以是独立的用户交换机，亦可以是控制中心程控电话交换机的远端模块。控制中心程控电话交换机通过传输系统所提供的 E1 中继通道，以点对点方式连接各车站的电话交换机或远端模块，组成了如图 9-4 所示的城市轨道交通公务电话专网。若各车站配置的是独立的用户交换机，则控制中心交换机与车站交换机之间采用 E1/DSS1 信令（N－ISDN 的 PRI 接口亦称 30B＋D 接口，其中 D 为 16 时隙 64 kbps 的 D 通道信令，又称 DSS1 信令）。若各车站配置的是远端模块，则局端与远端均采用制造商所提供的内部信令。

2）调度专用电话系统的组网

在城市轨道交通调度电话系统中，调度机与各车站调度终端之间利用传输系统的 E1 双向通道组成，城市轨道交通有线调度用户接入网如图 9-5 所示。

位于控制中心的调度机通过传输系统所提供的双向 E1 通道，以点对点的方式为每个车站提供从调度机到车站的 TDM 传输通道。在调度机侧（局端），调度机通过 30B＋D（E1/DSS1）接口与传输设备的 E1 接口直接相连；在车站侧（用户端），传输设备的 E1 接口连

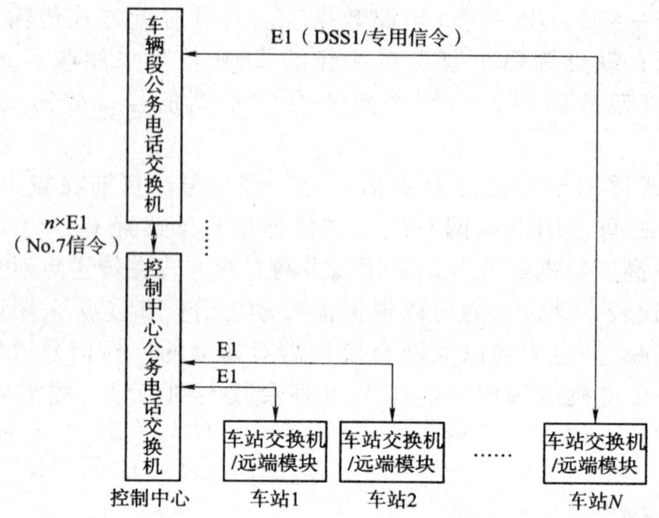

图 9-4　公务电话子系统组网图

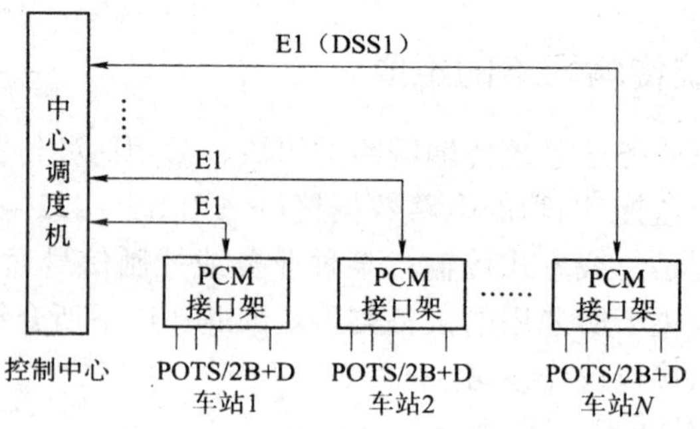

图 9-5　调度电话系统组网图

接 PCM 接口架，由 PCM 接口架中的 DXC1/0 分出数个由控制中心连接该站的 64 kbps 数字话音通路落地。

落地的数字话路连接电话用户接口卡所对应的 POTS 接口或连接 N－ISDN BRI 用户接口卡所对应的 2B＋D 接口等用户接口用以连接车站内的各种有线调度用户终端设备。

3）无线集群通信系统的组网

无线集群通信系统可视为无线调度电话系统，无线集群终端（车台、手持机、固定台等）通过基站进入无线集群交换机。目前，城市轨道交通中一般采用小区制组网，即每个车站配置一个基站。控制中心的无线集群交换机，通过传输系统所提供的双向 E1 专用信令中继通道，以点对点方式连接各车站的无线集群基站组网，如图 9-6 所示为城市轨道交通无线集群通信系统的专网。

4）闭路电视监控系统（CCTV）的组网

闭路电视监控系统（CCTV）分为车站与监控中心两级。城市轨道交通 CCTV 网络可以采用模拟 CCTV 技术组网，也可采用网络 CCTV 技术组网。

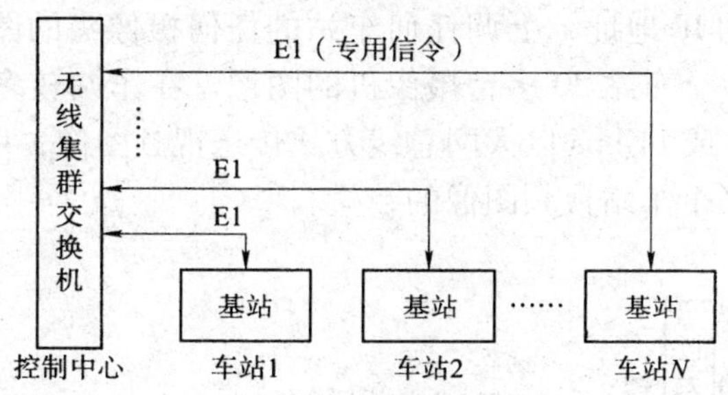

图9-6　无线集群系统组网图

（1）模拟CCTV技术组网

采用模拟CCTV技术组网，监控中心和各车站之间的上下行通道组成如图9-7所示。一般一个车站只选择上传两路压缩编码后的监控画面，即占用2条从车站到监控中心的点对点El（2 Mbps）上行单向通道。从监控中心至车站采用点对点或总线方式，RS-485/422低速电路数据通道（图中采用点对点RS-485低速电路数据通道）作为下行通道传送摄像头选择、调焦和云台控制等控制信号。

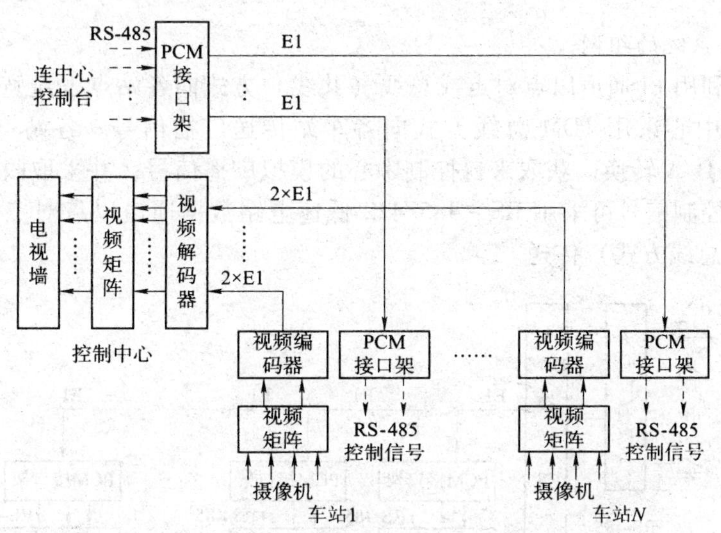

图9-7　CCTV点对点TDM传输方式组网图

（2）网络CCTV技术组网

采用网络CCTV技术组网，站内各摄像头的模拟输出经编码后连接车站视频监控局域网（2层为以太网、3层为IP的局域网），各车站CCTV局域网（LAN）与监控中心CCTV局域网之间的连接，可以采用如图9-8所示的100 Mbps以太网总线方式。

以太网总线方式的各以太网交换机均并接在总线上，总线上所有以太帧在途经的每个节点交换时，均需进行解封装，检查IP地址，以决定对该帧的落地或转发，从严格的意义上讲各节点以太网交换机是串在总线中的。若在总线中传送DVD质量的图像，一路视频占用4～6 Mbps带宽，则共享的100 Mbps带宽可同时提供20多条视频通道及其控制通道。控制中心可以利用各摄像头的 IP 地址，上调任何车站的任何摄像头的图像；在紧急情况下，控制中心可以同时上调同一个车站 20 多台摄像机的图像。在车站较多和传输容量富余的情况下亦可采用 $N \times 100$ Mbps 或 1 Gbps 以太网总线方式传送视频图像，用以提高图像质量或在紧急情况下增加同时上调某个车站视频图像的数量。

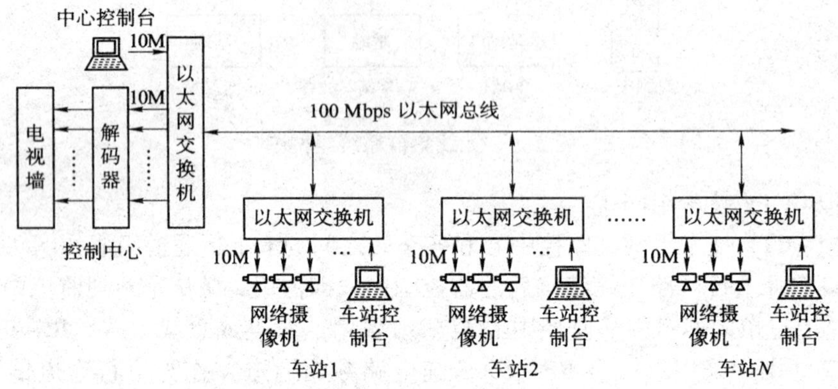

图 9-8　CCTV 以太网总线传输方式组网图（单位：bps）

5）有线广播系统的组网

控制中心可利用 El 通道以点对点或总线（共线）方式向各站点发送宽带广播信号。在图 9-9 中，控制中心采用 TDM 总线方式向各车站传送广播信号。各站点的 ADM 设备或 PCM 接口架通过 D/A 转换，获取来自控制中心的模拟广播信号，并采取收后重发方式转发到下一站。广播控制信号可采用 RS－485/422 低速电路数据通道以点对点或总线方式（图中采用 RS－485 总线方式）传送。

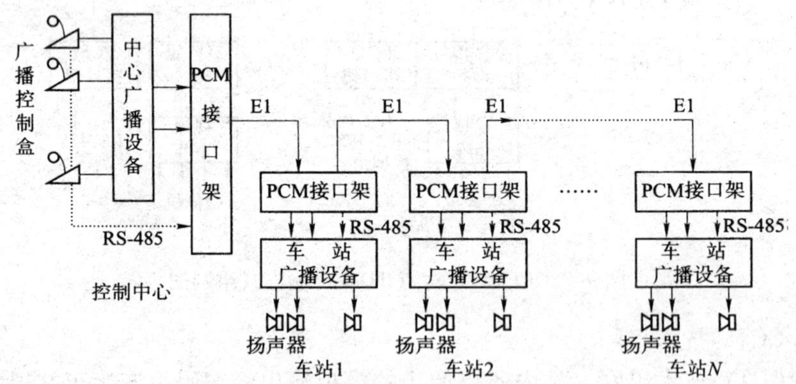

图 9-9　广播系统的 TDM 总线传输方式组网图

控制中心也可利用 10/100 Mbps 以太网总线向各站点发送宽带广播信号及其控制/网管信息，各站点通过网关获取来自控制中心的模拟广播信号。

6）时钟系统的组网

如图 9-10 所示，控制中心的一级母钟通常配置 RS－485/422 接口，通过城市轨道交通专用传输网的 TDM 通道，以点对点或总线方式连接各车站的二级母钟。

一级母钟也可配置 10 Mbps 以太网接口，通过城市轨道交通专用传输网的 10 Mbps 以太网通道，以总线方式连接各站点的二级母钟。

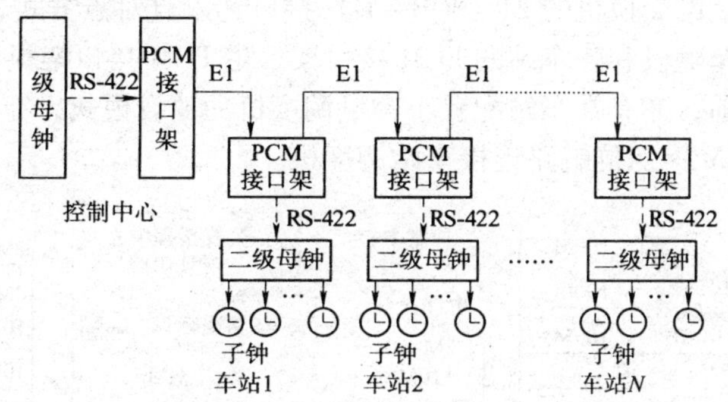

图 9-10　时钟系统的 TDM 总线传输方式组网图

7）办公自动化信息（OA）系统的组网

如图 9-11 所示，城市轨道交通办公自动化信息（OA）系统，通过城市轨道交通专用传输网的 100 Mbps 以太网通道，以总线方式连接控制中心、车辆段与各车站的局域网。

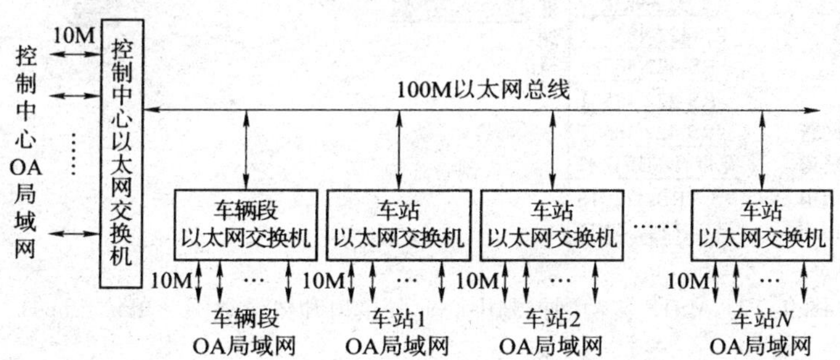

图 9-11　OA 系统的以太网总线传输方式组网图（单位：bps）

8）旅客向导信息系统（PIS）的组网

旅客向导信息系统（PIS）通过城市轨道交通专用传输网的 100 Mbps 以太网通道，以总线方式连接控制中心与各车站局域网。

2. 通信传输网的业务接口举例

1）控制中心业务接口

城市轨道交通 MSTP（多业务传送平台）传输网在控制中心所提供的业务接口和数量如图 9-12 所示。

（1）公务电话网 E1 接口

控制中心公务电话网交换机的 E1（30B + D）接口，以点对点方式，通过传输网的 PCM 一次群（E1）链路连接远端车辆段和各车站用户交换机或远端模块。

（2）无线集群网 E1 接口

控制中心无线集群网交换机的 E1（专用信令）接口，以点对点方式，通过传输网的

PCM 一次群（E1）链路连接远端车辆段和各车站的基站。

（3）调度电话网 E1 接口

控制中心调度电话网交换机的 El（30B + D）接口，以点对点方式，通过传输网的 PCM 一次群链路连接远端车辆段和各车站的 PCM 接口架。由 PCM 接口架提供 POTS 和 2B + D 接口连接调度分机。目前，亦有在车站配置小容量调度机的建设模式，在该模式下，远端的各车站调度电话网以 PCM 一次群链路连接车站调度机。

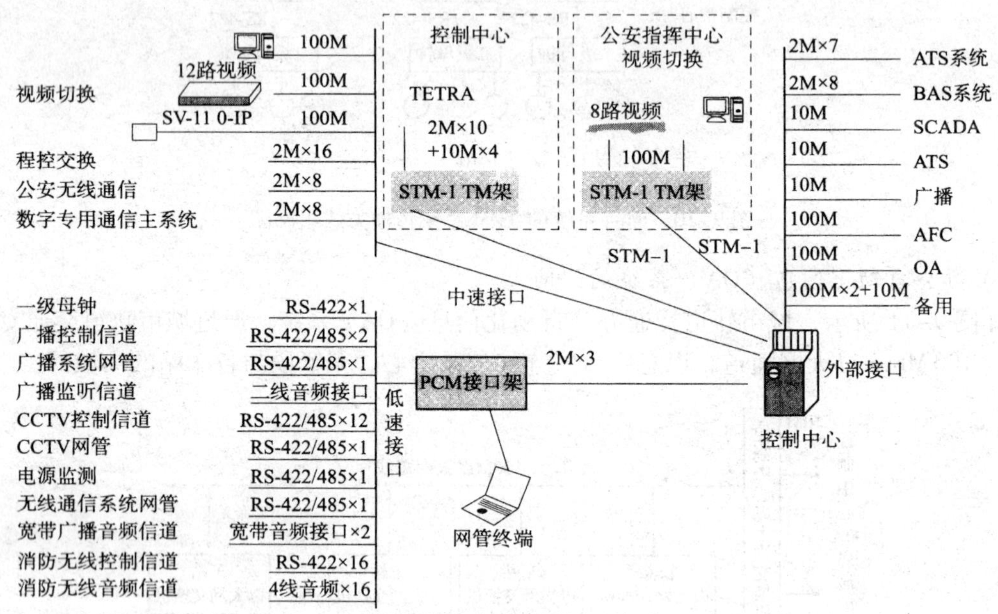

图 9–12　MSTP 传输网控制中心业务接口和数量举例（单位：bps）

（4）控制中心 PCM 接口架接口

控制中心 PCM 接口架提供的电路数据、音频接口包括：

RS – 422 电路数据接口（点对点方式）：CCTV 控制信道、消防无线控制信道。

RS – 422/485 电路数据接口（共线方式）：时钟、广播控制/网管、CCTV 网管、电源监测、无线通信系统网管等。

模拟广播接口：宽带广播发送、广播监听。

无线 4 线 E&M 接口（点对点方式）：用于公安无线通信系统等。

（5）10/100 Mbps 以太网接口

控制中心的 CCTV、SCADA（电力监控）、ATS、AFC（自动售检票系统）、OA、广播、通信网管等信息，通过城市轨道交通传输网所提供的 10/100 Mbps 以太网总线接口，连接远端车辆段和各车站局域网。有些设备制造商所提供的宽带数字广播（含控制信号/网管）、公务电话、时钟等，原来都通过 TDM 通道传输的信息，现在亦通过 10/100 Mbps 以太网传输。

各系统监控/网管数据由 RS – 422 或 RS – 485 电路数据网传输还是由 10/100 Mbps 以太网传输，取决于设备生产商所提供的对外接口类型。

2）车站业务接口

城市轨道交通 MSTP 传输网在车站所提供的业务接口和数量如图 9-13 所示。各车站某种业务采用的传输通道与接口与控制中心的通道与接口相对应。

（1）公务电话网和无线集群网 E1 接口

车站公务电话网 E1 接口连接车站小交换机（或远端模块）中继 E1 接口；无线集群网 E1 接口连接无线集群基站。

（2）车站 PCM 用户接口架提供的接口

POTS 接口：连接模拟调度分机。

2B + D 接口：连接数字调度分机。

RS - 422/RS - 485 电路数据接 El：连接时钟、广播控制/网管、CCTV 控制/网管、电源监测、无线通信网管、公安无线控制等设备。具体采用何种接口及连接方式取决于设备生产商所提供的对外接口。

广播接口：宽带广播接收及广播监听音频发送。

2 W/4 W E&M 接口：连接公安模拟无线基站。

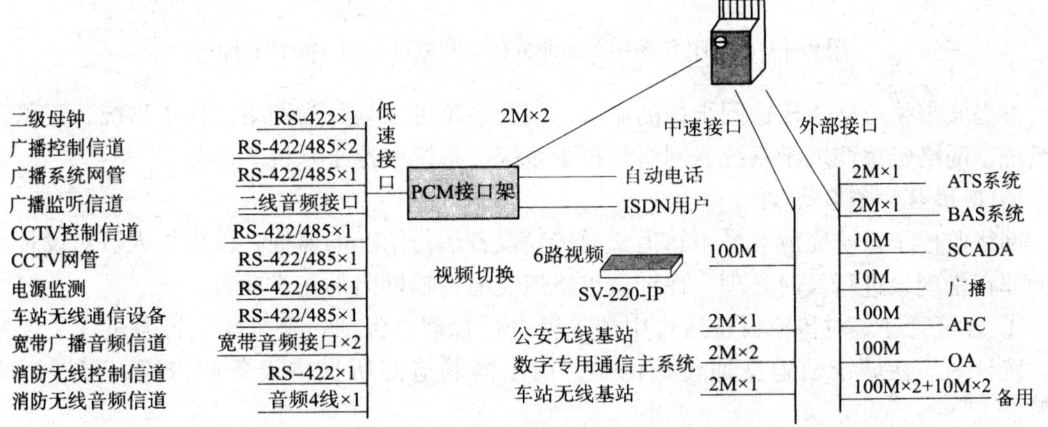

图 9-13　MSTP 传输网车站业务接口和数量举例（单位：bps）

（3）10/100 Mbps 以太网接口

车站 10/100 Mbps 以太网接口连接 CCTV、SCADA、ATS、AFC、OA、广播、通信网管等车站局域网。

3）车辆段业务接口

城市轨道交通 MSTP 传输网在车辆段所提供的业务接口和数量如图 9-14 所示。城市轨道交通 MSTP 传输网在车辆段所提供的业务接口与车站业务接口相类似。

9. 1. 4　传输网的网管系统和故障恢复

1. 传输网的网管系统

网络管理是对通信传输网络性能、品质进行监测与控制的一种手段。其内容包括对网络和网元（网络组成单元，包括网络节点设备和接口设备等）的性能进行监测；对网络中流通的业务进行监测；在发现设备故障时进行处理，包括启用备用设备，将业务转到其他路由等；在发现网络拥塞时进行调度处理，包括路由调度处理与业务调度处理（重要业务优先）等。

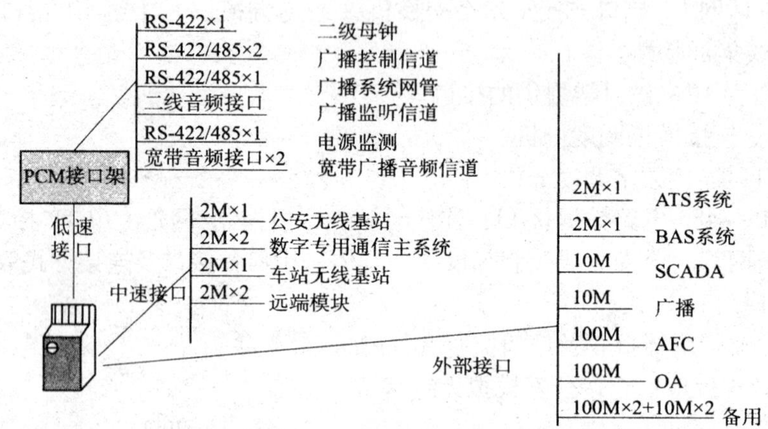

图 9-14　MSTP 传输网车站业务接口和数量举例（单位：bps）

根据城市轨道交通传输网维护的需求，网管系统可以划分为网络监控子系统、资源管理子系统、网络资源调度子系统、网络分析子系统、系统支撑子系统 5 部分。

1）网络监控子系统

网络监控子系统完成对城市轨道交通传输设备运行情况的监控，使维护人员对设备运行中的非正常现象进行及时处理，保证城市轨道交通传输网络的正常运行。

① 告警管理。对传输设备运行中的告警进行管理，包括告警采集、告警呈现、告警处理、统计等。在城市轨道交通传输网中，由不同制造商所提供设备的告警，需进行集中告警。

② 故障管理。对传输设备故障进行管理，包括故障诊断、故障统计与分析、故障呈现等。

③ 性能管理。自动对传输网中设备的性能进行监测，通过对性能的分析，了解设备运行的状态，及早发现设备运行中的问题并进行相应的处理。

2）资源管理子系统

资源管理子系统完成对传输网络中各种资源的管理。通过该子系统，网管人员可全面了解到全网的资源使用情况和分布情况，从而为合理利用网络资源提供依据。

① 管道网络资源管理。对承载传输网络的管道网进行管理，包括管道网的拓扑呈现、管道数据采集、管道数据的查询和维护、管道数据的统计等功能。

② 光缆网资源管理。对传输网络的光缆网进行管理，包括光缆网的拓扑结构、光缆数据采集、光缆数据的查询和维护、光缆数据统计等功能。

③ 传输资源管理。对城市轨道交通传输网中的资源（包括控制中心、车辆段和各个站点的机房、传输设备、接口设备、配线架等）进行管理，包括资源的拓扑呈现、数据采集、

数据查询和维护、数据统计等功能。

④ 维修支持资源管理。对城市轨道交通传输网络中与维修支持相关的资源进行管理（包括各种备品、备件和仪器、仪表等），提供对维修支持资源的采集、查询、统计等各项功能。

3）网络资源调度子系统

网络资源调度子系统提供对城市轨道交通传输网络中的各种资源的调度功能。通过该系统，维护人员可根据当前网络资源的使用情况，完成网络资源的调度，并对调度的执行过程进行监督。资源调度子系统可大大节省网络调度人员的工作量。并可提高网络资源的利用率。

① 光纤调度。根据系统对光纤的要求（起始站点、终止站点、光纤型号、光纤数量等）和当前网络中的光缆使用情况，系统按照一定的调线原则，生成一个或多个光纤调度预案。

② 电路调度。电路调度是城市轨道交通传输网络中最重要的资源调度，网管系统根据对电路的要求和传输网络中的电路使用情况，按照一定的选路原则，自动生成电路调度预案，并提供手工修改路由的方法。调度预案生成后，调令自动下发，网管系统可自动完成调度的执行。对于不能自动执行的调度过程，由人工完成电路的调度。

③ 备品备件调度。在需要备品备件时，网管根据备件库中备件的数量、版本、状况和使用情况等信息，合理选择需要的备品、备件，完成备品、备件的调度。

4）网络分析子系统

网络分析子系统完成对传输网的各种分析功能。通过对各种运行数据的分析，网管人员可了解到网络的运行情况以及使用情况，从而对网络的运营情况有一个详细的认识。

① 网络运行情况分析。对网络上的告警和故障情况进行分析，可得到一个时间段内的网络运行情况，为网络的评估、调整和优化提供依据。

② 资源使用情况分析。对网络资源的使用情况进行分析，可了解到资源在全网的使用情况和发展趋势，为网络资源的优化配置提供数据支持。

③ 备品备件情况分析。对备品备件的库存和流向进行分析，一方面可了解到网络的运行情况，另一方面也为备品、备件的合理配置提供建议。

5）系统支撑子系统

支撑子系统完成网管运行时的各种支撑功能，是网管系统正常运行不可缺少的部分。

① 模板管理功能。完成各种资源模板的管理功能，为资源数据的维护提供方便。

② 系统安全管理。实现网管的安全管理，防止非法用户和非法操作。

③ 数据备份与恢复管理。实现各种数据的备份和恢复操作，防止数据的意外丢失和破坏。

2. 传输系统的故障恢复

通信传输系统采用双环路运行方式：一个环路运行，负责传送信息；另一个环路备用。两个环路功能一致，系统运行时，不断监测备用环路，确保备用环路能随时启动，主路若出现故障，备用环路将立即启动。为了保证系统的可靠性，当系统发生故障时，系统自动重新配置线路的传输路径，使系统仍然正常工作。

当主环故障时，系统自动将信息传输通道切换到备用环路，如图 9-15（a）所示；当次环故障时，系统不采取网络重组动作，但会将次环路状况报告控制中心，如图 9-15（b）所示；双环路故障（同点）时，采用回环措施，即一节点将输出的主环信息接入到次环，另一节点将次环信息接入到主环，如图 9-15（c）所示；节点故障时，也可使用回环措施，如图 9-15（d）所示；多故障同时发生时，自动恢复机制执行，将系统分隔成独立的子系统，各子系统进行正常操作，如图 9-15（e）所示。

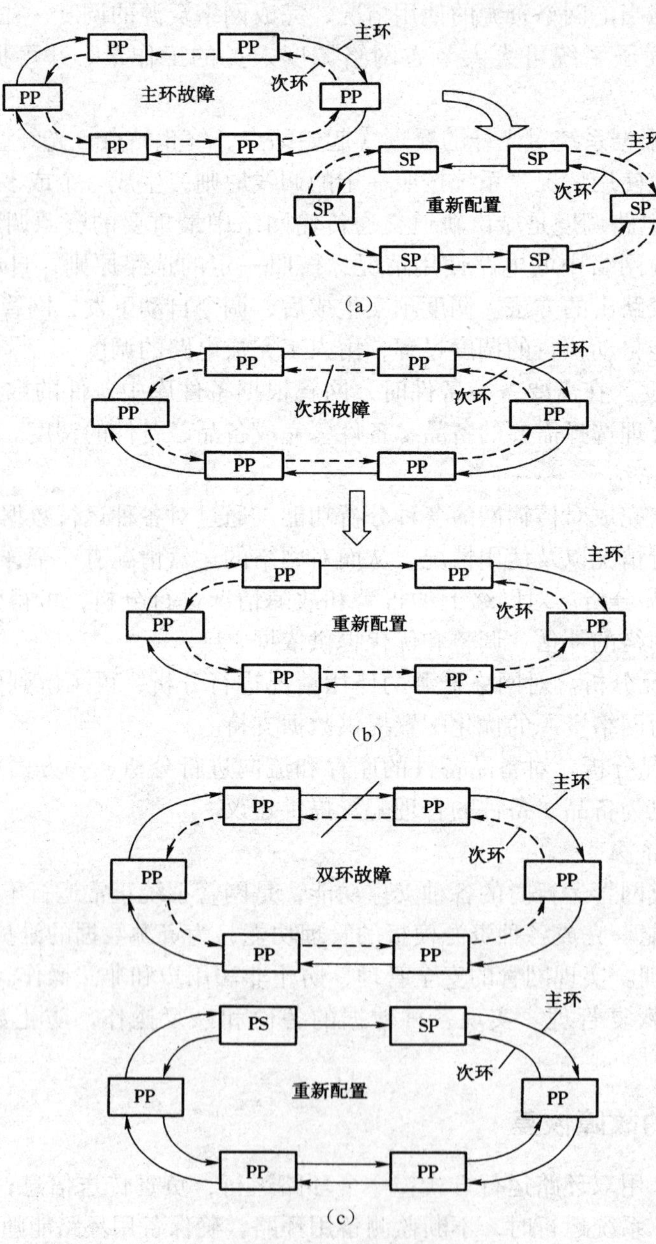

图 9-15　双环路运行方式

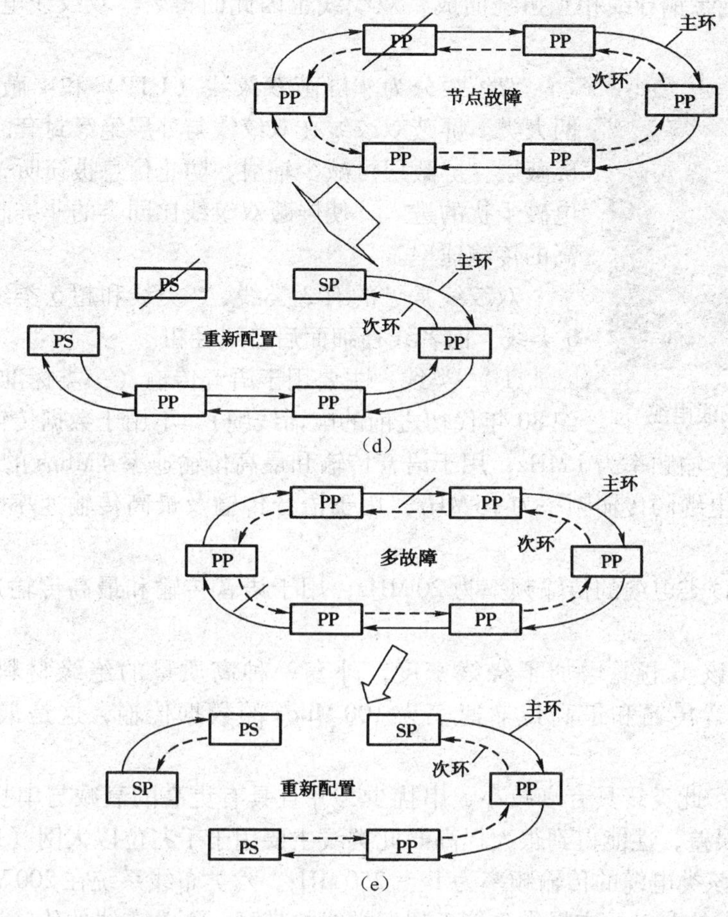

图 9-15　双环路运行方式（续）

9.2

通信传输系统的媒介（介质）

城市轨道交通通信传输系统的传输介质，有双绞线电缆、同轴电缆、微波波导和光纤电缆等。

9.2.1　双绞线电缆

双绞线电缆是将一对或一对以上的双绞线封装在一个绝缘外套中而形成的一种传输介质，是目前局域网最常用的一种布线材料。为了降低信号的干扰程度，电缆中的每一对双绞线一般是由两根绝缘铜导线相互扭绕而成，双绞线也因此而得名。双绞线电缆，如图 9-16 所示。

图 9-16　双绞线电缆

双绞线分为非屏蔽双绞线（UTP）和屏蔽双绞线（STP）两大类。屏蔽双绞线在双绞线与外层绝缘封套之间有一个金属屏蔽层。屏蔽层可减少辐射，防止信息被窃听，也可阻止外部电磁干扰的进入，使屏蔽双绞线比同类的非屏蔽双绞线具有更高的传输速率。

双绞线常见的有 3 类线、5 类线和超 5 类线，以及最新的 6 类线。前者线径细而后者线径粗。

① 一类线：主要用于语音传输（一类标准主要用于 20 世纪 80 年代初之前的电话线缆），不用于数据传输。

② 二类线：传输频率为 1 MHz，用于语音传输和最高传输速率 4 Mbps 的数据传输。

③ 三类线：电缆的传输频率为 16 MHz，用于语音传输及最高传输速率为 10 Mbps 的数据传输。

④ 四类线：该类电缆的传输频率为 20 MHz，用于语音传输和最高传输速率 16 Mbps 的数据传输。

⑤ 五类线：该类电缆增加了绕线密度，外套一种高质量的绝缘材料，传输速率为 100 MHz，用于语音传输和最高传输速率为 100 Mbps 的数据传输，这是最常用的以太网电缆。

⑥ 超五类线：此类线具有衰减小、串扰少，并且具有更高的衰减与串扰的比值和信噪比，更小的延时误差，性能得到很大提高。此类线主要用于千兆位以太网（1 000 Mbps）。

⑦ 六类线：该类电缆的传输频率为 1 ～ 250 MHz。六类布线系统在 200 MHz 时综合衰减串扰比应该有较大的余量，它提供 2 倍于超五类线的带宽。六类布线的传输性能远远高于超五类标准，最适用于传输速率高于 1 Gbps 的应用。

9.2.2　同轴电缆

同轴电缆是由相互绝缘的同轴心导体构成的电缆，内导体为铜线，外导体为铜管或网。电磁场封闭在内外导体之间，故辐射损耗小，受外界干扰影响小。如图 9-17 所示。

同轴电缆的得名与它的结构相关。同轴电缆也是局域网中最常见的传输介质之一。它用来传递信息的一对导体是按照一层圆筒式的外导体套在内导体（一根细芯）外面，两个导体间用绝缘材料互相隔离的结构制造的，外层导体和中心轴芯线的圆心在同一个轴心上，所以叫做同轴电缆。同轴电缆之所以设计成这样，也是为了防止外部电磁波干扰正常信号的传递。同轴电缆的构成，如图 9-18 所示。

同轴电缆根据其直径大小，可以分为粗同轴电缆（简称“粗缆”）与细同轴电缆（简称“细缆”）。粗缆适用于比较大型的局部网络，它的标准距离长，可靠性高，由于安装时不需要切断电缆，因此可以根据需要灵活调整计算机的入网位置，但粗缆网络必须安装收发器电缆，安装难度大，所以总体造价高。相反，细缆安装则比较简单，造价低，但由于安装过程要切断电缆，两头须装上基本网络连接头（BNC），然后接在 T 形连接器两端，所以当接头多时容易产生不良的隐患，这是目前运行中的以太网所发生的最常见故障之一。

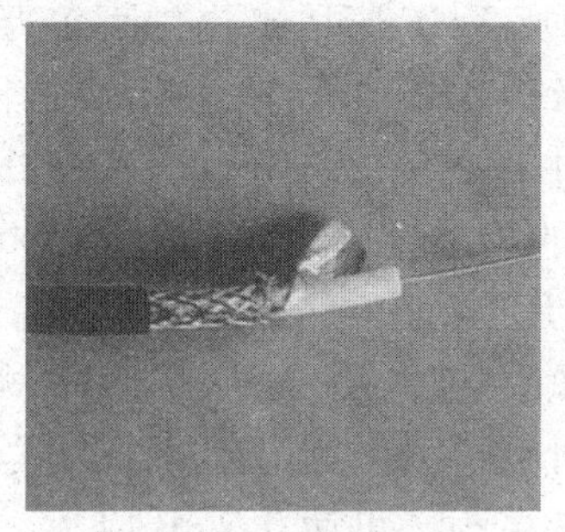

图 9-17　同轴电缆

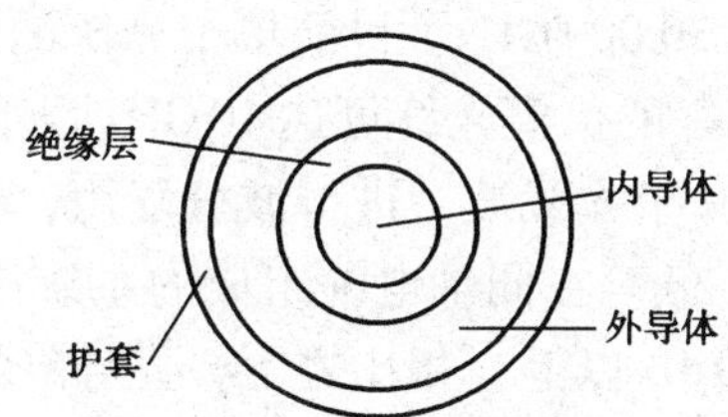

图 9-18　同轴电缆的构成

无论是粗缆还是细缆均为总线拓扑结构，即一根缆上接多部机器，这种拓扑适用于机器密集的环境，但是当一触点发生故障时，故障会串联影响到整根缆上的所有机器，故障的诊断和修复都很麻烦，因此，将逐步被非屏蔽双绞线或光缆取代。

同轴电缆的优点是可以在相对长的无中继器的线路上支持高带宽通信，而其缺点也是显而易见的：一是体积大，细缆的直径就有 3/8 英寸粗，要占用电缆管道的大量空间；二是不能承受缠结、压力和严重的弯曲，这些都会损坏电缆结构，阻止信号的传输；三是成本高。而所有这些缺点正是双绞线能克服的，因此在现在的局域网环境中，同轴电缆基本已被基于双绞线的以太网物理层规范所取代。

9. 2. 3　光导纤维（光纤）

1. 光导纤维的概念及特点

光纤是光导纤维的简写，是一种利用光在玻璃或塑料制成的纤维中的全反射原理而制成的光传导工具。微细的光纤封装在塑料护套中，使得它能够弯曲而不至于断裂。通常，光纤一端的发射装置使用发光二极管（Light Emitting Diode，LED）或一束激光将光脉冲传送至光纤，光纤的另一端的接收装置使用光敏元件检测脉冲。

在日常生活中，由于光在光导纤维的传导损耗比电在电线传导的损耗低得多，光纤被用作长距离的信息传递。光纤和其他几种介质的比较，如表 9-1 所示。

表 9-1　光纤和其他几种介质的比较

名　称	带宽 /MHz	衰减系数/（dB/km）	中继距离/km	敷设安装	接续
对称电缆	6	20	1～2	方便	方便
同轴电缆	400	19	1. 6	方便	方便
微波传输	40～120	2	10	特殊	传输介质
光纤光缆	>10GHz	0. 2	>50	方便	特殊

从表 9-1 中可以看出，光纤具有以下特点。

① 频带宽。频带的宽窄代表传输容量的大小。载波的频率越高，可以传输信号的频带宽度就越大。在 VHF 频段，载波频率为 48. 5 ～ 300 MHz。带宽约 250 MHz，只能传输 27 套电视和几十套调频广播。可见光的频率达 100 000 GHz，比 VHF 频段高出一百多万倍。尽管由于光纤对不同频率的光有不同的损耗，使频带宽度受到影响，但即使在最高损耗区的频带宽度也可达 30 000 GHz。目前单个光源的带宽只占了其中很小的一部分（多模光纤的频带约几百兆赫，好的单模光纤可达 10 GHz 以上），采用先进的相干光通信可以在 30 000 GHz 范围内安排 2 000 个光载波，进行波分复用，可以容纳上百万个频道。

② 损耗低。在同轴电缆组成的系统中，最好的电缆在传输 800 MHz 信号时，每公里的损耗都在 40 dB 以上。相比之下，光导纤维的损耗则要小得多，传输 1. 31 μm 的光，每公里损耗在 0. 35 dB 以下；若传输 1. 55 μm 的光，每公里损耗更小，可达 0. 2 dB 以下。这就比同轴电缆的功率损耗要小 1 亿倍，使其能传输的距离要远得多。

③ 质量轻。因为光纤非常细，单模光纤芯线直径一般为 4 ～ 10 μm，外径也只有 125 μm，加上防水层、加强筋、护套等，用 4 ～ 48 根光纤组成的光缆直径还不到 13 mm，比标准同轴电缆的 47 mm 的直径要小得多；加上光纤是玻璃纤维，比重小，使它具有直径小、质量轻的特点，安装十分方便。

④ 抗干扰能力强。因为光纤的基本成分是石英，只传光，不导电，不受电磁场的作用，在其中传输的光信号不受电磁场的影响，故光纤传输对电磁干扰、工业干扰有很强的抵御能力。

⑤ 保真度高。光纤传输一般不需要中继放大，不会因为放大引入新的非线性失真。只要激光器的线性好，就可高保真地传输电视信号。

⑥ 工作性能可靠。我们知道，一个系统的可靠性与组成该系统的设备数量有关。设备越多，发生故障的机会越大。因为光纤系统包含的设备数量少（不像电缆系统那样需要几十个放大器），可靠性自然也就高，加上光纤设备的寿命都很长，无故障工作时间达 50 ～ 75 万小时，即使其中寿命最短的光发射机中的激光器，最低寿命也在 10 万小时以上。因此，一个设计良好、正确安装调试的光纤系统的工作性能是非常可靠的。

⑦ 成本不断下降。目前，有人提出了新摩尔定律，也叫做光学定律（Optical Law）。该定律指出，光纤传输信息的带宽，每 6 个月增加 1 倍，而价格降低 1 倍。光通信技术的发展，为 Internet 宽带技术的发展奠定了非常好的基础。这就为大型有线电视系统采用光纤传输方式扫清了最后一个障碍。由于制作光纤的材料（石英）来源十分丰富，随着技术的进步，成本还会进一步降低；而电缆所需的铜原料有限，价格会越来越高。显然，今后光纤传输将占绝对优势，成为建立全省以至全国有线电视网的最主要传输手段。

2. 光纤的组成及导光原理

光导纤维是由两层折射率不同的玻璃组成，如图 9-19 所示。

光纤内层为光内芯，直径在几 μm 至几十 μm，外层的直径为 0. 1 ～ 0. 2mm。一般内芯玻璃的折射率比外层玻璃大 1%。根据光的折射和全反射原理，当光线射到内芯和外层界面的角度大于产生全反射的临界角时，光线透不过界面，全部反射。这时光线在界面经过无数次的全反射，以锯齿状路线在内芯向前传播，最后传至纤维的另一端。均匀光纤导光原理，如图 9-20 所示。

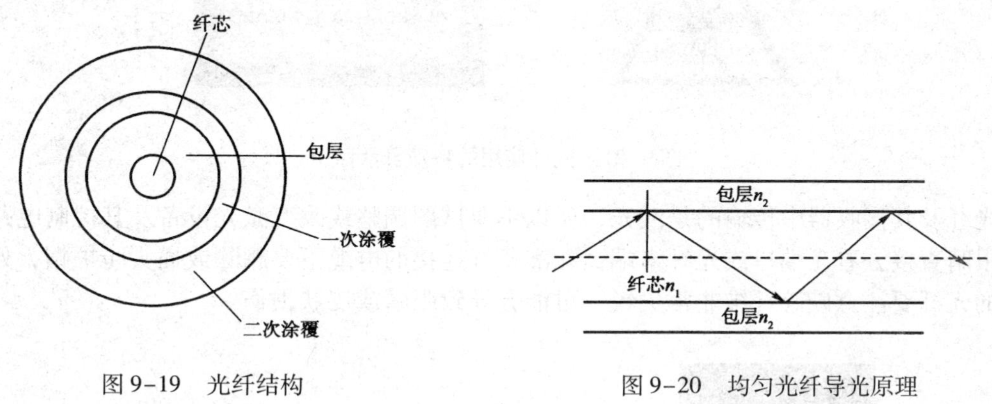

图 9-19　光纤结构　　图 9-20　均匀光纤导光原理

3. 光纤的种类及其区别

多模光纤：中心玻璃芯较粗（50 μm 或 62.5 μm），可传导多种模式的光。但其模间色散较大，这就限制了传输数字信号的频率，而且随距离的增加色散会更加严重。例如：600 Mbps的光纤在 2 km 时则只有 300 Mbps 的带宽了。因此，多模光纤传输的距离比较近，一般只有几 km。

单模光纤：中心玻璃芯较细（芯径一般为 9 μm 或 10 μm），只能传一种模式的光。因此，其模间色散很小，适用于远程通信，但由于其色度色散起主要作用，因此单模光纤对光源的谱宽和稳定性有较高的要求，即谱宽要窄，稳定性要好。

在单模光纤（Single - mode Fiber）中一般光纤跳纤用黄色表示，接头和保护套为蓝色；传输距离较长。而在多模光纤（Multi - mode Fiber）中一般光纤跳纤用橙色表示，也有的用灰色表示，接头和保护套用米色或者黑色表示；传输距离较短。

4. 光纤传输的过程

光纤传输系统通常是将要传输的信息加载到激光上，将激光调制传输到目的地后再解调出来。光端机及时对来自信息源的信号进行处理，发送光端机将光源通过电信号调制成光信号，输入光纤传输到远方；接收端的光端机内有光检测器将来自光纤的光信号还原成电信号，经过放大、整形、再恢复原形，输送到电端机的接收端。对于长距离的传输还需要中继器，将经过长距离光纤衰减和畸变后的微弱光信号放大、整形、再生成一定强度的光信号，继续送向前方以保证良好的通信质量。目前的中继器多采用光—电—光形式，即将接收到的光信号用光电检测器变换为电信号，放大整形再生后再调制光源将电信号转化成光信号重新发出，而不是直接放大光信号。近年，适合做光中继器的光放大器研制成功，这将使得用光纤放大器的全光中继变为现实。

5. 使用光纤传输的注意事项

光纤在使用的过程中需要注意自身的安全。图 9-21 为光纤使用的特殊警示标识。

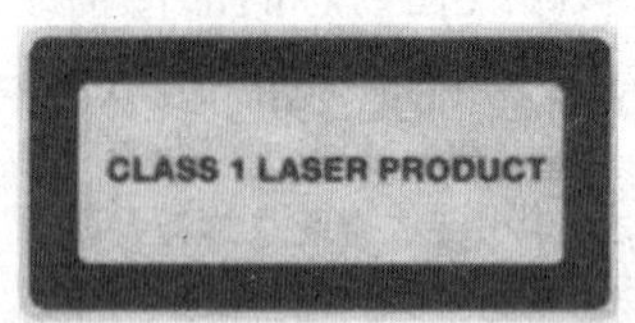

图 9-21　光纤使用的特殊警示标识

光纤及其接收器中传输的是激光，所以不要试图调整或改变激光设备及其控制电路，不要用眼睛直接去看光端口或光纤末端，在准备好连接的电缆不要删除或插头防护帽，处理使用过的光纤要注意破碎纤维非常尖锐，可能会导致眼睛或皮肤损伤。

9.3 通信传输技术基础

传输系统包括传输设备和传输复用设备。携带信息的基带信号一般不能直接加到传输媒介上进行传输，需要由传输设备将它们转换为适合在传输媒介上进行传输的信号，例如光、电等信号。传输设备主要有：微波收发信机、光端机等。

为了在一定传输媒介中传输多路信息，需要有传输复用设备将多路信息进行复用与解复用。城市轨道交通常用的传输复用系统有：准同步数字序列（PDH）、同步数字序列（SDH）和多业务传输平台（MSTP）。

9.3.1 脉码调制（PCM）的基本原理

准同步数字序列（PDH）一般指基于时分复用的脉码调制复用（PCM）。它是模拟话音信号数字化最常用的一种方法。模拟话音信号的数字化过程一般经过抽样、量化、编码和时分复用四个步骤来实现。如图 9-22 所示。

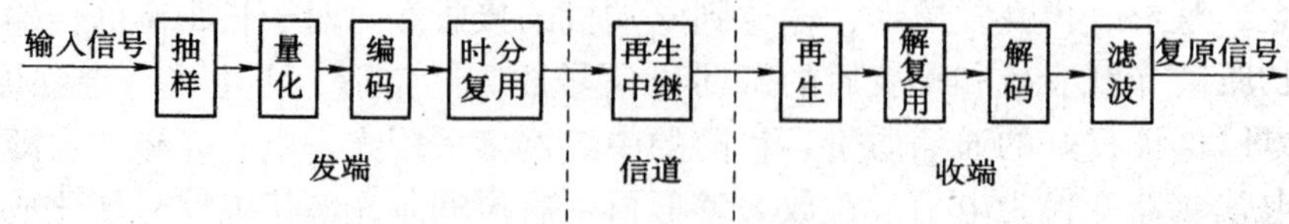

图 9-22　PCM 通信原理框图

1. 抽样

模拟话音信号是一种连续信号，其幅度随声压的变化而变化。抽样就是以一定的时间间隔抽取模拟信号的样值。抽样脉冲幅度即为抽样点的瞬间值，这样的脉冲序列称为脉冲调幅或 PAM 信号，是一种离散信号。模拟话音及 PAM 信号波形如图 9-23 所示。

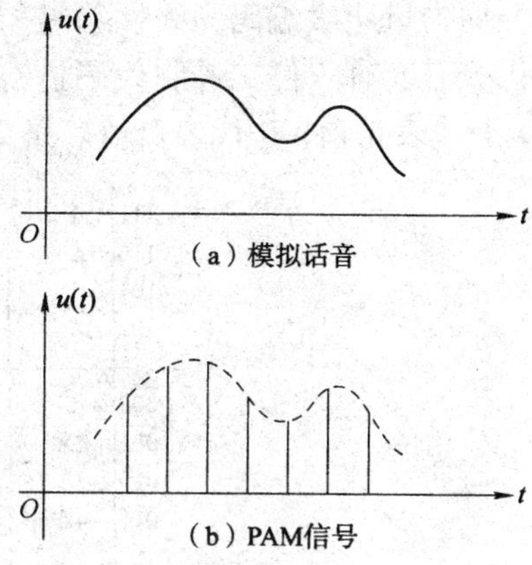

图 9-23　模拟话音及 PAM 信号波形

在一定条件下，离散的样值可以代表连续信号。由抽样定理知，抽样频率至少为音频的两倍。一般取最高话音频率为 $f_m = 3\,400$ Hz，抽样频率应等于或大于 $2f_m = 6\,800$ Hz，这样就可以用一串离散抽样值代表原来的信号。

设抽样频率为 f_s、话音最高频率为 f_m。其中 $f_m = 3\,400$ Hz，f_s要求大于 $2f_m$，一般取 $f_s = 8\,000$ Hz，即抽样频率为 8 kHz。抽样周期为 $T_s = 1/8\,000(\text{s}) = 125\ \mu\text{s}$（即每隔 125 μs 抽样一次）。

要实现脉码调制，必须把模拟信号（PAM 信号）转换为数字信号，和把数字信号还原为模拟信号。

2. 量化

量化是用若干量度单元（量化级 Δ）去代表样值的幅度，即用量化级去量度样值，以测定样值为多少个量化级。抽样值量化时取两个量化级之间的中间值，例如样值在 Δ 与 2Δ 之间，则量化值取 1.5Δ。可见用量化级去量度样值所得的量化级与原样值、幅度是有区别的，这就是量化误差（量化噪声）。

图 9-24 为取 8 个量化级（Δ）情况下，抽样话音的量化值与量化误差。量化值取两个量化级之间的中间值，如 2.5Δ、3.5Δ 等，则最大量化误差应为 0.5Δ。

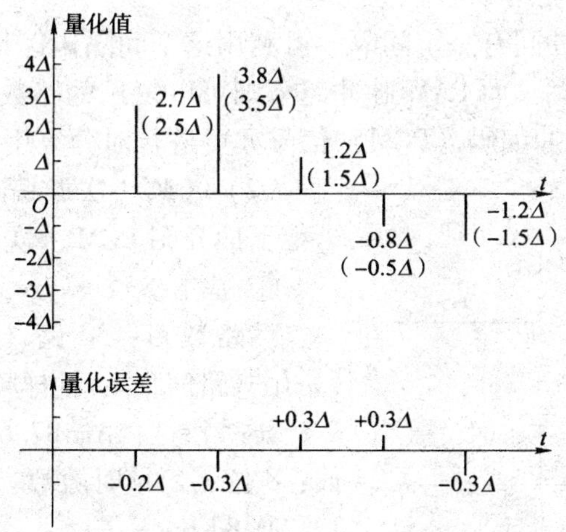

图 9-24　PAM 量化值与量化误差

3. 编码

编码就是将话音信号的量化值用二进制代码来表示。编码分为线性编码和非线性编码两种编码方式。

均匀量化级编码为线性编码。在图 9-25 中纵坐标分为 8 个量化级，因为 $2^3=8$，故 8 个量化级需要有三位二进制代码进行编码。一般取话音样值量化编码后的第一位代码为极性码，1 代表正值；0 代表负值。第 2、3 位代码为幅度码。

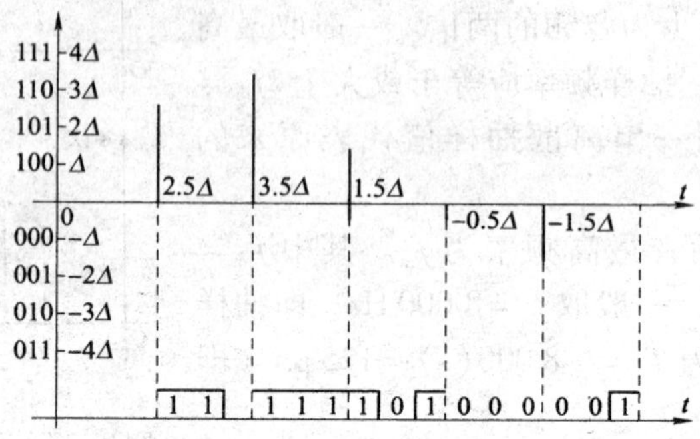

图 9-25　三位话音线性编码原理图

均匀量化的缺点为大小信号量化噪声相同，则小信号信噪比差，解决办法如下。

① 将量化级分细，则所需比特数增加，提高了传输码率。

② 非线性量化，将小信号量化级分细，大信号量化级分粗，则小信号量化噪声小，大信号量化噪声大。这样在同样数目量化级的情况下，比起线性量化大大提高了信噪比。

非线性（量化）编码可分为 A 律（30/32 路）和 μ 律（24 路）编码。我国采用 A 律编码，在实际应用中可以用 13 折线压缩率进行替代。

4. 时分复用

（1）PAM 信号的时分复用

相邻两个话音抽样脉冲间有一定间隔，可利用这个间隔传送其他各路信号。因各路抽样脉冲互相分开，故互不干扰。而 PAM 脉冲越窄则可以复用的路数越多。两路时分复用 PAM 信号见图 9-26，同理，脉冲编码（PCM）信号亦可进行时分复用。

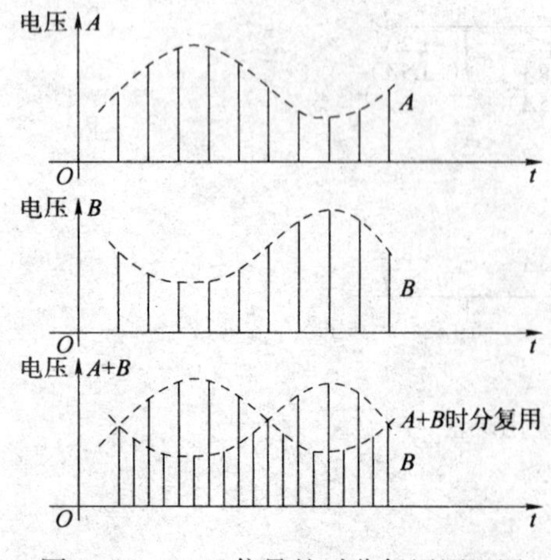

图 9-26　PAM 信号的时分复用原理图

（2）PCM 一次群编码

下面介绍 PCM 一次群 30/32 脉冲编码调制。

① 基本参数

话路数目：30 路（采用随路信令）或 31 路（采用共路信令）；抽样频率：8 kHz（周期 125 μs）；压扩特性：A = 87.6，13 折线压扩律；编码位数：8 位；每帧时隙数：32；总码率：8 000 × 32 × 8 = 2 048 Kbps。

② 帧与复帧结构

PCM 一次群的帧与复帧结构如图 9-27 所示。

抽样频率为 8 kHz，则抽样周期为 1/8 000 = 125 μs，125 μs 称为一帧。16 帧组成一个复帧，则复帧周期为 125 μs × 16 = 2 ms。一帧复用为 32 路，即一帧可分为 32 个时隙，每时隙为 125 μs/32 = 3.9 μs。每个时隙由 8 个二进制码位组成，则位周期为 3.9 μs/8 = 0.488 μs。32 个时隙组成如下。

30 个话路时隙为 TS_1 ～ TS_{15}（对应话路通道为 CH_1 ～ CH_{15}）和 TS_{17} ～ TS_{31}（对应话路通道为 CH_{16} ～ CH_{30}）；TS_0为帧同步码、监视码时隙；TS_{16}为信令时隙或话路时隙。

偶帧 TS_0为同步码组，帧同步码为 0011011，第 1 位供国际通信使用，不使用时发 1。奇帧 TS_0第 2 位监视码固定为 1，以区别同步偶帧。第 3 位帧失步对告码 A_1，同步时送 0；失步送 1。第 4 位到第 8 位码供国内通信使用（我国一般用作 CRC 误码校验），不用固定为 1。

复帧由 F_0 ～ F_{15}的 16 个帧组成。F_0帧的 TS_{16}的 1 ～ 4 位码传送复帧同步码 0000；第 6 位码传送复帧失步对告码 A_2，同步时送 0、失步时送 1；5、7、8 位码传送 1。F_1至 F_{15}帧的 16 时隙分别传送 30 个话路的随路信号 a、b、c、d 4 个信号比特或共路信令。

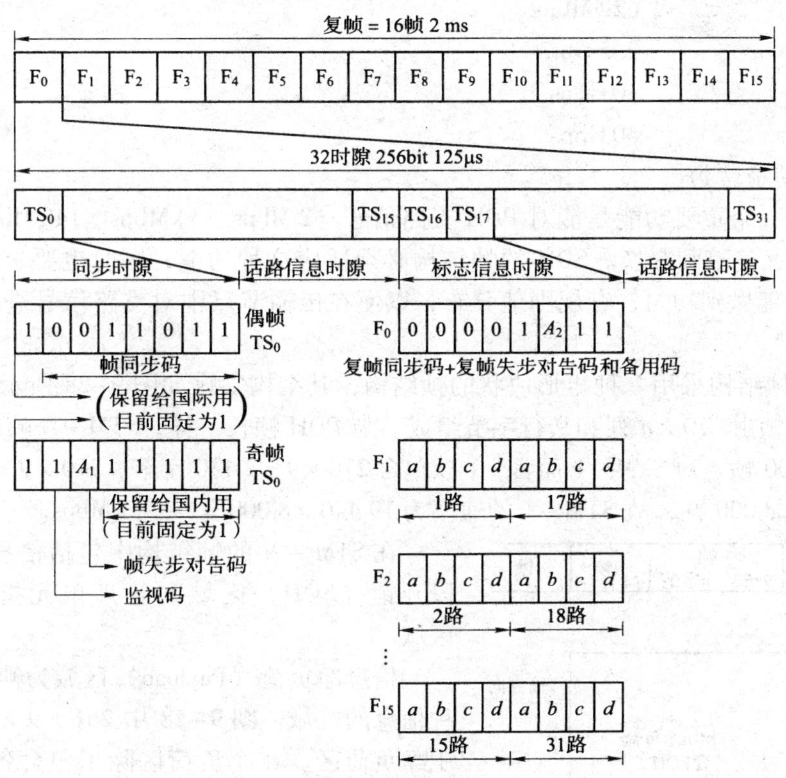

图 9-27　PCM 一次群的帧与复帧结构

（3）PCM 各次群速率和容量

PCM 一次群设备将 30（31）个话路时分复用为一个一次群，四个一次群复用为二次群，依次类推组成更高次群。因来自不同准同步时钟源的低次群速率上有差别，故低次群合成高次群时，需插入附加 bit，以使各低次群速率一致。PCM 各次群速率、容量如下：

一次群（E1）	2 Mbps	30 路
二次群（E2）	8 Mbps	120 路

三次群（E3） 34 Mbps 480 路
四次群（E4） 144 Mbps 1 920 路

9.3.2 同步数字序列（SDH）

与 PDH 不同，SDH（Synchronous Digital Hierarchy）全网采用统一时钟，故低次群复用成高次群时，无需插入附加 bit。SDH 具有速率高、容量大、可从高次群中直接提取低次群信号、便于组网等优点，目前正在替代 PDH 成为基础网中最广泛采用的传输复用设备。

1）SDH 各次群速率

STM－1 155 Mbps
STM－4 622 Mbps
STM－16 2.5 Gbps
STM－64 10 Gbps
STM－256 40 Gbps

2）SDH 的帧结构

SDH 网的一个重要功能是能对 PDH 支路信号（2 Mbps、34 Mbps、140 Mbps）进行同步数字复用、交叉连接和交换。SDH 的帧结构必须适应这种功能，同时也要求各支路信号在 SDH 的一帧内能做到均匀、有规则地分布，以便在传输节点中对支路信号进行分插（直接上下支路信号）。

STM－N 帧结构采用一种矩形块状的帧结构，其结构安排如图 9-28 所示。从图中可以看到 STM－N 帧由 270 × n 列和 9 行字节组成。与 PDH 帧长一样，STM－N 帧长度为 125 μs，即 1s 传递 8 000 帧。对 STM－1 而言，1 帧包含 270 × 9 = 2 430 字节，270 × 9 × 8 = 19 440 bit。SDH 每秒传送 8 000 帧，故 STM－1 的速率为 19 440 × 8 000 = 155.52 Mbps。

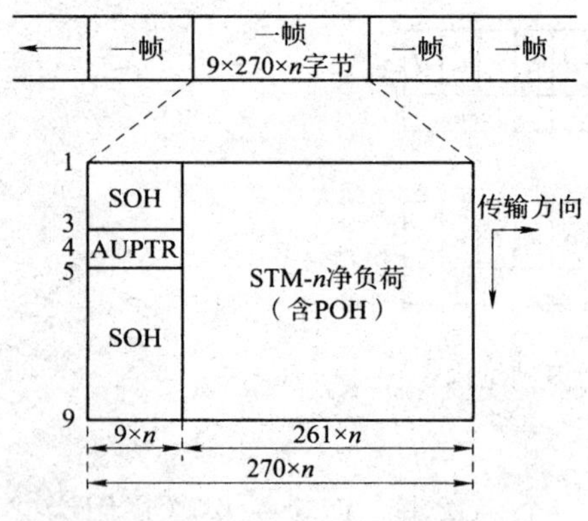

图 9-28 STM－N 帧结构

在 STM－N 的帧结构中包括信息净负荷区域、段开销（SOH）区域和管理单元指针（AUPTR）区域。

信息净负荷（Payload）区域为帧结构中存放各种信息的区域。图 9-28 中 261 × 9 × n 个字节都属于净负荷区。在净负荷区除了包含各支路信息外，还包含少量用于通道性能监视、管理和控制的通道开销字节（POH）。

段开销（SOH）区域是为了保证信息正常灵活的输送所需的附加字节。SOH 供网络运行、维护、管理使用。STM－1 速率为 155.52 Mbps，其中 4.608 Mbps 用于段开销。

管理单元指针（AUPTR）区域的指针是一组地址码，用来指示信息净负荷中第一字节在 STM－N 帧内的准确位置，以便正确的提取与分解净负荷中的信息。调整指针就是调节净负荷和 STM－N 帧之间频率与相位关系。采用指针方式是 SDH 的重要创新，使之可以在准同步环境中完成同步复用。

3）SDH 帧的虚容器

PDH 支路信号经适配后映射到 STM 帧净负荷的虚容器中进行传输，5 种标准虚容器如表 9-2 所示。

表 9-2　5 种标准虚容器

虚容器 VC—n	VC－11	VC－12	VC－2	VC－3	VC－4
对应的 PDH 类型	Tl	E 1	T2	E1	Ed
对应的输入速率/Kbps	1 554	2 048	6 312	34 368	139 264

4）SDH 的传输设备（SDH 网元）

（1）SDH 终端复用设备（TM）

SDH 终端复用设备 TM 用于 SDH 链路之终端部分，具有复用/解复用功能、保护功能、数字交叉连接（DXC）功能，并提供网管接口。在线路侧将 SDH 的 STM－N 光信号进行光电转换；在支路侧将 2 Mbps、140 Mbps 速率的 PCM 支路信号映射复用进入 STM 帧，也可将 SDH 低次群帧复用进入高次群帧，反之亦然。为提高传输系统的可靠性，在 STM 的线路侧一般接有主备两根光纤。

STM－1 终端复用设备框图见图 9-29（a）。在线路侧的一对光纤上传输 STM－1 的 155 Mbps 速率的光信号；在支路侧可以上下传输 63 路 2 Mbps（1 路 STM－1 包含 63 路 PCM 一次群）或 1 路 140 Mbps 的 PCM 支路信号。

STM－4 终端复用设备框图见图 9-29（b）。在线路侧的一对光纤上传输 STM－4 的 622 Mbps 速率的光信号；在支路侧可以上下传输 2 Mbps、140 Mbps 的 PDH 支路信号或 155 Mbps 的 SDH 支路信号。例如 126 路 2 Mbps、1 路 140 Mbps、1 路 155 Mbps 的支路信号。

STM－16 终端复用设备框图见图 9-29（c）。在线路侧的一对光纤上传输 STM－16 的 2. 5 Gbps 速率的光信号；在支路侧可以上下传输 2 Mbps、140 Mbps 的 PDH 支路信号或 155 Mbps、622 Mbps 的 SDH 支路信号。

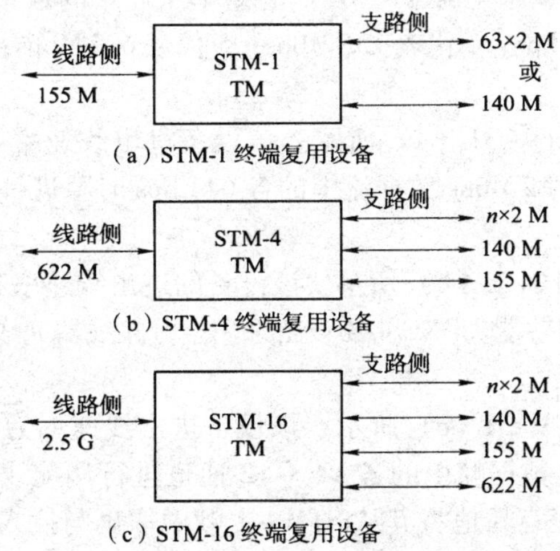

图 9-29　SDH 终端复用设备框图（单位：bps）

(2) SDH 分插复用设备 (ADM)

SDH 分插复用设备 ADM 串接在 SDH 链路中，可从过路的 SDH 信号中分插沿途城市轨道交通车站所需的支路信号。ADM 具有复用/解复用功能、保护功能、网管接口、数字交叉连接 (DXC) 功能。DXC 用以对 SDH 的通道 (即 VC) 进行调度与配置，使得 ADM 可以灵活、高效的传输上下支路信号。

因为 ADM 插入 SDH 链路工作，故 ADM 设备具有两个线路侧，每一线路侧接有一对光纤 (主/备)；一个支路侧用于沿途上下传输 PDH 或 SDH 支路信号。

STM－1、STM－4、STM－16 的 ADM 设备框图分别见图 9-30 中的 (a)、(b)、(c)。

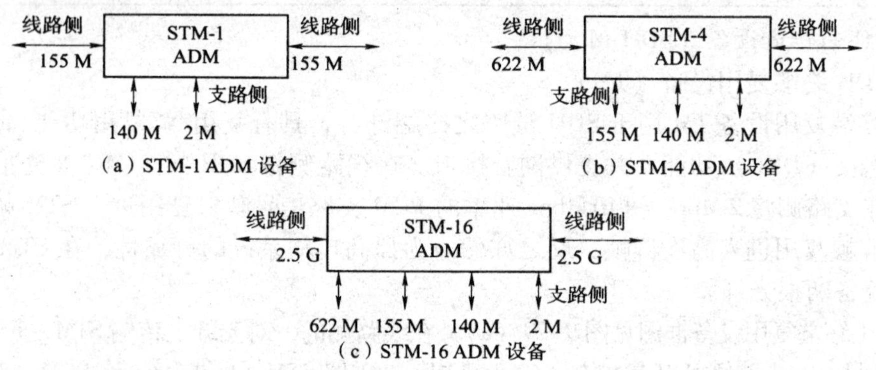

图 9-30　SDH 分插复用设备 (ADM) 框图 (单位：bps)

(3) 数字交叉连接设备 (DXC)

数字交叉连接设备 DXC 可以看成是计算机软件 (网管软件) 控制的数字配线架。与人工配线架不同之处在于 DXC 具有复用/解复用功能，因此可以将 DXC 比喻为铁路上的编组站，它不仅能对整列货车进行中转，还可将来自各方向的整列火车分解为一个个的车厢进行重新组合，再将重新组合的货车向各方向转发。

DXC 按最高进出线速率和最低交叉速率来进行分类和命名。一般表示为 DXC 高进出线速率/最低交叉速率。为简单起见通常将 DXC 的速率用简单的数字来代表：0 代表 64 Kbps；1 代表 2 Mbps；3 代表 34 Mbps；4 代表 155 Mbps；5 代表 622 Mbps；6 代表 2. 5 Gbps。

① DXC1/0 设备

DXC 1/0 设备框图如图 9-31 (a) 所示。该设备进出线速率为 2 Mbps，最低交叉速率 (颗粒) 为 64 Kbps，即可对 2 Mbps 数据流中的各 64 Kbps 时隙进行调配线。

② DXC4/4 设备

DXC 4/4 设备框图如图 9-31 (b) 所示。该设备的进出线速率和交叉速率均为 155 Mbps，故设备不具有复用与解复用功能。DXC 4/4 设备采用空分接线器完成对 SDH 一次群的调配线。

③ DXC4/1 设备

DXC4/1 设备框图如图 9-31 (c) 所示。该设备进出线速率为 155 Mbps，最低交叉速率为 2 Mbps，即可对 STM－1 数据帧中的各 VC－12 通道进行调配线。因 VC－12 规则的排列在 STM－1 帧中，故可以很容易地将其从 STM－1 帧中取出与插入，以完成 VC－12 通道的调配线。

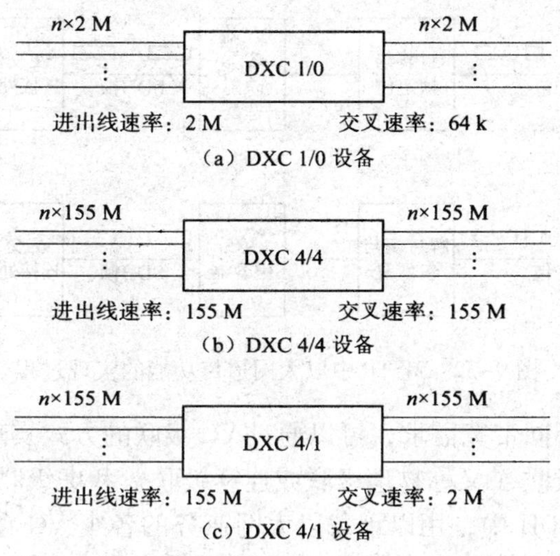

图 9-31　DXC 设备框图（单位：bps）

9.3.3　光纤的波分复用（WDM）

WDM 本质上是光域上的频分复用（FDM）技术，因为在光域上一般用波长代替频率，故光的频分复用一般称为波分复用。WDM 在发送端采用合波器将不同波长的光载波合并起来送入一根光纤进行传输；在接收端再由分波器将不同波长的光载波分开，这样在一根光纤中可实现多路光信号的复用传输。

9.3.4　基于 SDH 技术的 MSTP

基于 SDH 的 MSTP（多业务传送平台）设备，是在传统的 SDH 上增加了以太帧和 ATM（异步转移模式）信元的承载能力和 2 层交换能力。也有的在基于 SDH 的 MSTP 中嵌入了分组弹性环（RPR）技术。

1. 以太网透传功能

以太网业务数据点对点透明传输的实现过程如图 9-32 所示。在源节点中，将以太网帧或 IP 包，按照某种数据包封装和帧定位方法进行成帧处理，并映射到 SDH 的虚容器（VC）中，经过 SDH 的复用处理、VC 的交叉连接与传输后，在目的节点相应的 VC 通道中取出，再还原成为以太网帧或 IP 包。

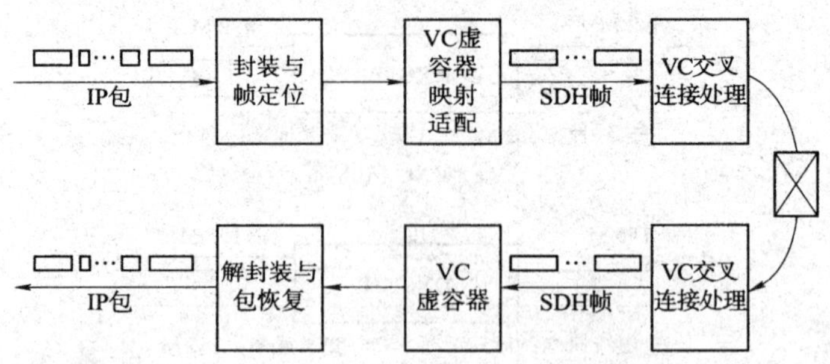

图 9-32　MSTP 中以太网透传功能的实现过程

针对以太网业务的不同带宽需求，可以通过 VC 级联的方式实现带宽的可配置功能。VC 的级联方式可分为相邻级联（又称物理级联或连续级联）和虚级联两种：

相邻级联，是指在 SDH 中，用以承载以太网业务的各个 VC 在 SDH 的帧结构中是连续的。即相邻级联将同一粒度相邻的 VC 捆绑在一起使之成为一个更大的容器，以便能够灵活承载不同带宽的以太网业务。

虚级联，指用以承载以太网业务的大容器是由不相邻的同一粒度的 VC 捆绑而成的。

为了实现对承载带宽更灵活的动态管理，需要采用链路带宽动态调整机制（LCAS），实时检测传输链路的带宽，在不中断数据流的情况下实时调整 VC 的虚级联个数，以实现链路带宽动态调整的目的。以太网透传功能传输带宽的最小粒度为 2 Mbps。

2. 以太网 2 层交换功能

以太网 2 层交换功能实现过程如图 9-33 所示。在源节点中，将以太网业务数据映射到 VC 之前，先进行以太网 2 层交换（汇聚）处理，通过 2 层交换把多个以太网业务流复用到同一条以太网的传输链路中，可以减小传输带宽的最小粒度，节约局端端口和网络带宽资源。

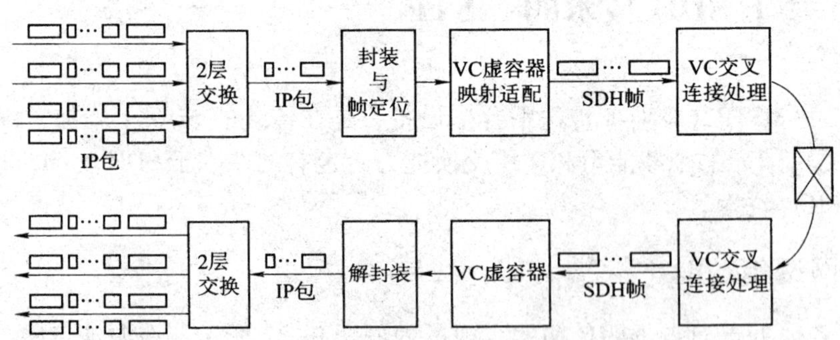

图 9-33　MSTP 中以太网 2 层交换功能实现过程

当 SDH 支持以太网 2 层交换功能时，需进一步解决以下问题。

① 在 MSTP 网中的不同节点可以共享一条以太网传输通道，这就需要采用逐跳转发方式，即在每个节点都需要进行 2 层交换。如图 9-25 所示，在基于 SDH 的 MSTP 环网中，将以太网业务数据在每个节点都进行解封装/封装操作。当串接的节点较多时，经多次解封装/

封装操作会产生较大的延时，降低在以太网中传输实时业务时的 QoS（Quality of Service）。同时，业务流在源节点至目的节点之间的每一个中间节点，必须以线速进行排队、整形、解封装/封装处理，进行 MAC/IP 表查询（由 IP 地址决定转发或落地）。现在的分组处理技术有能力处理 2.5 Gbps 速率的流量，但当网络升级到 10 Gbps 或更高时，会产生很大的困难。

②在采用以太网 2 层交换处理后，对以太网业务的保护不能像以太网点对点透传一样可以采用 SDH 通道保护环的方式来实现，而是要采用以太网生成树（STP）或快速以太网生成树（RSTP）技术来提供对以太网业务的保护，但 STP 和 RSTP 协议存在着倒换时间大于 50 ms 的问题，故应解决对以太网业务提供在业务层次上保护的问题。

9.3.5　内嵌 RPR 的以太环网

针对以太网 2 层交换功能存在的带宽管理与快速切换等问题，较好的解决方案是采用弹性分组环技术。

1. 弹性分组环（RPR）技术

弹性分组环（RPR）是一种新的 MAC 层协议，其核心基础是以太网技术。RPR 也是利用两根光纤连接而成的双环结构，内、外环上的信号传送的方向相反。每个 RPR 节点都拥有一个 MAC 地址，同时拥有环中所有节点的网络拓扑表。在网络建立时利用"拓扑发现协议"建立该拓扑表。之后，利用"节点管理协议"支持节点即插即用功能，如果要在原有 RPR 中增加一端新设备，则由新加入的设备发起握手协商，更新环中各节点所维护的网络拓扑表。

在 RPR 环网中，MAC 层负责上下业务数据。当节点所接收到数据包的目的（MAC）地址是本节点时，则接收该数据包，且从环上删除该数据包，否则直通。若是广播包时同样接收，并继续转发该广播包至下一个节点，直到广播源的前一个节点为止。RPR 环中每个节点的直通与上下业务称为 RPR 分组式 ADM 体系，这类似于 SDH 环中每个 ADM 节点的直通与上下业务，避免了所有以太网业务在过节点时均需要进行解、封包的复杂过程。采用 RPR 分组式 ADM 体系后，每个节点可以线速处理分组数据流，目前已经确定 RPR 中线路接口的最低传输速率为 155 Mbps，最高传输速率为 10 Gbps。

基于 RPR 的 MSTP 环网的逻辑结构，如图 9-34 所示。

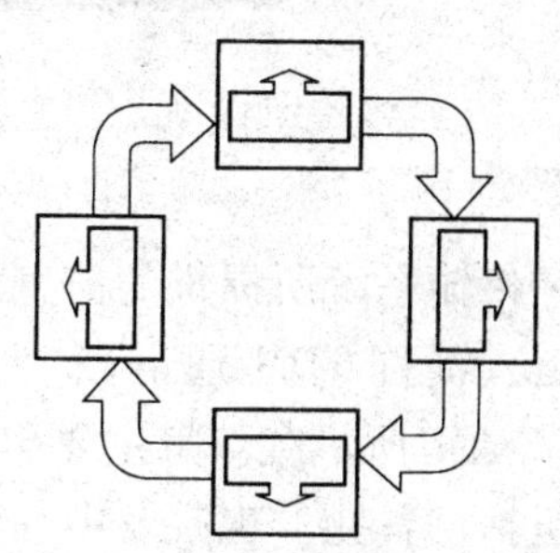

图 9-34　基于 RPR 的 MSTP 环网逻辑结构

2. 低于 50 ms 的环保护倒换

RPR 提供源路由（Steering）和折回（Wrapping）两种保护倒换方式。RPR 源路由保护方式类似于 SDH 的通道保护方式；RPR 折回保护方式类似于 SDH 的复用段保护方式。RPR 节点间通过信令交换拓扑信息，使每个环都知道整个环网的状态，减少了保护倒换所需的时间，两种保护倒换方式的保护时间均小于 50 ms。

3. RPR 技术在 MSTP 中的应用

当前提供 RPR 技术的产品主要有两类：一类是纯 RPR 产品，可对 IP 数据业务进行高效处理，但对 TDM 业务需采用电路仿真技术，其抖动与飘移指标较差；另一类是内嵌 RPR 功能的基于 SDH 的 MSTP 产品，其中的 TDM 业务仍直接承载在 SDH 的 VC 中，而对以太网帧先加上 RPR 和 GFP 封装再映射到 SDH 的 VC 中。这样，既能保证目前大量的 TDM 业务对传输性能的要求，同时由于以太网数据经 RPR 处理，实现了用户隔离、带宽管理与快速切换。

一种基于 SDH 的 RPR 技术实现过程如图 9-35 所示。将 RPR 功能集成在一块单板上，将此单板插入 SDH 设备机框相应的槽位中，即可以对接入的以太网业务进行 RPR 处理，包括公平带宽处理、RPR 环业务保护、严格的用户隔离和真正的业务分级 CoS 和 QoS 保证等。RPR 映射到 SDH 帧结构时主要采用 GFP 和 HDLC - like 两个标准。RPR 所占用的带宽可根据需求灵活配置，随着未来数据业务的增长，可利用 SDH 交叉板（DXC）逐步增加分配给 RPR 的带宽，相应减少 TDM 业务带宽。

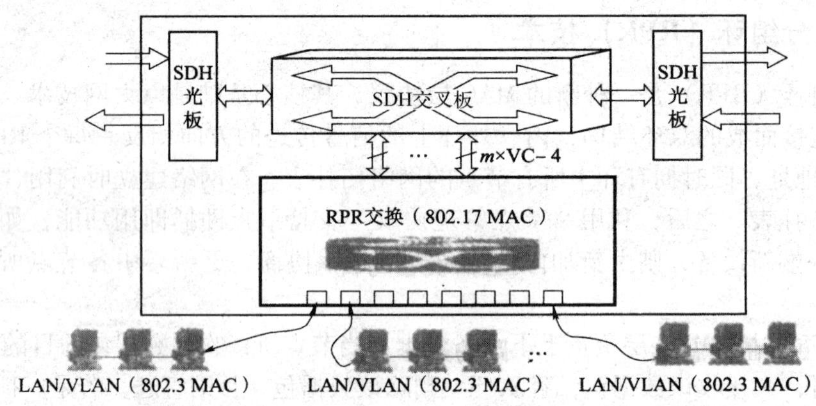

图 9-35　RPR over SDH 的实现

9.4 通信传输系统的组网技术

传输系统所提供的信息承载通道可以分为两大类：一类是基于时分复用的电路交换承载通道（简称 TDM 通道）；另一类是基于统计复用的分组交换承载通道（简称分组通道）。TDM 通道所承载信息主要包括：音频、视频、低速电路数据等；分组通道所承载的信息主要包括：音频、视频及中/高速分组数据信息。

目前适用于城市轨道交通的传输技术主要有以 TDM 为基础的 SDH 技术、OTN 技术，以统计复用为基础的 ATM 技术和 Ethernet（3 层为 IP）技术，以及将以上两种技术相融合而衍生出来的基于 SDH 的多业务传送平台（MSTP）和 MSTP 内嵌分组弹性环（RPR）等技术。

9.4.1　基于 SDH 的 MSTP 组网技术

SDH（同步数字序列）传输技术能够优质、实时、点对点地传输语音和电路数据业务，具有标准化的信息结构和全球统一的网络节点接口、完善的传输系统安全保护机制。其缺点是信道严格分割，不能动态分配信道带宽，难以支持总线型宽带数据业务和不能适应综合业务的传输。

针对 SDH 传输技术所存在的不足之处，近年来提出了基于 SDH 的多业务传送平台（MSTP）技术。它是一种基于 SDH 的新型传送平台，可以在 SDH 传输平台上将以太网数据流进行 GFP、LAPS 或 PPP 封装，再映射到 SDH 的 VC 通道中；或将 ATM 数据流承载到 SDH 的 VC 通道中。

基于 SDH 的 MSTP，所承载的业务类型包括 TDM 业务，分组数据业务以及 IP 化的语音、视频、各种虚拟专线（网）业务等。经过近几年的发展，MSTP 已经囊括 PDH、SDH、POS、以太网、ATM、RPR 等技术于一体，可通过多业务汇聚方式实现业务的综合传送；通过自身对多类型业务的适配性，实现业务的接入和处理，适应多业务和多种技术相融合的各种应用场合。

MSTP 主要特点如下。

① 支持多种协议。通过对多种协议的支持来增强网络边缘的智能性；通过对不同业务的聚合、交换或路由，提供对不同类型传输流的处理。

② 支持扩展功能。信号类型可以从 OC－48 扩展到 OC－192 和波分复用。

③ 提供集成的数字交叉连接（DXC）功能。MSTP 节点可以在网络边缘完成大部分交叉连接功能，从而节省传输带宽以及省去核心层中昂贵的数字交叉连接系统端口。

④ 支持动态带宽分配。支持 G. 707 定义的 VC 物理级联和虚级联功能，可以对带宽进行灵活的分配。既可以按固定级联进行分配，也可以通过 LCAS 对带宽实现动态配置和调整。加上二层交换功能后，带宽粒度可以小于 2 Mbps。

⑤ 提供综合网络管理功能。MSTP 的业务配置只需要指定业务数字（或数据）流的源、宿和相应的要求，网络业务就能快速自动生成，并能提供基于端到端业务的性能、告警监控及故障辅助定位。

⑥ 支持多种以太网业务类型。MSTP 支持的以太网业务类型主要包括：点到点、点到多点、多点到多点。对于点到点的以太网业务只利用了 MSTP 支持以太网透传功能；而点到多点和多点到多点以太网业务需要 MSTP 支持二层交换或以太环网功能。

基于 SDH 的 MSTP 技术的本质仍是 TDM 的技术，虽然 MSTP 能提供各种 802. 3 接口及 L2 交换功能来承载、交换数据业务，但其数据传送的能力不如纯 IP 网络。因此 MSTP 技术的市场定位应该是以 TDM 业务为主、以分组数据业务为辅的业务传送。

9.4.2 ATM 组网技术

ATM（异步转移传输模式）是一项数据传输技术。异步转移模式（ATM）中的“转移模式”按照 ITU 的定义，是指在通信网中传输、复用和交换的方式，即“转移”包括了传输、复用、交换三重概念。“异步”是指用户传送的信息不是固定地占用某个信道，而是动态地占用信道，使网络资源得到最大限度的利用。

ATM 是在 20 世纪 80 年代末由原 CCITT 提出的宽带综合业务数字网络技术，是一种基于统计复用、面向连接机制的快速分组交换技术。在 ATM 网络中，信息被划分成信元（Cell)，并以信元为单位进行传输、复用与交换。每个信元具有 53 字节固定长度，其中有 5 字节为信头，48 字节为信息域。每个信元的归宿完全由信头决定，信元中的信息在到达目的地后再重新装配成应用报文。由于 ATM 信元所包括的字节数少，减少了端到端传输与交换的延时，适合传送各种实时业务。ATM 传输技术的主要业务是进行各类电路仿真，承载音频、数据和视频业务，实现宽带接入及交换。ATM 的主要特点如下。

① 具有处理不同带宽业务的能力。能按需分配带宽，可以支持语音、数据、视频等业务，具有城市轨道交通运营、管理所需的各种通信接口，例如：RS－232/RS－422/RS－485、V.35/V.24、X.21、2W/4W E&M、2B＋D、30B＋D、E1、E3、10/100 Mbps 以太网、视频（MPEG－2）及宽带广播等接口。

② ATM 能根据不同的业务类别建立不同的连接方式。它能支持永久虚连接（PVC）和交换虚连接（SVC），对固定业务可以采用 PVC 连接方式，用以提供优质传输；对突发业务可以采用 SVC 连接方式，即可保证 QoS，又可节省带宽。

③ 能提供灵活的业务平台，逐步引入新业务。

④ 结合了面向连接和分组机制，相对于 TDM 网络而言，带宽利用率得到提高。

⑤ 网络中各节点具有传输和交换功能，网络的可靠性、灵活性都很高。

⑥ 网络的扩展性好，可以支持线形、环形、星形等网络结构，组网灵活，可以组成不同结构的网络。

⑦ 网络具有统一标准，标准化程度高，其底层传输格式可以采用标准的 SDH 帧格式（ATM over SDH)。

⑧ ATM 交换机具有良好的流量控制均衡能力，对业务具有严格的 QoS 保障。

因 ATM 信元的净负荷字节数受限，故 IP 包在 ATM 子网中传输时需重新打包，因而降低了对 IP 包的传输效率。与 IP 技术相比较，ATM 业务不能到桌面，需要配置 ATM 接入交换机。同时由于 ATM 技术的复杂性，导致了其设备价格的高昂，缺乏市场驱动能力。ATM 在城市轨道交通领域的使用，主要是采用 ATM 网络实现 CCTV 视频的传输和切换。

9.4.3　OTN 组网技术

OTN（开放的传输网络）是使用光纤传输技术的同步专网，是西门子公司开发的面向专网的开放式传输网络。它采用了时分复用技术，属于同步传输体系，但其帧结构与传统的 SDH 不同，帧的长度为 31.25 μs，帧速率为 32 000 帧/秒。OTN 的主要特点如下。

① 采用一次复用机制，提高了设备的可靠性。即直接将数字音/视频、高/低速数据复用到 OTN 帧中传输，占用开销比特数很少（不到 2%）。

② 可综合不同的网络传输协议，在传输节点中直接集成了音频、视频、数据等多种接口，不再需要配置其他接口设备。OTN 节点设备可以直接提供的接口类型有：POTS、RS－232/RS－422/RS－485、2W/4W E&M、2B + D，30B + D，E1、STM－1、STM－4、10 M/100 M/1 000 Mbps以太网、视频及宽带广播（15 kHz）等接口。

③ 能够支持点到点、点到多点及总线等类型的通信连接方式。

④ 可以通过软件控制按需分配带宽，提高网络带宽资源的利用率。

⑤ 目前 OTN 所具有的网络等级有 36 Mbps、150 Mbps、600 Mbps 及 2 500 Mbps。为了与其他系统互联，还推出了基于 E1、E3、STM－1 的系统互联的标准电接口。

⑥ 视频监控图像在控制中心的切换，可以通过对视频通道的建立与拆除来完成，省去了中心视频切换矩阵设备。

⑦ 网络结构简单，自愈能力强，保护时间小于 50 ms。

⑧ 网络易于扩充升级，节点和接口扩充升级不会影响网络的正常工作；网络扩展带宽，只需更换光传输接口卡，其他设备可以不换。

⑨ 网络管理能力强，具有自我诊断能力，对网络中任何故障均能进行告警。网管终端可以在网络中的任何一个传输节点接入，对全网进行管理。

由于 OTN 具有以上优点，能够完全满足轨道交通各种信息传输的要求，在国内早期的城市轨道交通中应用较多。如在广州地铁、上海地铁和香港地铁上被大量使用。

但 OTN 亦存在一些不足之处，如帧结构、数字比特率系列、光路不符合国际标准。以及存在 OTN 技术的特有性、厂商的唯一性和国产化等问题。

9.4.4　RPR 组网技术

RPR 技术有两种实现方式，即基于 SDH 的 MSTP 内嵌 RPR 技术和基于以太网物理层的 RPR 技术，通常前者称为嵌入式 RPR，后者称为纯 RPR。

嵌入式是新一代基于 SDH 的 MSTP 的主要技术特征之一，可根据应用需要，设定 TDM 通道和传送 IP 等数据业务的 RPR 通道。

1. RPR 技术的主要特点

① 采用双环结构，对环路带宽采用空间重用机制。

② 基于 MAC 地址高速交换。

③ 具有网络拓扑结构的自动发现和更新功能，便于维护和管理。

④ RPR 环网可采用折回（Wrapping）和源路由（Steering）两种保护方式。

⑤ 支持灵活的带宽颗粒、带宽动态共享和分配以及统计复用。

⑥ 具有同步机制和严格的抑制时延和抖动的保障能力。

⑦ 可提供多等级、可靠的 CoS（服务类别）分类服务。

⑧ 支持带宽管理和拥塞控制机制，具有 10/100 Mbps、GE 等宽带数据接口和支持传统 TDM 业务的 E1 接口。

⑨ 由于 RPR 是为单个物理环或逻辑环而设计的 MAC 层技术，其应用仅局限在单环，跨环时必须终结，因此无法实现跨环业务的端到端带宽共享、公平机制、QoS（服务质量）和保护功能，因此在组建复杂网络时有一定的局限性。

2. 嵌入式 RPR

嵌入式 RPR 系指基于 SDH 的 MSTP 内嵌 RPR 技术，即在 SDH 中使用部分带宽（VC）用来传送 IP 包。用于以 TDM 业务为主，分组业务为辅的场合。当前城市轨道交通中所传输的业务还是以 TDM（时分复用）业务为主，故基于 SDH 的 MSTP 内嵌 RPR 技术，在城市轨道交通中得到了一定的应用。

3. 纯 RPR 网

在纯 RPR 网中，TDM 业务所占比例不能太大，过多地使用保证带宽传输方式就失去了统计复用的优势，另一方面 RPR 电路仿真技术有一定的局限性，网络规模较大时无法保证 TDM 业务的电信级 QoS，故目前在城市轨道交通传输网中未获得推广应用。但随着音频、视频业务承载的全 IP 化，会成为城市轨道交通传输的发展方向。

通常在纯 RPR 网络中，2 层为 Ethernet，3 层为 IP 网。IP 是因特网的网络层协议，采用了面向无连接的通信技术。IP 协议的实质是无需在通信前建立端到端的连接，由组成 IP 网的路由器依赖 IP 包头中的目的地址，进行寻路与转发。IP 协议主要特点如下。

① IP 作为一种网络互连协议，易于实现底层的各种异构计算机子网的互联互通。

② 由于 IP 技术成熟，标准化程度高，因此容易与其他网络互连。

③ IP 具有统一的寻址体系，网络可扩展性强。

④ IP 网中各种通信与业务设备分布在网络各节点中，采用模块化结构，可以支持多种不同应用，易于扩容与增加新业务。

⑤ IP 协议简单、端口速率易扩展，网络结构简单，运营成本低。

IP 网络目前的主要缺点是流量控制及网络管理能力较差；网络安全性差，容易遭到人为的破坏；加上城市轨道交通中使用的不少通信设备还基于 TDM 技术，故目前的城市轨道交通通信在一段时间内不会采用全 IP 传输网。但根据通信技术的发展趋势，城市轨道交通传输网会朝着全 IP 化逐步过渡。

9.4.5　一体化 SDH 组网技术

一体化 SDH 是基于时分复用的电路交换承载通道（简称 TDM 通道），它吸收了 SDH 标准传输机制、自愈环保护盒 OTN 的丰富的通信协议接口类型的优点，它克服了传统 SDH 设备在城市轨道交通应用中的不足，在光纤网络上直接传输语音、宽带音频、数据、视频和 LAN 业务。

9.4.6　传输组网技术选择

目前城市轨道交通通信传输系统所承载的业务中，既包含了大量的 TDM 业务，也包含了不少宽带数据业务（含高速数据与数字化的视频信息）。对各传输技术而言，RPR 及 ATM 在 TDM 业务实现方面尚不能很好满足城市轨道交通的应用要求，同时在应用或价格方面也存在一定的缺陷；而 SDH 虽在提供 TDM 业务方面具有优势，但在宽带数据业务实现方面也同样不能完全满足应用要求；OTN 在功能实现方面很适合作为轨道交通通信的传输网络，但由于其技术的特有性、厂商的唯一性以及价格等因素的制约，使产品的竞争力不足；基于 SDH 的 MSTP 支持的业务类型包括：FDM 业务、分组数据业务、IP 化语音/视频等，而且其国产化、成熟性等方面均具有优势，故目前在城市轨道交通中得到大量的应用。但从全球通信技术的发展趋势来看，未来的城市轨道交通通信网从业务节点设备到传输网络的全 IP 化，是城市轨道交通通信的发展方向。故在选择城市轨道交通传输组网技术时还应该考虑到如何平滑地向全 IP 网过渡的问题。

9.5

基于 SDH - MSTP 的 XDM 系列产品举例

现以杭州依赛通信有限公司生产的 XDM 系列产品为例，进行 SDH - MSTP 产品介绍。

XDM 系列产品根据其容量和性能的不同分为 XDM - 40、XDM - 50、XDM - 100、XDM - 200、XDM - 300、XDM - 400、XDM - 500、XDM - 1 000、XDM - 2 000 等多种 ADM 产品。以下介绍常用于城市轨道交通的 XDM - 100（车站级）和 XDM - 1 000（控制中心级）两种产品。

9.5.1 XDM 系列产品的组网特点

1. 综合性

① 多速率：可传送 2 M、STM－1、STM－4、STM－16、STM－64、FE（100 M Ethernet）、GE（1 G Ethernet）等不同速率的 TDM 或分组数据流。

② 多功能：具有 DXC、MADM（可组成多个环的 ADM）及 DWDM 功能。

③ 多业务：可组成 10/100/1 000 Mbps 以太网、TDM、IP、ATM、WDM 传输通道，用以传送不同的业务数据流。

2. 可靠性

系统提供倒换时间小于 50 ms 的 2 纤通道自愈环保护，并提供 SNCP 子网连接保护功能（保护各子网跨环传送承载的业务），亦可提供 2 纤复用段保护方式。系统对环内的以太网业务采用先进的 RSTP 的倒换保护，倒换时间小于 30 ms，保证了分组数据业务的 QoS。

系统硬件采用 1＋1 冗余热备份设计，公共板卡采用 1＋1 备份，如电源卡、主控卡、交叉矩阵卡、时钟单元等，所有的 2 M 业务板卡可以采用 1∶N 保护（XDM－1 000∶1≤N≤10 或 XDM－500∶1≤N≤5）。

3. 升级扩容

XDM 设备基于 10 Gbps 平台设计，在扩容时只需加上光接口卡，可以实现从 2. 5 Gbps 平台平滑升级到 10 Gbps 平台。系统还支持通过彩色光口直接上 40 波的 DWDM，无需波长转换卡。系统最大容量可扩展到 80×10 Gbps＝800 Gbps 的容量，而无须更换交叉矩阵、电源、控制等公共板卡。

XDM 光传输设备的所有板卡采用模块化设计，每块卡分为基本卡加光模块结构。在基本卡上通过增加光模块能够方便地进行网络的升级和扩容。

4. 灵活性

通过设置，XDM 设备可以方便地配置成 TM、ADM、MADM、DXC、DWDM。在 2. 5 Gbps＋10 Gbps 平台上可以灵活提供完全低阶（2 Mbps 颗粒）交叉的混合 MSTP（HM—STP）平台。VCAT 支持 VC12、VC3、VC4、4C（4 个 VC4）、16C 级联，支持级联链路容量动态调整（LCAS）。

5. 系统管理

系统管理采用 UNIX 计算机操作系统，开放式软件设计，支持 CORBA 接口协议，可以实现多厂家设备统一网管。网管采用图形化界面，端到端的业务管理模式，能自动生成业务的工作路由和保护路由。系统提供 8 路告警输入和 8 路告警输出，可将其他设备与通信机房的环境等告警信息通过该输入输出口连至集中告警中心。

9.5.2　XDM 设备接口及容量

现以车站级的 XDM－100 ADM 设备为例，介绍其接口及接口容量。

① E1 接口为 PCM 的 2 Mbps（G.703）接口。设备容量为 252 个 E1 接口，每卡 63 个接口。

② E3 接口为 PCM 的 34 Mbps 接口。设备容量为 24 个 E3 接口，每卡 3 个接口。

③ 10/100Base－T 接口为可自动切换 100 Mbps 和 10 Mbps 两种速率的以太网接口，传输媒介采用收/发两对 5 类非屏蔽双绞线（UTP）。设备容量为 32 个 10/100 Base－T 接口，每卡 8 个接口。

④ 100 FX 接口为 100 Mbps 速率的以太网光接口，传输媒介采用收/发两根单模或多模光纤。设备容量为 16 个 100FX 接口，每卡 4 个接口。

⑤ GbE 接口为 1 Gbps 速率的以太网光接口，传输媒介采用收/发两根单模或多模光纤。设备容量为 8 个 GbE 接口，每卡 2 个接口。

⑥ STM－1 接口为 155 Mbps 速率的 SDH 接口，可以是光口或电口，光口可以是单模或多模。设备容量为 48 个 STM－1 接口，每卡 4 个接口，一般用于多条城市轨道交通线路传输网互联。

⑦ STM－4 接口为 622 Mbps 速率的 SDH 接口，可以是光口或电口，光口可以是单模或多模。设备容量为 24 个 STM－4 接口，每卡 2 个接口，一般用于多条线路传输网互联。

⑧ STM－16 接口为 2.5 Gbps 速率的 SDH 接口，可以是光口或电口，光口可以是单模或多模。设备容量为 4 个 STM－16 接口，每卡 1 个接口，一般用于多条线路传输网互联。

9.5.3　XDM 系列产品在城市轨道交通中的应用

① XDM－100 和 PCM 接口设备在城市轨道交通车辆段与各车站的应用组网如图 9-36 所示。

② XDM－1 000 和 PCM 接口设备在城市轨道交通控制中心的应用组网如图 9-37 所示。

对一般用于城市轨道交通控制中心的 XDM－1 000 ADM 设备而言，较用于城市轨道交通车辆段与各车站的 XDM－100 的接口设备数量和 DXC 容量更大。例如，XDM－1000 设备的 DXC 可提供 192 个 VC4（30G）或 384 个 VC4（60G）的交叉功能，可以用于多条城市轨道交通传输线路的组网。

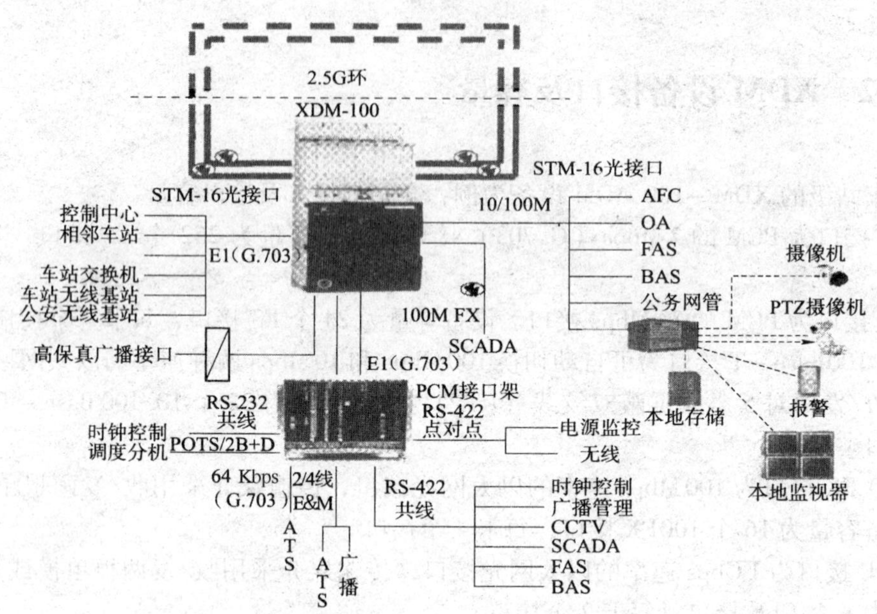

图 9-36　XDM－100 车站/车辆段组网图

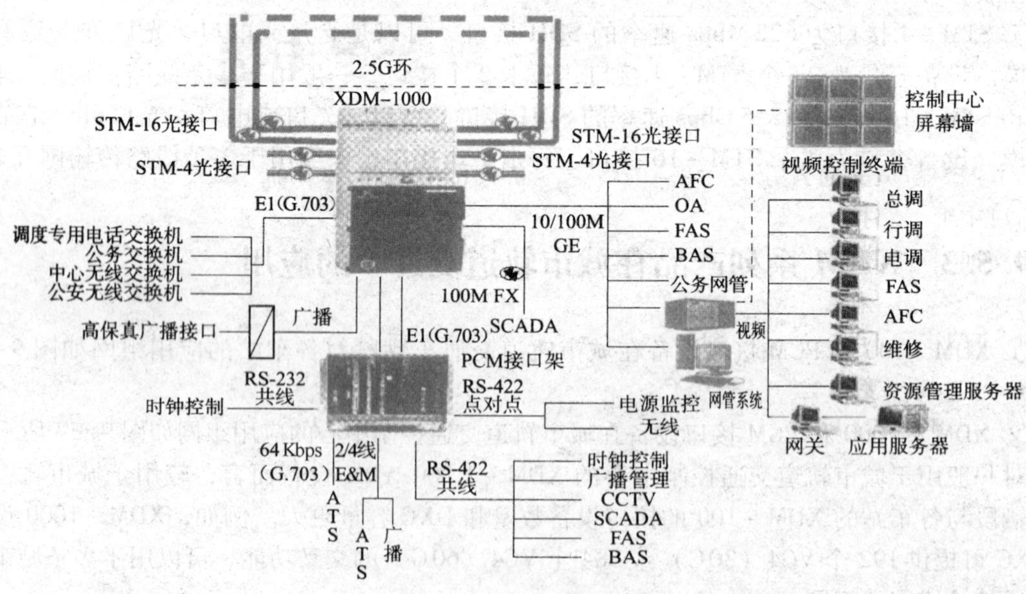

图 9-37　XDM－1 000 控制中心组网图

复习思考题

1. 通信传输系统由哪些部分构成?
2. 环形传输网物理结构的特点是什么? 其可靠性如何保证?
3. 传输网络三种逻辑拓扑结构的特点是什么?
4. 传输网的网管系统有哪些部分构成? 各自功能是什么?
5. 简述光纤传输的导光原理。光纤安全使用需要注意什么?
6. 解释缩略语 PCM、SHD、WDM、MSTP、RPR 的含义。
7. 通信传输系统的组网技术有哪几种? 各自特点是什么?
8. 如何选择组网技术?

10 第10章 电话系统

电话系统是城市轨道交通通信系统的一个子系统，主要为管理、运营和维修人员提供语音通话服务。电话系统主要分为公务电话系统和专用电话系统两类。

城市轨道交通公务电话网系统相当于企业的内部电话网，采用程控数字交换机组网，并通过中继线路接入当地市话网，实现城市轨道交通内部对外通话。程控交换机的分机，分布在城市轨道交通的各办公管理部门、OCC、车站、设备室等需要通话的区域。

专用电话包括调度、站内、站间和轨旁电话。调度电话是为城市轨道交通的调度人员，如行调、维调、环调、电调等提供专用的直达通话，具有单呼、组呼、全呼、紧急呼叫等功能，并配备维护终端和数字录音等设备。站内电话主要是满足车站内部的通话需要，提供站内各区域和车站值班员之间的直达通话。站间电话主要是为车站值班员提供与相邻车站、联锁站值班员之间的直达通话。轨旁电话是安装在隧道内，主要满足系统运营和维护及应急需要，为列车司机和维修人员在紧急情况下及时联系车站及相关部门提供通话。

目前部分新建地铁线路，采用公务、专用电话系统合并设计的方案，即公务、专用电话系统软、硬件分别设置，具有功能独立、运营独立、管理维护独立等系统隔离特性。但两系统又处在同一个交换平台上，共享电话交换机公共部件，共享中继链路和网络管理系统。

知识点

1. 公务电话系统的功能及构成；
2. 专用电话系统的功能及构成。

技能目标

1. 掌握公务电话系统的组网方式及其特点；
2. 掌握专用电话系统的组网方式及其特点；
3. 掌握录音系统的功能和特点。

10.1 公务电话系统

10.1.1 公务电话系统的功能

公务电话系统能为城市轨道交通的办公管理部门、运营部门、维修部门提供一种固定的通信服务，包括电话业务和部分非话业务。系统应具有交换、计费功能，识别非话业务、自我诊断、维护管理、新业务等功能。该系统除了能提供内部通话外，还应能与市内公众电话网互联，实现与本市用户通话，以及国内、国际长途通信。该系统还应与城市轨道交通的无线集群通信系统互联，实现城市轨道交通公务电话与无线调度电话的互联互通。

（1）电话交换功能

城市轨道交通内部用户之间的呼叫的交换。

（2）非话业务功能

非话业务包括电路数据业务、传真业务等，并能识别非话业务。

（3）计费功能

对各种业务进行计费。

（4）程控新业务

为用户提供多种程控新业务服务，如多方会议、三方通话、呼叫转移、忙时等待、缩位拨号、预先录音通话等。

（5）编号

根据用户的需要，可将公务电话内部用户的电话号码进行统一的编排，城市轨道交通前期的编号多为4位，后随着程控网络的不断扩大，4位号码不能满足电话容量的发展，现在程控电话网的编号已经由4位升级到5位，甚至6位。

（6）与市话网的连接

城市轨道交通公务电话网是一个独立的电话网，为了与外部进行通话，公务电话网需与市话网络相连。

（7）特种功能

114查号，即程控电话设立114电话自动查号台，采用计算机查号，负责地铁内部各单位的电话查号工作；112故障台，即为提高通话质量、快速处理用户申告，设立112故障申告台。同时，根据要求和运营的需要，还设立119火警台、120急救台和110匪警台等。

10.1.2　公务电话系统的构成

在城市轨道交通中，为满足对内和对外的语音通信的需求，提高城市轨道交通人员的信 息沟通、运营管理和维修组织的效率，提供便捷的语音通话，公务电话系统采用专网建设。

城市轨道交通电话的分布决定了网络结构的特点，考虑程控电话网络的设计需要，即用户线路距离短、保证通话质量、用户线路传输衰耗小、可靠性高，程控电话交换网络一般采用环形网络结构。环形电话网络，如图 10-1 所示。

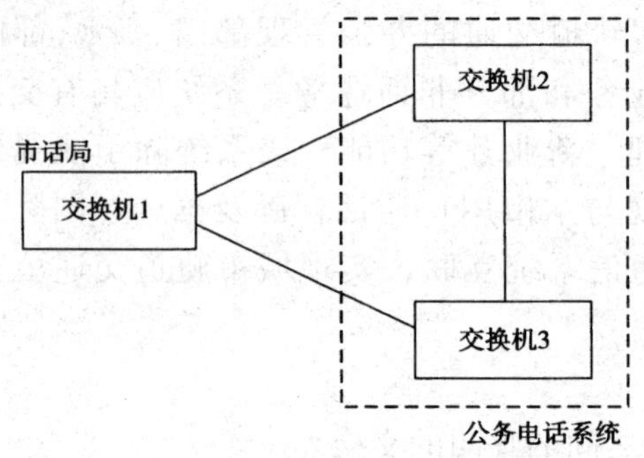

图 10-1　环形电话网络示意图

图 10-1 所示公务电话是由三台用户程控交换机通过传输系统以环形网络构成。其优点是当任意两台交换机间线路中断，系统可以通过迂回传输线保持通话，以保证网络的可靠性，并且采用同一厂家设备组成同类网使终端之间的联结采用相同方式。

各车站通过传输系统节点实现话路集中分配，两台交换机间使用2 M 数字中继，本网和市话局采用全自动呼出呼入方式，本网出局直接进入电话局程控交换机，入局由电话机程控交换机选组直接接出。

10.1.3　程控数字交换机

程控数字交换机是公务电话系统的核心，它实质上是一部由计算机软件控制的数字通信交换机，按用途可分为市话、长话和用户交换机。交换机在硬件上采用全模块化结构，提供高集成度、高可靠性、高功能、低成本的硬件产品。软件上采用高级语言，具有多种为数据交换和连接而设计的系统软件，功能强大。

1. 程控数字电话交换机的结构

程控数字电话交换机由控制系统、数字交换网络和外围设备组成，如图 10-2 所示。其中外围设备主要由用户级、中继级和信号收发级组成。其设备基本划分为两大部分：话路设备和控制设备。话路设备主要包括各种接口电路（如用户线接口和中继线接口电路等）和交换（或接续）网络；控制设备在纵横制交换机中主要包括标志器与记发器，而在程控交换机中，控制设备则为计算机，包括中央处理器（CPU）、存储器和输入/输出设备。

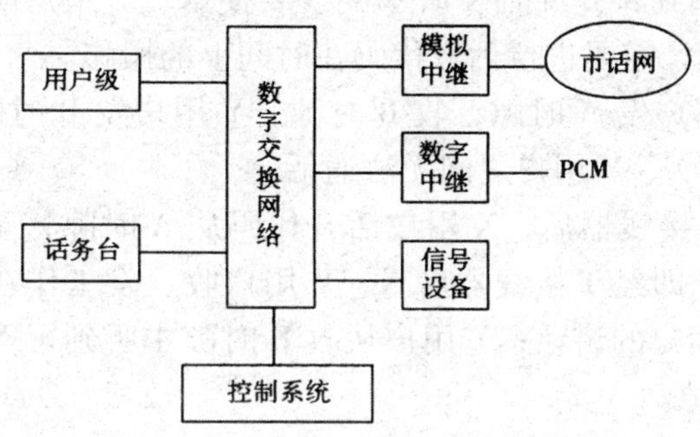

图 10-2　程控数字交换机的结构

1）数字交换网络

数字交换网络的基本功能是根据用户的呼叫要求，通过控制部分的接续命令，建立主叫与被叫用户间的连接通路。数字交换网络主要由数字接线器组成，接线器又分为空分接线器、时分接线器和时空接线器几种类型。目前，程控数字交换机多数采用时空数字接线器构成的接续交换网络。

（1）空分接线器的基本原理

空分接线器利用机械或电子接点，来接通主、被叫话路。如图 10-3 所示，假设话机 1 要与话机 3 互相通话。若绳路 1 空闲，则交换机控制部分占用绳路 1，并将话机 1、3 所对应的用户电路分别接通绳路 1，则话机 1 和话机 3 可通过公共绳路 1 互相通话。需要说明的是，空分接线器采用二线交换，而数字接线器采用收发分开的四线交换。

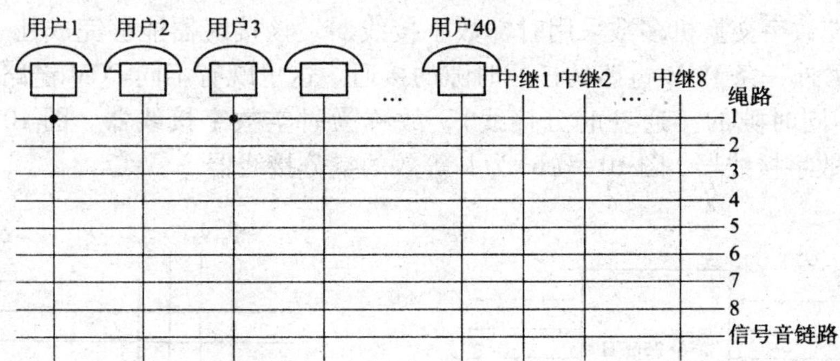

图 10-3　程控交换机空分接线器原理示意图

（2）时分数字接线器的基本原理

时分数字接线器（时分接线器或 T 接线器）是数字接线器中最简单的一种接线器。

由于 PCM（脉码调制）传输的基本条件是通话双方必须工作在同一时隙，这是一对一的定点通话，只有时分复用而不存在交换功能。以下讨论的时分交换的基本原理，即要求工作在不同时隙的用户能互相接通电话。

如图 10-4 所示，假设 X 用户要与 Y 用户通话，其中 X 用户收、发话音代码占用了 A 时隙（A 通道）；Y 用户收、发话音代码占用了 B 时隙（B 通道）。因为 X、Y 用户工作在不同时隙，故 X 讲话 Y 听不到，Y 讲话 X 听不到。要使 X、Y 用户能互相通话，即 X 讲话 Y 能听到；Y 讲话 X 能听到，需要进行话音代码在时间上的搬移。

图 10-4(a)说明 X 用户发 A 时隙，收 B 时隙；Y 用户发 B 时隙，收 A 时隙，因 X、Y 用户工作在不同时隙，故 X、Y 用户之间无法通话。

图 10-4(b)为经过 T 接线器后，X 用户话音代码从 A 时隙移至 B 时隙；Y 用户话音代码从 B 时隙移至 A 时隙。即经 T 接线器后 X、Y 用户收、发工作在同一时隙上，则 X 用户从收 A 时隙中听到了 Y 用户的讲话；Y 用户从收 B 时隙中听到了 X 用户的讲话。亦可认为 T 接线器接通了 A、B 时隙。

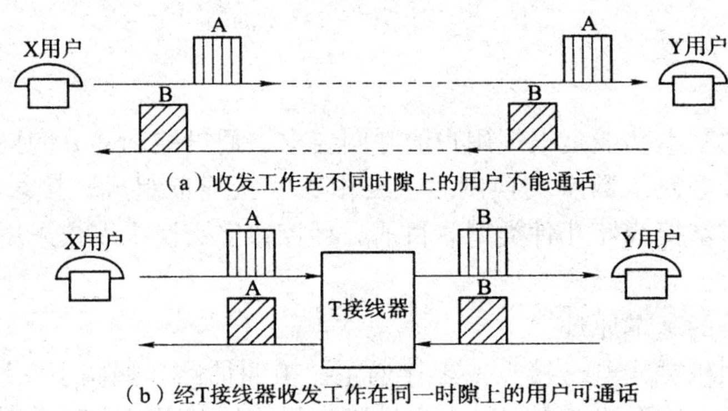

（a）收发工作在不同时隙上的用户不能通话

（b）经T接线器收发工作在同一时隙上的用户可通话

图 10-4　时分交换基本原理示意图

（3）时空数字接线器基本原理

目前，程控数字交换机多数采用时空数字接线器。该接线器能够完成任一条 PCM 链路的任一时隙与另外一条 PCM 链路的任一时隙的接通。这里既有不同 PCM 链路的接通（空分接线），亦有不同时隙的接通（时分接线），故称为时空数字接线器。图 10-5(a)所示为 256 × 256 时空数字接线器，图 10-5(b)为其等效的空分接线器。

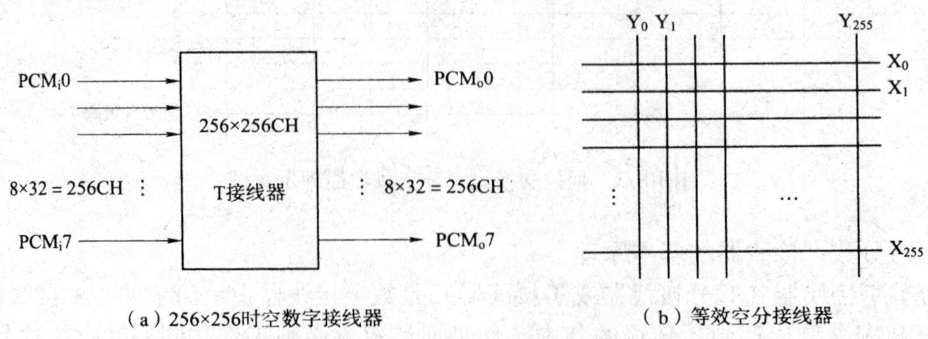

（a）256×256时空数字接线器　　（b）等效空分接线器

图 10-5　256 × 256 时空数字接线器

256×256 通道（时隙）时空数字接线器，有 8 条 PCM 链路输入，8 条 PCM 链路输出。该接线器输入端的任一条 PCM 链路中的任意时隙话音代码，可以交换到输出端任意一条 PCM 链路的任意时隙中去。

时空数字接线器的基本原理是：X 用户的话音代码在 A 时隙存入话音存储器，Y 用户在 B 时隙从话音存储器取出，这样 Y 用户听到了 X 用户的讲话。同理，Y 用户的话音在 B 时隙存入话音存储器，X 用户在 A 时隙从话音存储器取出，这样 X 用户听到了 Y 用户的讲话。可以看出在话音代码的存取过程中，实现了话音代码的时隙搬移。

PCM 链路中的话音代码为串行码，而写入存储器需要的是并行码，故在存入话音存储器之前，需要将 8 条 PCM 链路串行码转换为并行码；从话音存储器读出的并行码，需要转换为 PCM 链路的串行码输出。为了完成上述任务，时空接线器需要由串/并转换电路、并/串转换电路、话音存储器与控制存储器（连接存储器）4 部分组成，如图 10-6 所示。

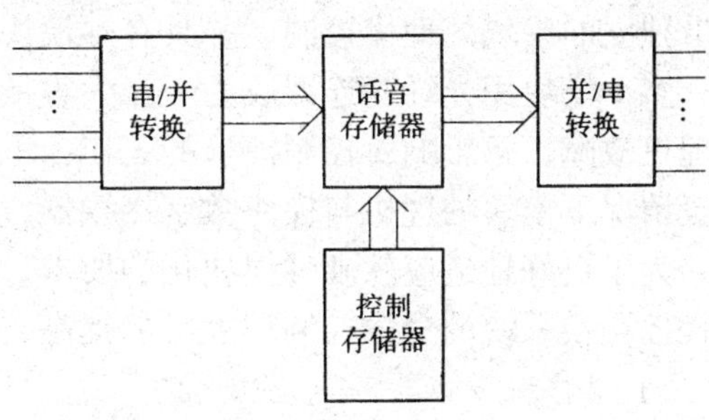

图 10-6　时空数字接线器构成框图

串/并转换电路的 8 条 PCM 链路经串/并变换后，成为具有 8 条导线的话音总线（8 位话音总线）。在 PCM 链路中，一次采样的 8 位代码依次出现在不同的时刻。而经串/并变换后的 8 位话音代码同时出现在 8 位话音总线上，且同时写入话音存储器。该 8 位话音总线的速率仍是 2 048 Kbps，不同的是 8 位话音总线的每一位（488 ns）代表一个时隙，则在一帧 125 μs 中包括 256 个时隙。

从图 10-7 中可以看出，经串/并变换后，不同 PCM 链路的对应通道互相交错。它们的顺序为 0，32，64，96，…，255 通道，为讨论简单起见，重新命名为 0，1，2，3，…，255 通道。这 256 个通道与 256 个时隙相对应。

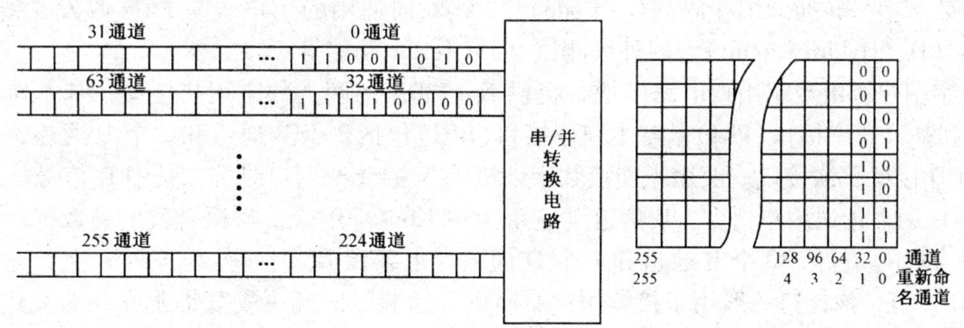

图 10-7　串/并转换电路原理图

并/串转换电路将话音存储器中读出的 8 位并行代码，转换为 8 条 PCM 链路，是上述串/并转换电路的逆转换。

2）控制系统

控制系统部分是程控交换机的核心，其主要任务是根据外部用户与内部维护管理的要求，执行存储程序和各种命令，以控制相应硬件实现交换及管理功能。

程控交换机控制系统设备的主体是微处理器，通常按其配置与控制工作方式的不同，可分为集中控制和分散控制两类。

集中控制方式的交换机设有主处理机（主 CPU），各种外围设备都具有自己的功能处理机（从处理机或从 CPU），主、从处理机之间进行数据通信。交换机与处理机之间的数据通道，可以是机内 PCM 链路的 16 时隙，亦可以是串行或并行数据专线。通信方式往往采用信件式或信箱式。主处理机故障有可能造成全局瘫痪，故需冗余配置。

全分散控制方式的交换机不设主处理机，而按照容量将软硬件划分为若干模块，每个模块由独立的模块处理机控制，并具有本模块的数字接线器。一个模块可以单独组成一台交换机；多个模块用光纤互连即成为一台大容量的交换机。模块处理机之间是平等的，一个模块处理机故障，只影响所控制模块的工作，不会造成全局瘫痪。但为了提高交换机的可靠性，一般情况下模块处理机与模块数字接线器，仍采取冗余配置。

为了更好地适应软硬件模块化的要求，提高处理能力及增强系统的灵活性与可靠性，目前程控交换系统的分散控制程度日趋提高，已广泛采用部分或完全分布式控制方式。

3）用户级设备

用户级设备包括用户电路和用户集线器两大部分。

（1）用户电路

用户电路的作用，是实现各种用户线与交换机之间的连接，通常又称为用户线接口电路。根据交换机制式和应用环境的不同，用户电路也有多种类型，对于程控数字交换机来说，主要有与模拟话机连接的模拟用户线电路和与数字话机、数据终端（或终端适配器）连接的数字用户线电路。

模拟用户电路提供连接用户线的 POTS 接口（Z 接口），可归纳为完成 BORSCHT 7 个基本用户接口功能：连续馈电（B：Battery Feeding）、防过压过流二次保护（O：Over Voltage and Current Protection）、振铃（R：Ring）、摘挂机及拨号检测（S：Supervision）、模拟话音信号与数字信号转换的编译码（C：Code）、2 线双向使用的用户线与 PCM 收发 4 线的 2/4 线转换（H：Hybird Circuit）、内外线测试（T：Test）功能等。

数字用户级由数字用户电路组成，提供 N - ISDN 的两类数字用户接口：基本速率接口（BRI）和基群速率接口（PRI）。基本速率接口（BRI）包括 2 个 B 通道和 1 个 D 通道，通常称为 2B + D 接口，该接口一般用于连接数字话机等 N - ISDN 用户终端，其中 D 信道（速率为 16 Kbps）用来传送用户信令，B 信道（速率为 64 Kbps）用来传送话音或电路数据。基群速率接口（PRI）包括 30 个 B 通道和 1 个 D 通道，承载在 PCM 一次群（E1）上，通常称为 30B + D 接口，该接口一般用于接续用户交换机、远端用户模块或宽带业务终端。其中的第 16 时隙作为 D 通道（速率为 64 Kbps）用来传送 30 个业务时隙（B 通道）的用户共路信令（DSSl 信令）。

（2）用户集线器

用户级因话务量低需进行集线，一般通过集线后再连接数字交换网络，可提高数字交换网络的利用率。

较典型集线器的集线比为 4∶1，即将 128 个用户集线为一条 32 个通道的 PCM 一次群链路，接续数字接线器。集线方法随交换机设计而异，较为常用的集线方法有下述两种。

① 由用户处理机给摘机用户或振铃用户分配1个空闲时隙（一般情况下收、发使用相同时隙），当32个时隙全占后，摘机用户听忙音。

② 用时空数字接线器集线。时空接线器主要用于交换网络，但亦可用于用户级的集线。下面以256×256（8×8PCM链路）时空接线器为例来说明用户集线器的基本原理，见图10-8。

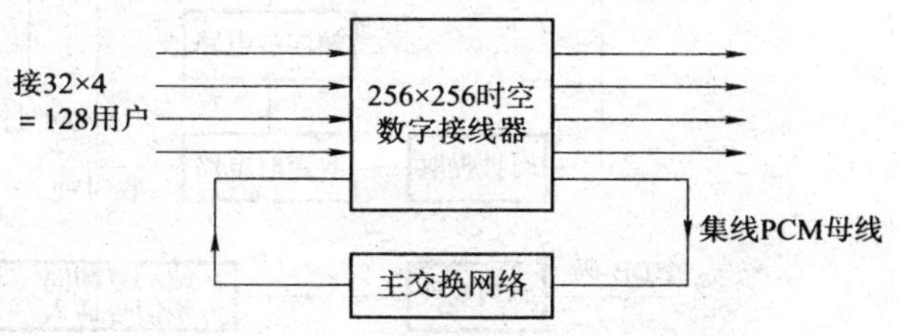

图10-8 用户集线器基本原理图

256×256时空数字接线器的输入、输出各为8条PCM链路，其中4条PCM双向链路的32×4=128个时隙接128个用户，则每个用户的收、发各固定占用收、发PCM链路中的一对时隙（通道）。剩下4条PCM双向链路中的任一条连接主交换网络，该PCM称为集线PCM链路。这样，128个用户中的任意一个用户摘机，则处理机控制该用户固定占用的一对发、收时隙与集线PCM链路空闲的一对收、发时隙分别接通（包括发、收和收、发二次时隙连接）。当主、被叫用户超过32个时，摘机用户听忙音。

4）中继级设备

中继级分模拟中继和数字中继级两部分。

（1）模拟中继

模拟中继也称环路中继，用以提供用户交换机的模拟出入中继。当用户交换机与市话交换机之间采用模拟用户线（ab线）连接时，在市话交换机侧采用模拟用户接口（POTS/FXS）；在用户交换机侧采用环路中继（FXO）接口。环路中继接口电路单元的作用是实现模拟中继线与交换网络的接口，基本功能是发送与接收表示中继线状态（如空闲、占用、应答、释放等）的线路信号；转发与接收代表被叫号码的记发器信号；供给通话电源和信号音；向控制设备提供所接收的线路信号。在信令方面类似于话机电路，主要用于完成断开、闭合用户环路（模拟话机叉簧电路）与铃流监测；在话音方面完成音频信号的编解码，连接用户交换机的数字接线级。

（2）数字中继

数字中继电路在交换机侧通过机内PCM一次群链路与数字接线器相连接，实现数字中继线与数字交换网络之间的接口；在线路侧通过PCM一次群链路与PDH或SDH传输设备相连接。故程控交换机数字中继接口为PCM一次群的E1接口。由于数字中继线传送的是PCM群路数字信号，因而它具有数字通信的一些特殊问题，如帧同步、时钟恢复、码型交换、信令插入与提取等，即要解决信号传送、同步与信令配合三方面的连接问题。

由于中继级电路话务量大，一般不作集线。30/31条中继话路复用为一条PCM一次群链路，每个中继话路占有PCM一次群链路一个固定时隙，不经集线直接连接主交换网络。其中16时隙可传送随路信令的线路信号，亦可用来传送共路信令或话音。

数字中继电路主要有三个方面的功能：码型变换、同步、信令变换（指随路信令）。数字中继框图如图10-9所示。

码型变换：在发方向上，机内传输为单极性不归零（NRZ）码，不适合线路传输，需要变换成HDB_3码后再送线路传输。HDB_3码易提取时钟，无直流分量，适合线路传输。在

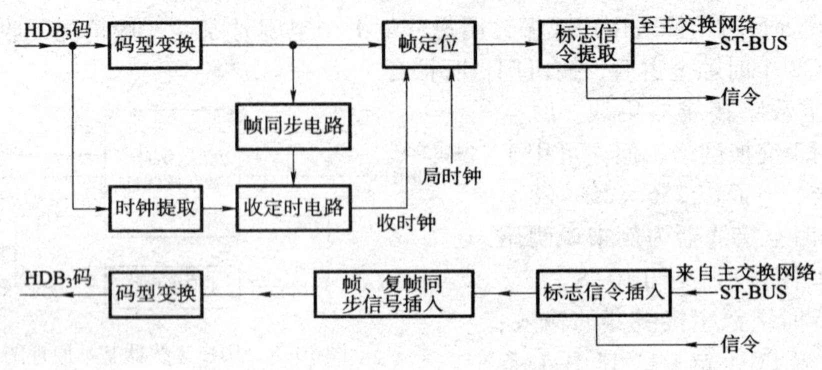

图 10-9　数字中继框图

收方向上，则将 HDB_3 双极性归零码转换为单极性不归零机内码。

帧同步与复帧同步：在收端，从输入 PCM 码流中获得帧同步信号（偶帧 TSO、2 ～ 8bit、0011011）基础上，产生各路时隙脉冲，使收端与发端时隙脉冲自 TSO 起各时隙一一对齐，以便由发端产生的各话路复用而成的码流，能正确的被接收端相应话路所接收。复帧同步是用来解决各路数字线路信号的错路问题。随路信号中 TS16 传送数字线路信号，各路信号在一个复帧的 TS16 上都有自己确定的位置，如复帧不同步，线路信号会错路（帧同步后复帧也不一定同步）。要获得复帧同步，即要求收端自 F0（复帧中的第 0 帧）开始各帧与发端对齐。复帧同步码为 F0 帧的 TS16 中的 1 ～ 4 bit，复帧同步码为 0000。

信令格式转换：在收方向上中继处理机将随路 TS16 数字线路信号转换成交换机所使用的内部信号，送主处理机；在发方向上实行相反方向的转换。

2. 程控交换机的优越性

① 能够提供许多新的用户服务功能，如缩位拨号、来电显示、叫醒及呼叫转移等业务，不再是单一的语音业务。

② 维护管理方便，可靠性高。程控交换机可以通过故障诊断程序对故障进行检测和定位，以便发生故障时紧急处理迅速及时，因此它在维护管理上和可靠性上带来了好处。

③ 灵活性大。为适应交换机外部条件的变化，增加的新业务往往只需要改变软件（程序和数据）就能满足不同外部条件（如市话局、长话局等的不同需求）的需要。

④ 便于利用电子器件的最新成果，使整机技术上的先进性得到发挥。

⑤ 交换设备方面。体积小，即采用电子器件大大地减小了交换机的体积，这样占用机房的面积小；耗电省，即用电子器件代替机械部件，大大地减低了能量消耗；成本低，即随着集成电路价格的减低，可以大幅度减低交换机成本。

⑥ 线路设备方面。可以通过采用远端用户模块方式节省用户线，降低线路设备费用。

⑦ 维护生产方面。由于检测和诊断故障的自动化，减少了维护工作量，节省了维护人员的劳动强度。由于制造工艺简单了，生产效率也就提高了。

10.1.4　组网模式与组网方案

1. 公务电话网的组网模式

城市轨道交通公务电话网的建设模式有采用局用交换机组网模式、采用用户交换机组网模式、采用虚拟用户交换机组网模式（公网模式）3类。

（1）采用局用交换机组网模式（自建模式1）

在这种模式下，城市轨道交通公务电话网采用局用交换机（LS）组网，局用交换机一般用于公众电话网亦可用于专网。城市轨道交通局用交换机与市话交换机之间采用El/NO.7信令局间中继线互连；城市轨道交通内部局用交换机之间亦采用El/NO.7信令局间中继线互连，若在城市轨道交通内部采用同型号局用交换机联网，亦允许使用专用信令联网。

中心交换机采用PRI数字用户接口通过PCM一次群链路连接远端的车站用户电话交换机，或采用专用信令通过PCM一次群链路连接车站的远端模块。

这种组网模式相当于在城市轨道交通内部建立了一个公众电话网的市话支局，需要占用公众电话网的部分号码资源。

（2）采用用户交换机组网模式（自建模式2）

在这种模式下，城市轨道交通公务电话网采用用户交换机（PABX）组网。不少单位装有用户交换机（亦可称总机）。用户交换机所连接话机称为分机，分机不占用公众电话网号码资源，分机间通话不经市话局。用户交换机的用户环路中继（FXO）接口通过用户线连接市话交换机的模拟用户电路（FXS），这时去话全自动，来话（用户线振铃信号）经话务台或话务员转接。用户交换机的用户中继线群有一引字号（总机电话号码），公众网电话用户拨该号后，市话交换机可自动寻找用户线群（搜索群）内一条空闲用户线接续该用户交换机。用户交换机的分机线与环路中继线的配置比例一般为10∶1，例如，一台千门用户交换机则需要配置100条中继线连接市话交换机的用户接口。

目前，大容量用户交换机多数采用N-ISDN PRI（30B+D）接口，通过PCM一次群链路连接市话交换机的PRI数字用户电路。

（3）采用虚拟用户交换机组网模式（公网模式）

在这种模式下，城市轨道交通公务电话网采用虚拟用户交换机组网。虚拟用户交换机业务是电信运营商利用其公众网交换机所提供的集中用户交换机功能，为各单位提供的新业务。使用该业务的单位，直接利用公众电话局的用户线连接单位内的话机，每部话机有一个公众电话网的号簿号。单位内的话机对外而言相当于一部公众网话机；而对单位内部而言，相当于一部用户交换机的分机，各话机间采用内部短号直拨，且不收费。用户拨打外线电话需先加拨0或9再拨外线号码；外线来话则直接拨入。

因城市轨道交通公务电话网容量较大，通常情况下，由电信运营商出资在城市轨道交通内部建立市内电话支局，利用该支局交换机的集中用户交换机功能为城市轨道交通提供虚拟用户交换机，组建虚拟公务电话网。根据单位需求亦可在虚拟公务电话网中加装话务台，在这种情况下外线来话可直接拨入或经话务台转接。

采用公网模式可免去城市轨道交通公务电话系统的初期设备投入费用及日后的维护成本，实现社会资源共享。但由于城市轨道交通内部公务电话是相对独立的专用电话网，其在内部呼叫、可靠性、可维护性及可扩展性等方面有其本身的特殊要求，而且公网模式的日常运营成本比自建模式高。

采用局用交换机组网模式因占用了宝贵的公众网电话号码资源，使用费用较高，故在城市轨道交通公务电话网中用得不多。目前城市轨道交通中，以采用用户交换机组网模式为主。在这种模式下，城市轨道交通内部配置用户电话交换机组成城市轨道交通公务电话网。

2. 公务电话网的组网方案

1）采用局用交换机的组网方案

若城市轨道交通公务电话采用局用交换机组网模式，其组网方式与公众网的支局组网方式相同，局间话路中继采用 E1 链路传输；信令中继采用公众网的局间信令 NO. 7 信令方式，NO. 7 信令可在话路中继 E1 的 16 时隙中传送。若在控制中心与车辆段各安装一台局用交换机，则其公务电话组网方式如图 10-10 所示。

假设所接市话局为 8667 万门分局，其电话编号为 86670000 ～ 86679999。并假设控制中心和车辆段交换机容量各为 1000 门，组成 86671 和 86672 两个千门支局，则控制中心交换机电话编号为 8667100 ～ 86671999；车辆段交换机电话编号为 86672000 ～ 86672999。图中三台交换机间的任何一条中继线故障，可采用迂回路由，确保公务电话的内、外线畅通。

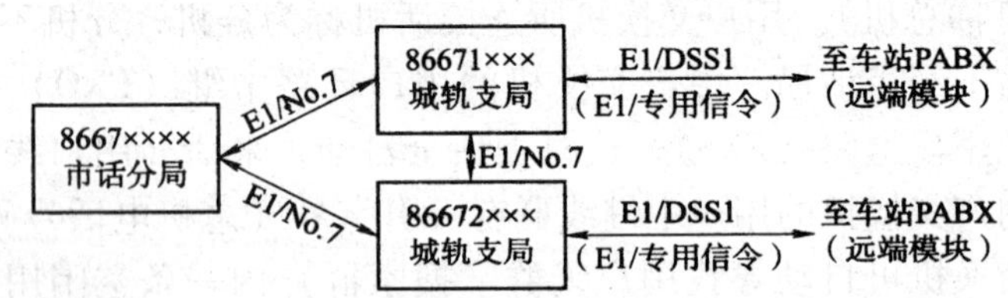

图 10-10 采用局用交换机的组网方案

2）采用用户交换机的组网方案

（1）控制中心 + 车站交换节点方案（方案 1）

该方案只在控制中心设置一台用户交换机，通过电缆直接连接控制中心各部门的分机；并通过在城市轨道交通传输网中的 PCM 一次群链路，以点对点方式连接各车站和车辆段的用户交换机或远端模块。该方案中所有电话交换功能全部由控制中心的用户交换机承担，故可靠性较差。为解决可靠性问题可以设置主、备两台用户交换机或交换机的公共部分全冗余并采用热备工作以提高城市轨道交通公务电话网的可靠性。

（2）控制中心 + 车辆段 + 车站交换节点组网方案（方案 2）

如图 10-11 所示，在控制中心和车辆段各设置一台用户交换机，分别连接当地市话局，两台用户交换机之间以标准局间中继（E1/No. 7 信令）相连接，若两台交换机由同一制造商提供，为降低成本亦可采用制造商的专用局间中继互连。各车站交换机的 PRI（30B + D）中继接口通过专用传输网中的 PCM 一次群链路，分别连接控制中心或车辆段交换机的 PRI 用户接口。因控制中心与车辆段的两台用户交换机采用统一电话编号组网运行，故对所有分机而言就像是连接在一台中心交换机上，用户并不感到多台交换机的存在。

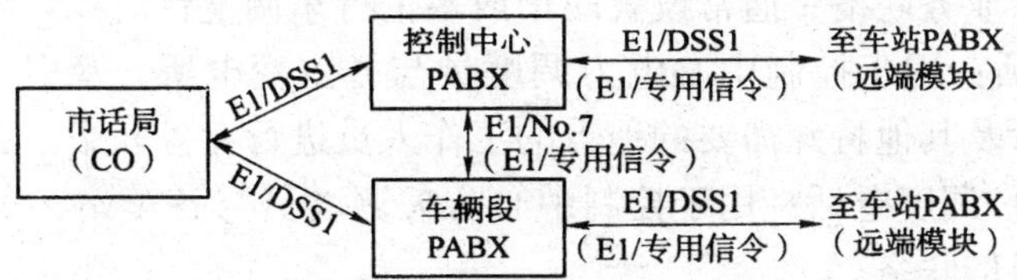

图10-11　控制中心+车辆段+车站交换节点组网图

3）多条线路公务电话网的联网方案

一个城市中建设有多条城市轨道交通线路时，各条线路的公务电话网需要互连成一个城市轨道交通公务电话网（大网）。在这个大网中采用统一短号编号，网内的有权用户可采用短号直拨大网内任何分机。

（1）全互连方案

对规划建设城市轨道交通线路较少的城市，建议采用全互连方案。即各条线路控制中心的交换机，采用局间中继全互联。局间中继方式应采用 E1/No.7 信令方式，若采用内部信令组网，则要求各条线路采用同一设备制造商的设备，故不提倡使用内部信令组网。

（2）汇接局方案

对规划建设城市轨道交通线路较多的城市，可采用内部汇接局方案。即在某条城市轨道交通线路的控制中心配置一台汇接交换机，各条线路控制中心的交换机将通过局间中继线与汇接交换机互联。局间中继方式应采用 El/No.7 信令中继方式。

汇接局通常需要接入市话局。若城市轨道交通采用局用交换机组网，汇接局可通过 El/No.7 中继连接市话交换机；若城市轨道交通采用用户交换机组网，汇接局可通过 E1/DSSl（30B+D）中继连接市话交换机。汇接局接入市话局的优点是，当某一条城市轨道交通线路控制中心交换机与市话局之间的线路拥塞或中断时，则该控制中心交换机部分或全部外线话务可通过内部汇接局迂回接入市话局。

10.2 专用电话系统

城市轨道交通中的专用电话系统包括调度、站内、站间和轨旁（区间）电话子系统。

10.2.1　调度电话子系统

1. 调度电话子系统的主要功能

根据运行组织和业务管理、指挥的实际需要，城市轨道交通一般设置的调度电话如下。

① 行车调度电话：用于控制中心行车调度员与各车站、车辆段值班员等与行车业务直接有关的工作员进行业务联络，通常设置两个或多个行车调度台。

② 电力调度电话：用于控制中心电力调度员与各主变电所、牵引（含牵引降压混合）变电所、降压变电所及其他特殊需要的地点的工作人员进行业务联络。

③ 环控（防灾）调度电话：用于控制中心防灾调度员与各车站、车辆段、主变电所防灾值班人员之间的通信联络。

④ 维修调度电话：用于综合维修基地维修调度员与全线各系统维修车间值班员之间的通信联络，可在控制中心与车辆段各设置一台维修调度台。

⑤ AFC 调度电话：用于 AFC 调度员与各车站现场 AFC 工作人员进行业务联络。

⑥ 票务调度电话：用于票务中心值班员与各车站票务工作人员的业务联络。

⑦ AFC 调度电话与票务调度电话，可根据各城市轨道交通线路的管理需求选择配置。

城市轨道交通调度电话子系统为城市轨道交通的调度人员，如行调、电调、维调、环调等提供专用的单键直通电话，并具有单呼、组呼、全呼、会议、紧急呼叫、强拆、强插等特有的功能。具体说明如下。

① 实现 OCC 各系统中心调度员与各站相应系统分机、OCC 各调度之间直接通话；调度台与调度分机间的优先通话或无阻塞通话。

② 调度员利用按键或摘机，呼叫或应答某个被调用户；也可同时呼叫或应答多个被调用户。

③ 调度员可以通过监听、插话或强插，实现对被调用户通话状态的干预。必要时可以直接催挂，甚至强行插除其正在进行的通话。

④ 调度员可通过紧急呼叫方式，以 4:1（振铃:停振铃）的长振铃急呼被调用户，并可用此功能启动广播呼叫系统，广播寻找被调用户。

⑤ 调度员可根据预先设置的分组用户进行组呼，按下组呼键一次性呼出该组所有的用户，实现对多个被调用户的通信。有的调度机可以进行全呼，即一次呼出所有的被调用户。

⑥ 调度台配会议电话终端，调度员可以召集多方的大、小型电话会议。调度员可预先设置和编辑多个会议组及其参加成员，根据会议组编号一次呼出所有参加会议的成员，亦可召开全部被调用户的大型会议。调度员可以在会议过程中临时指定某个被调用户加入/退出会议，并可在会议过程中指定某个（或多个）被调用户发言。

⑦ 对具有自动交换功能的调度机，调度员可以设置或修改用户弹性编号，用户服务等级；确定直通、交换、出入中继等用户状态；能设置热线等功能。多台调度机可以互联，组成无级或多级的自动数字调度网。

⑧ 一个调度台可根据实际需求配置两个坐席，每个坐席各配置一台调度电话手机，供两个调度员使用。该调度台对两个调度员而言，具有相同的功能，可通过 2 个调度台权键实现互相独立的操作。

⑨ 调度员可以进行中继调度、中继汇接（多局向时）、限止出中继和中继保留等有关调度通信事项。多个调度机组网时，可利用中继接口连接其他调度机的中继或用户接口。

⑩ 调度机配有调度台接口，以便连接带有操作键盘的调度台；调度机亦可配有计算机接口，以便连接配有调度台软件的 PC 机（软调度台），采用鼠标或触摸屏方式实现传统或

多媒体调度。

⑪ 调度台设定告警等级及报警方式、清除告警等功能。

⑫ 调度机公共部分采用冗余设备设置，设备能自动监测，故障时自动切换。

⑬ 调度台配有录音接口，可以接录音设备，记录调度员与分机、调度员之间的通话。

2. 调度电话子系统的组成

城市轨道交通调度电话子系统，由调度总机、调度台和调度分机组成，并通过城市轨道交通传输系统或通信电缆连接。

调度电话子系统的组成，如图 10-12 所示。

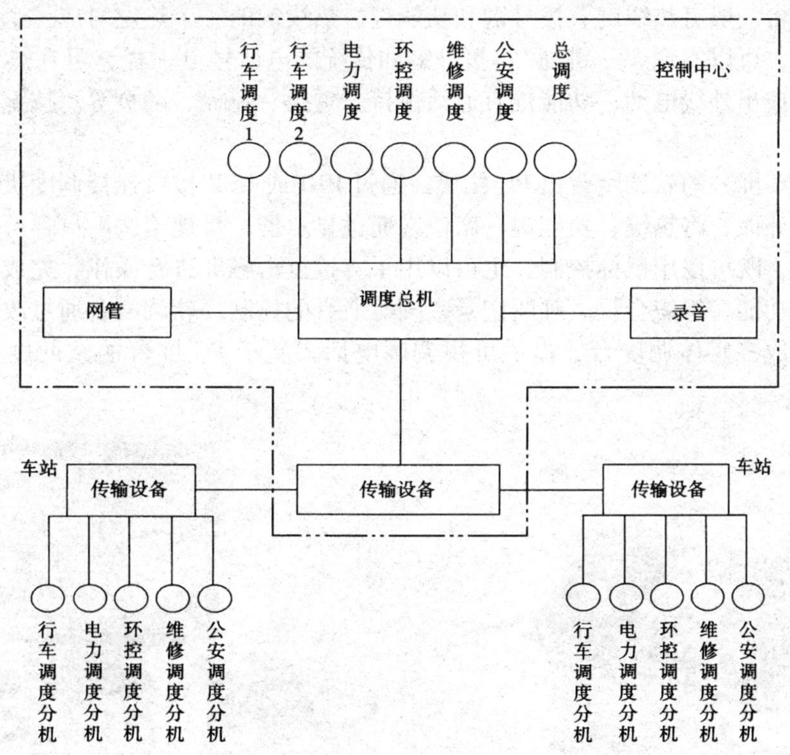

图 10-12　调度电话子系统的组成

1）调度总机

调度总机是调度电话的核心，由具有交换功能的交换机组成，设置在控制中心，为调度人员提供专用的通信服务。城市轨道交通中一般设置行车调度、电力调度、环控调度、维修调度、公安调度等调度。调度总机还配有录音设备。

调度总机在硬件上和程控交换机相同，只是功能上有比较大的区别：程控交换机是为广大公众服务的，用户之间是平等的，而调度总机的服务对象是一个有严格上下级关系的群体；调度台在调度系统中处于核心地位，调度总机是为调度台服务的，而程控交换机的话务台只是完成来话转接；调度台在紧急情况下要求快速接通，调度总机的操作要求简单，如单一用户要求一键通等。

调度总机选叫某一分机时，选叫信号同时通过传输线送往各个分机，但只有相应被选的该部分机才能接选总机的选叫信号而振铃。分机振铃后，拿起话柄按下送话按钮便可对总机讲话。此时，总机如处在受话状态可直接听到分机的应答。总机呼叫分机时分机振铃三次无应答则自动断线，在分机上留有来电信息，分机呼叫主机时自动接通。

2）调度台

调度台配置在控制中心，有传统的按键式调度台和基于 PC 屏幕的软调度台。

① 按键式调度台，有的调度台提供互相独立的双手柄，可由两个调度员共用一个调度台进行调度。调度台可单键完成单呼、固定组呼全呼功能，并有会议功能，能对分机进行任意的编组呼叫。调度台配置有液晶显示屏，用以显示时间、引导操作提示、来话信息、通话信息等。调度台一般有热线键、拨号键和功能键。热线键的一个热键对应一个用户、一组用户或全部用户，可以实现“一键通”；拨号键和传统的电话号盘一样，可在热线键损坏时拨出电话号码或拨出外线电话；功能键有通话保持、重拨、免提、翻页等。按键式调度台如图 10-13 所示。

② 基于 PC 屏幕的软调度台由 PC 构成，通过 BRI 或 USB 接口连接调度机。提供基于软件设计的控制界面，将热键、功能键、席位键通过显示器，呈现给调度员，可以配置为鼠标或触摸屏模式，既可以用鼠标控制，也可以用手直接点击触屏进行操作，完成一键呼出、选择接听、启用功能、组织会议、呼叫记录查阅等所有的控制。软调度台通过改进软件和增加摄像头可以组成多媒体调度台，提供可视调度电话。基于 PC 屏幕的软调度台如图 10-14 所示。

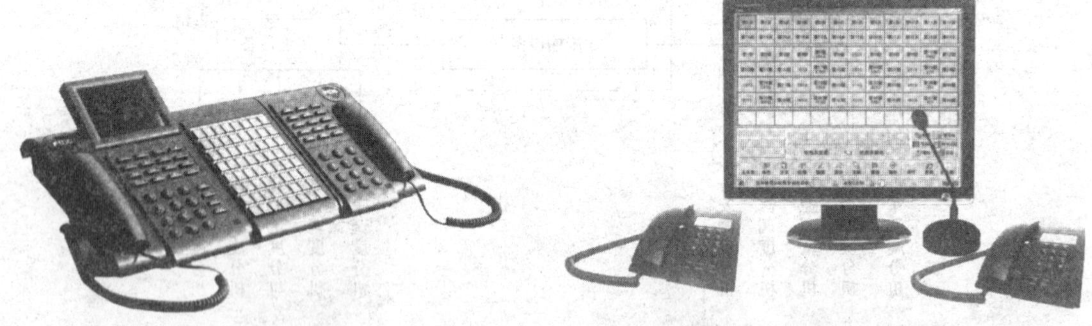

图 10-13　按键式调度台　　图 10-14　基于 PC 屏幕的软调度台

3）调度分机

调度分机配置在车辆段和各车站，通常采用普通话机或数字话机。调度总机与分机间点对点连接，分机接到中心调度员的选叫时铃响，业务员拿起话机手柄按下送话按钮即可与调度员通话；分机呼叫总机，摘机后无需按键即可直接接通总机，分机设有单工通话按钮和紧急呼叫键。

3. 调度电话子系统的组网方案

调度电话子系统有如下五种组网方案。

（1）单机无级调度网组网方案（方案 1）

该方案是在控制中心配置一台控制中心调度机，采用用户接入网方式连接各车站（车辆段）的调度分机。局端的 E1/DSSl（30B + D）接口，通过城市轨道交通专用传输网的 PCM 一次群链路，以点对点的方式连接各车站（车辆段）的远端 PCM 接口架。利用该接口架所提供的 POTS 或 2B + D 用户接口，连接各车站（车辆段）的调度分机，形成如图 10-15 所示的单机无级调度通信网。

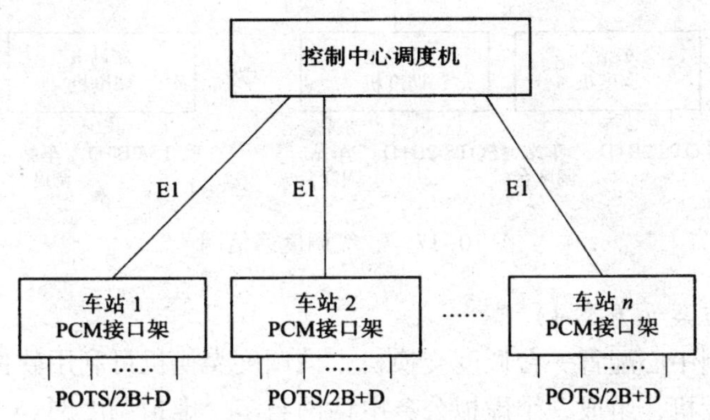

图 10-15 单机无级调度通信网

（2）双机调度网组网方案（方案2）

该方案是在控制中心与车辆段各配置一台调度机，设置在控制中心的调度机为主用调度机，设置在车辆段的调度机为备用调度机。形成如图 10-16 所示的具有冗余结构的无级调度通信网。

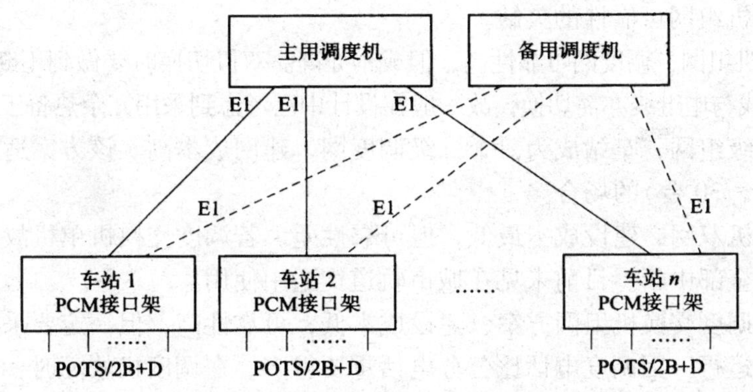

图 10-16 具有冗余结构的无级调度通信网

（3）二级调度网组网方案（方案3）

该方案是在控制中心配置一台一级控制中心调度机，各车站（车辆段）均配置一台二级调度机。二级调度机的中继接口连接一级调度机的用户接口，形成如图 10-17 所示的二级调度通信网。车站级调度网可配置车站值班员调度台（一般用数字话机代替）对各调度分机进行车站级调度。

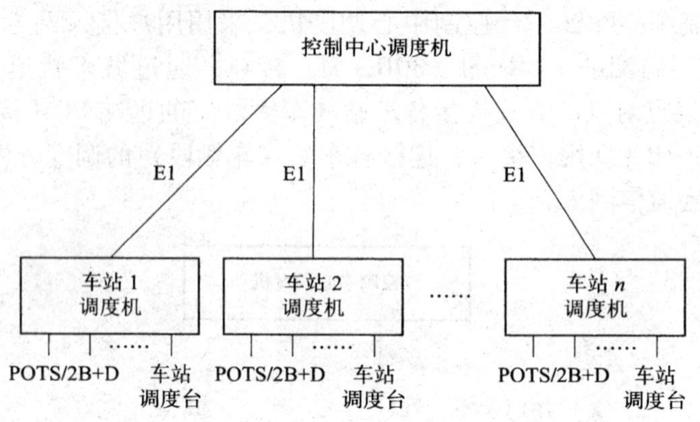

图 10–17　二级调度通信网

（4）单机双网方案（方案 4）

该方案是在控制中心配置一台调度交换机，该调度交换机可利用软件设置成一台虚拟交换机与一台虚拟调度机，组成一个虚拟公务电话网与多个虚拟调度网。

（5）两台调度交换机组网方案（方案 5）

该方案是在控制中心配置两台调度交换机，其中一台作调度机使用，另一台作为交换机使用。若调度机故障，其调度功能转至交换机。此时，交换机的某些数字话机作为临时调度台，用以对各调度分机维持简单的调度功能。

对上述五种组网方案进行比较，各方案具有如下特点。

方案 1 为单机组网，建设成本低，调度网可靠性较差，可选用公共部分全冗余热备的调度机，以弥补单机组网可靠性的欠缺。

方案 2 为双机组网，调度网可靠性高，但成本亦高。双机切换时要做到不断话，有一定技术难度，加上用户线与中继线亦需切换，故一般在设计中已考虑到采用冗余热备工作的调度机。

方案 3 为二级组网，车站成为一个二级调度网，建网成本高。该方案适用于车站配置较多调度分机(20 ～ 30 台)的场合。

方案 4 为单机双网，建设成本最低，但可靠性差。若调度交换机单机故障，公务电话网与调度网的通信全部中断。目前未见在城市轨道交通中使用。

方案 5 两台调度交换机组网方案，建设成本低，可靠性高，但一定要采用两台有调度功能的交换机组网运行。因调度电话比公务电话重要得多，在调度机故障时，利用公务电话交换机部分资源维持调度电话的畅通，是个合理的方案。

目前在城市轨道交通中方案 1 用得最多，但方案 5 值得提倡。

10.2.2　站内电话子系统

在车站内的站厅、站台、售票厅、客服中心和站控室等不同的工作地点和工作人员通常会有频繁的通信联系，若这些车站内通信通过公务电话会加重公务电话交换机和传输系统的负荷，二则拨号连接的方式不适合站内通信，所以在车站内部配置相对独立的电话交换系统。

1. 站内电话子系统的功能

① 提供车站（车辆段）内重要部门有关人员直接通话功能。

② 提供本站值班台与相邻车站或其他相关车站值班台，以及大区间值班台之间的双向热线通话功能。

③ 提供乘客或车站工作人员在紧急情况下使用的紧急电话通话功能。每台紧急电话都设置成热线方式，用户摘机即连接至车站值班台上，各车站的站台两侧设置 2 台紧急电话。

④ 提供轨旁作业人员与邻近车站值班员的直接通话功能。

⑤ 提供拨号进入城市轨道交通公务电话系统通话功能。

2. 站内电话子系统的组成

站内电话子系统由用户小交换机（或公务电话交换机远端模块）、车站值班台（主机）、电话分机和传输网络组成。站内电话子系统的分机除了提供公务电话外，主要提供站内各分机与车站值班主机（台）之间的直达通信或分机间的拨号通信服务。

（1）车站电话交换机或远端模块

车站电话交换机通常采用程控数字用户交换机。车站交换机可以采用 PRI（30B + D）中继接口，通过城市轨道交通专用传输网的 PCM 一次群链路，连接公务电话交换机；采用 E&M 或环路中继连接相邻车站或相关车站值班台。该交换机要求具有 POTS 和 2B + D 用户接口，具有话台（值班台的数字话机）转接、话台监听、热线、延时热线、强插、强拆等功能。

车站电话交换功能亦可采用公务电话交换机的远端模块来实现。对远端模块的要求同车站程控数字用户交换机，但远端模块与公务电话交换机之间可采用 E1/内部信令连接。

（2）车站值班台

设置在车控室的车站值班台（车站主机），供车站值班员使用。一般采用高性能的数字话机作为车站值班台，要求该数字话机具有用户交换机话务台的功能，还可提供与车站交换机的人机接口，起到维护、控制终端的作用。

（3）电话分机

连接车站交换机的分机采用普通话机，分为站内热线分机与公务电话分机。若控制中心和车站（车辆段）均采用调度交换机则还可连接调度分机。

（4）传输网络

车站交换机的站内分机可用普通电话线进行连接；轨旁电话、相邻车站值班台可用隧道电缆（应考虑电气化铁道的干扰）进行连接；其他相关车站值班台可通过专用传输系统和 PCM 接口架提供的话路进行连接。车站交换机与公务电话中心交换机之间，通过城市轨道交通专用传输系统提供的 E1 链路进行点对点的连接。

3. 站内电话子系统的连接方式

站内通信的连接方式，可供选择的几种方式如下。

站内电话可以用普通拨号方式建立连接，也可选择各分机与车站值班台（即站控室主机、值班员话机）采用热线通话方式，分机间的通话由车站值班室转接，后者热线方式比较常用。

另外，还可采用延时热线方式，既分机摘机后等待 5s 不拨号即呼叫车站值班室，若摘机后 5s 内拨了其他号码则与其他分机通话。该通信建立方式是上述两种方式的折中。

10.2.3　站间和轨旁电话子系统

1. 站间行车电话子系统

站间行车电话是供相邻两车站值班员之间联系有关行车事务的直通电话，即行车电话机双方的任何一方摘机即可与对方通话。这种直通电话终端设备可独立设置，也可利用车站交换机的双向热线电话功能来实现。站间行车电话通话范围是局限于两个车站值班员之间，一般不允许越站通话（如图 10-18）。

站间行车电话通过城市轨道交通专用传输通道与 PCM 接口架所构成的模拟话音通道互连；同时，利用隧道中多芯市话电缆的一对芯线作为备用通道。

2. 轨旁电话子系统

轨旁电话如图 10-19 所示。轨旁电话（即区间电话、隧道电话），安装在隧道内或地面、高架线路旁。它是为系统运营和维护及应急需要设置，是列车司机和维修人员在紧急情况下及时联系车站及相关部门的一种手段。轨旁电话由轨旁电缆连接于站内交换机，通过站内电话子系统连接邻站的车站值班台或接入公务电话网，为隧道内、地面、高架线路旁的维修人员和紧急情况下的列车司机提供通信服务。

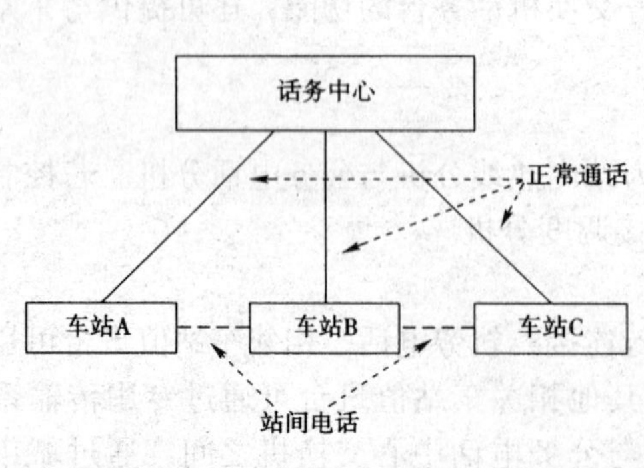

图 10-18　站间行车电话

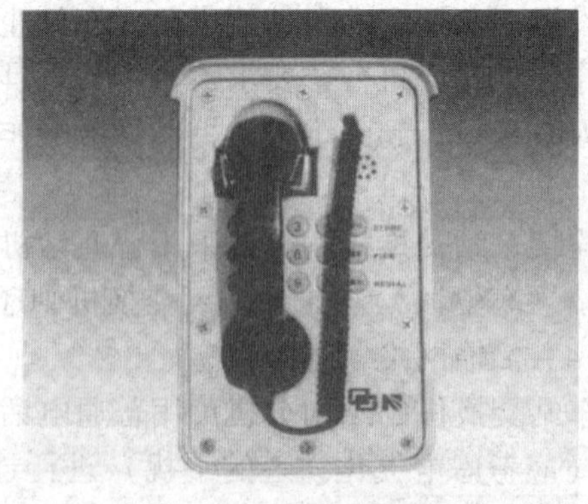

图 10-19　轨旁电话

轨旁电话一般通过轨旁电缆连至最近的车站交换机，通常以区间中心为分界点，两边的轨旁电话分别连接左、右车站的车站交换机。考虑其使用的特殊性，一般每隔 150 ～ 200 m（地面或高架线路每隔 200 ～ 500 m）通过分支电缆安装一台轨旁电话，3 ～ 4 部轨旁电话机可并接使用同一号码，并且用多部电话交叉配置的方式以增加可靠性。

轨旁电话应具有防尘、抗冲击、防潮、防鼠噬、防雷击（专指地面轨旁电话）等特性。轨旁电话还可同时接站内电话和公务电话，通过插座或开关实现站内电话与公务电话间的号码转换。

10.3 电话录音系统

电话录音系统应确保地铁控制中心调度员与车站运营人员之间调度指令和安全指令的正确保存，可对每个话路进行录音、监听、回放及识别来电号码，并运用信息化、网络化的技术，为地铁调度提供现代化的管理手段，提高管理部门信息的收集、处理能力，联动及反映能力，为各级管理人员提供准确、及时的分析数据，提高管理的工作效率。

电话录音系统采用控制中心综合设备室的集中录音方式，采用带各种接口的双机热备数码式录音系统。在控制中心综合设备室设置集中录音系统网管服务器和录音查询终端，车辆段通信信号车间设置集中录音系统远程维护网管终端。各车站、车辆段（含综合基地）和停车场需录音的电话（含公务、专用、无线电话）和广播语音，通过PCM音频通道上传至控制中心，进行集中录音。集中电话录音系统如图10-20所示。

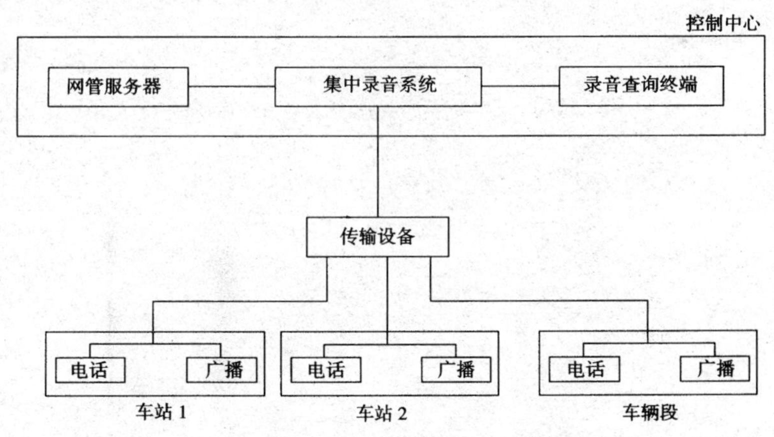

图10-20 集中电话录音系统

录音系统虽然是通信系统中一个独立的系统，但是它和电话系统关系密切，电话系统特别是调度电话都有录音系统接口，以便实现调度员与分机、调度员之间通话的录音。

录音系统应具有录音、监听、通话统计、分级密码管理、来电显示等功能，可对各个录音节点的录音数据进行快速查询回放；集中录音系统与时钟系统定时进行校时服务，确保录音纪录与实际时间的一致性。

录音系统应能提供24小时、365天不间断录音服务，应能保存3个月记录数据，并可外置储存。数字式集中录音设备具有多路实时录音功能，实时录音记录，以便随时重放通信实况。可靠性高，复原度高，保密性好，不可删改，查询方便。数字集中录音设备应为双机热备份，在故障情况下可自动转换，并具有手动转换功能；数字集中录音设备需要满足多信道同时 24 小时不间断录音、不漏录的要求。在维护人员进行查询、监听或维护操作时，不影响设备正常录音功能；对录音设备查询、检索、监听、输出录音需使用分级密码权限管理，以方便对录音的管理。

复习思考题

1. 公用电话系统的功能及构成？组网方式及其优点有哪些？
2. 程控数字电话交换机交换网络的空分、时分接线器基本原理是什么？
3. 调度电话的功能、构成配置及其与公用电话的区别有哪些？
4. 站内电话和轨旁电话配置的特点有哪些？
5. 录音系统的功能和要求有哪些？

11 第 11 章 无线调度通信系统

城市轨道交通的无线调度通信系统为控制中心调度员、车辆段调度员、车站值班员等固定用户与列车司机、防灾、维修、公安等移动用户之间提供无线通信手段。城市轨道交通无线通信除了应满足运营本身所需的列车无线调度通信和车辆段无线通信外，根据运营管理的实际情况，还必须满足管理所需的必要的调度通信，如日常维修的维修调度无线通信，紧急情况下防灾调度无线通信以及必要的站务无线通信等。其中运营线路无线通信系统，用于运营线路控制中心调度员对相应的无线用户实施调度专用无线通信；车辆段/停车场无线通信系统，用于车辆段/停车场值班员实施调度作业专用无线通信。

城市轨道交通的无线调度通信系统必须满足行车安全、应急抢险的需要，并考虑“互联互通”的需要。目前，城市轨道交通无线调度通信系统均采用 TETRA 数字集群通信系统组网，该系统在保证行车安全及处理紧急突发事故方面有着不可替代的作用，同时还能为各个部门提供便利的通信手段。

知 识 点

1. 无线调度通信系统的组成；
2. 无线通信方式和多址技术；
3. 无线集群调度系统的功能；
4. 无线集群调度系统的控制和运行方式。

技能目标

1. 熟悉无线集群通信的特点；
2. 掌握专网调度和集群调度方式的区别；
3. 掌握无线集群通信的集群和控制方式。

11.1

无线调度通信技术基础

11.1.1　无线调度通信系统的组成

无线调度通信系统的组成如图 11-1 所示。无线调度通信系统的组成与公众移动通信网的组成十分相似。但在无线调度通信中以单工、半双工（单频道双工）、组呼为主，且用户之间有严格的上下级关系，允许实现强插、强拆和监听等功能。

无线调度通信系统由移动交换机、归属用户数据库（HDB）、访问用户数据库（VDB）、鉴权服务器（AuS）、网管服务器（NMS）、基站控制器（BSC）、基站（BS）、移动台（MS）、固定台、调度台等组成。

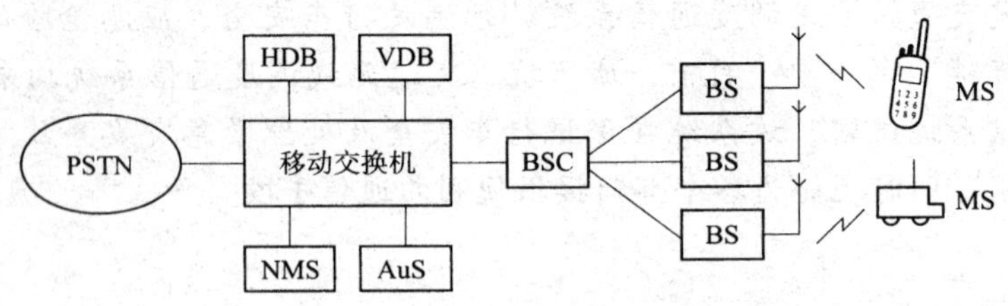

图 11-1　无线调度通信系统的组成

无线调度通信系统提供调度台与移动台、移动台与移动台、移动台与公众电话网用户之间的通信。当移动台呼出时需通过系统的鉴权，移动交换机才能将该次呼叫连接到被呼用户；当移动台被呼时，移动交换机需从用户数据库中查到移动台所在的基站位置，并在该基站进行寻呼，被呼移动台应答后，移动交换机连接主、被叫用户。

在移动通信中从基站到移动台的无线频道称为下行频道或前向频道；从移动台到基站的无线频道为上行频道或后向频道；一对上下行无线频道合成为一条无线信道，有时亦称上行或下行无线信道，严格地说为上行或下行无线频道。

在单个无线调度通信系统组网时，不存在漫游用户，无需设置访问用户数据库；在多个无线调度通信系统组网时，系统间存在漫游用户，才需要配置访问用户数据库。

11.1.2　无线调度通信的通信方式

在无线调度通信中，其无线终端带有 PTT 发送讲话键，按下 PTT 键时打开发信机关闭收信机，松开 PTT 键时关闭发信机打开收信机。可以采用单工、半双工、全双工三种通信方式。

（1）单工通信方式

单工通信是只支持数据在一个方向上传输，与传呼机一样，如甲可以向乙发送数据，但是乙不能向甲发送数据。在单工方式下每个移动台只占用一个无线频道（发送占用上行无线频道或接收占用下行无线频道），多数用于组呼。在组呼中，同一基站的通话组成员，可共用一个下行无线频道进行收听。

（2）半双工（准双工）通信方式

半双工通信是指一个时间段内只有一个动作发生，同一根传输线既作接收又作发送，虽然数据可以在两个方向上传送，但通信双方不能同时收发数据。例如甲方呼叫乙方，按下 PTT 键讲话，乙方接听；或乙方按下 PTT 键讲话，甲方收听，甲乙双方不能同时讲话。采用半双工方式时，通信系统每一端的发送器和接收器，通过收/发开关转接到通信线上，进行方向的切换，因此，会产生时间延迟。半双工时，每个移动台只占用 1 个无线频道（发或收），可用于组呼和选呼。

（3）全双工通信

全双工通信可以同时进行双向传输，此时收发信机同时打开，双方可以同时讲话。全双工通信方式下，每个移动台同时占用收、发 2 个无线频道，多数用于移动台用户与公众电活网用户之间的通信。

采用单工和半双工可以节省无线信道资源，并降低无线终端设备耗电。

11.1.3　专网调度和集群调度方式

1. 专网调度方式

专网调度方式是根据用途配置频道，多少用途多少频道。一个调度专网配置一组专用载频，即使载频空闲，其他专网亦不能使用。例如一条城市轨道交通线路建立了行车调度、维修调度、防灾调度、公安调度等专网，则各专网所分配的载频不能互相通用。

2. 集群调度方式

集群调度方式是所有用途共用一个频道，根据需要临时分配，设置一个控制频道和若干通话频道，通话频道数目少于用途数，平时移动台接收中心控制和向中心返回信息，通话时由中心分配通话频道，结束自动返回。集群调度将几个专网合并，共用一组公共载频，建立一个集群调度网。在集群调度网中各专网以虚拟专网形式存在，各虚拟专网有自己的调度台与移动台，用户并不感觉到其他虚拟专网的存在，使各虚拟专网可以共享公共载频资源。

集群调度方式按照动态信道指配的方式实现多用户共享多信道，与专网调度方式相比有如下优点。

① 共用频点。原分配各部门的频率集中，供各家使用。无线电管理委员会分配给各部

门的频点，由各虚拟专网共用。系统采用动态信道分配方式，使各信道话务分配均匀，提高了载频的利用率。

② 共用设施。将各家分建的控制中心和基站集中合建。各部门的虚拟专网可共用无线集群系统的核心网与无线接入网设备，例如共用移动交换机、BSC、BS 与系统的数据库和服务器等。

③ 共享覆盖区。各家邻近覆盖区网络互联，获得更大覆盖区。无线集群调度基站所覆盖的区域，可供各虚拟专网用户共同使用。

④ 共享通信业务。利用网络有组织地发送各种专业信息。无线集群调度核心网可与PSTN、互联网互联；短消息、WAP、定位等的应用，以及各种信息资源等可供各虚拟专网用户共同使用。

⑤ 分担费用。共同申请频点、共同建网和使用维护网络，可极大降低机房、架设天线、电源等设备投资，减少运营人员、维修及管理人员分摊费用。

11.1.4　无线调度通信的多址技术

在无线调度通信系统中各基站和移动用户终端间的通信，共用一个空间物理媒体。需要采用不同的信号特征去表征每一个无线信道，以便接收端能够选择接收所需的无线信道。无线集群调度通信系统采用多址技术，类似于有线传输中的多路复用技术。实现多址连接的理论基础是信号分割技术，也就是在发送端改变信号的某些特征，使各站所发射的信号有所差异。在接收端具有信号识别能力，能从混合信号中选择出所需要接收的信号。

一个无线电信号可用若干参量来表征，其中最基本的参量是射频频率、信号出现的时间、信号出现的空间、信号的码型、信号的波形等。按照这些参量的分割，可以实现多址连接的无线通信多址方式有：频分多址（FDMA）、时分多址（TDMA）、空分多址（SDMA）和码分多址（CDMA）等。目前，在无线通信系统中所采用较多的多址方式是频分多址、时分多址和码分多址。

1）频分多址（FDMA）方式

频分多址是在发送端对所发信号的频率参量进行正交分割，形成许多互不重叠的频带。在接收端利用频率的正交性，通过频率选择（即滤波），从混合信号中选出所需接收的信号。

在无线通信系统中，频分多址是把通信系统所占有的频段，划分成若干个相等间隔、互不重叠的频道（称为子频道），把每个子频道分给不同用户专用（称为地址）。这些频道的宽度正好能传送一路话音信息。为了实现双工通信，收发使用不同的频率（频分双工 FDD），且收、发频率之间要有一定的间隔，以防止同一部移动终端或同一个基站发射机对接收机的干扰。这样，在频分多址移动通信中，每个用户在通信时要占用一对频道（一个信道）。

在频分多址无线通信中，基站的每一个信道需要配置一套昂贵的收发信设备，使得基站设备的造价很高。另外频分多址无线通信占用一对载频的一个信道，仅能通一路电话，使得频率资源利用率很低。在模拟无线通信系统中，只能采用频分多址方式，频分复用（FDM）用于模拟传输过程时，信道传输速率为 30 kHz，所有信道都可以作为单信号被扩大、控制，并转换为频带传送至目的地。而在数字无线通信系统中，频分多址、时分多址和码分多址 3 种多址方式均可采用，但很少采用纯频分方式。

2）时分多址（TDMA）方式

时分多址是在发送端对所发信号的时间参量进行正交分割，形成许多互不重叠的时隙。在接收端利用时间的正交性，通过时间选择（选通门）从混合信号中选出相应的信号。

时分多址把时间分割成周期性的帧，每一帧再分割为若干时隙，然后按照时隙分配原则，使移动台在每帧指定时隙内向基站发送信号，基站接收各移动台按时间顺序发来的信号。与时分复用不同，在时分多址无线通信中，在上行方向，各移动台发射到基站的信号是呈时间分割的突发信号。因各移动台到基站的距离不等，造成各突发信号的传播时延不等。为了使基站所接收各移动台的突发信号之间互不重叠，需要在突发信号间加一定的保护时隙。

时分多址只能传送数字信息，模拟话音必须先进行模数转换（话音编码），再送到调制器对载波进行调制，然后以连续（基站）或突发（移动台）信号的形式发射出去。时分多址又可分为 3 ～ 4 路复用和 8 ～ 10 路复用。在 TETRA 无线集群通信系统的时分多址制式中，对一个 25 kHz 带宽的载频进行 4 路（1 帧 4 时隙）时分复用。

采用 TDMA 数字无线通信系统，可以有效地提高频谱利用率，减少基站的载频数，从而降低了基站的成本，同时还可方便地开通数据业务。TDMA 比 FDMA 具有通信信号质量高、保密较好、系统容量较大等优点，但它必须有精确的定时和同步以保证移动终端和基站间正常通信，技术比较复杂。

3）码分多址（CDMA）方式

码分多址方式是发送端用各不相同的、相互（准）正交的地址码调制其所发送的信号。在接收端利用码型的（准）正交性，通过地址识别（相关检测）从混合信号中选出所需的信号。码分多址方式的特点如下。

① 网内所有用户可以使用同一个载波，占用相同的带宽。

② 各个用户可以同时发送或接收信号，所以各用户的发射信号在时间上、频率上都可能互相重叠。因此传统的滤波器或选通门是不能用来分离信号的，对某用户发送的信号，只有通过与其匹配（其接收端本地码型与发送端码型一致）的接收机通过相关检测才能正确接收。

③ 因网内所有用户可使用同一载波，故接收机的信号干扰比远小于 1。为了把各用户间的相互干扰减至最小，并且使各个用户信号占有相同的带宽，码分系统必须与扩频技术相结合，使信号所占的频带极大的展宽（一般在百倍以上）。

④ 系统的接收端必须有与发送端完全一致的本地地址码，用来对所接收的信号进行相关检测。将地址码之间不同的相关性，转化为检测器输出信号频谱宽窄的差异，然后用窄带滤波器滤出所需信号。

⑤ CDMA 采用宽带传输，抗衰落能力强，频率利用率高，不需频率规划。

11.1.5　无线调度通信的射频调制技术

在无线通信中，发射机将基带信号调制到射频（载频）频率上的频带调制常称为射频调制；接收机完成其相反的过程称为射频解调。

在发送方，发射机通过射频调制将有用信息加载到载波上，形成已调振荡，并通过天线发送出去。在接收方，接收天线接收已调振荡，送接收机进行放大，并对已调振荡进行解调，解调出原始信号。接收机的解调分为相干解调与非相干解调，相干解调需要有本地的基准振荡或本地地址码作为解调的参考值；而非相干解调利用自身前后信号的差值来解调，不需要解调的参考值。

调制是用基带信号去改变正弦振荡的某些参数（幅度、频率、相位），以使被调正弦振荡携带该基带信号；而其逆过程则称为解调。因数字信号只有0和1作为简单的开关信号，故信号调制称为键控。数字信号幅度调制称为移幅键控（ASK），频率调制称为移频键控（FSK），相位调制称为相移键控（PSK）；采用相位变化值来代表开关信号，称为差分相移键控（DPSK）。

11.2 无线集群调度系统

11.2.1 无线集群通信及其特点

1. 无线集群通信

无线集群通信系统是把有限的信道集中起来，通过自动、动态、快捷的分配方式，为众多的用户所共同利用的一种调度系统。通常情况下，它专门用于生产和运行管理；紧急情况下，用于处理突发事件，是当今最有效的调度指挥通信工具。集群通信系统的本质是允许大量用户共享少量通信信道和虚拟专网技术。其工作方式与移动电话系统相似，由一个交换控制中心根据需要，自动为用户指定无线信道。其不同点在于集群通信以组呼为主，用户之间有严格的上下级关系，用户根据不同的优先级占用或抢占无线信道，呼叫接续要快，且以单工、半双工通信为主要通信方式。

集群通信已从单基站发展到多基站、大范围的越区通信，尤其是在世界范围内推出数字无线集群通信后，其性能日趋完善。

2. 无线集群通信的主要特点

与公众蜂窝移动通信系统相比较，无线集群通信系统具有以下主要特点：

① 呼叫接续速度快（300 ～ 500 ms）；

② 以组呼为主，同基站群组内用户共享下行无线频道；

③ 采用按键讲话（PTT）方式，进行单工或半双工呼叫；

④ 支持私密选呼与群组呼叫；

⑤ 组内呼叫和讲话时，需按住 PTT 键，同组被叫不需要摘机可直接接听。

11.2.2　无线通信的集群和控制方式

1. 集群通信系统的集群方式

集群通信系统的集群方式系指如何给集群用户之间的一次通话分配无线信道。根据无线集群通信系统的信道不同，集群方式（信道分配方式）可分为：消息集群方式、传输集群方式和准传输集群方式。

1）消息集群方式

消息集群又叫信息集群。这种方式在用户通话期间，分配固定无线信道，信道保留时间为 6 ～ 10 s。即若话间停顿不超过 6 ～ 10 s，就始终占用一条固定的无线信道，也就是移动用户在松开 PTT 键 6 ～ 10 s 时间内不释放所占用的信道（不脱网），若在保留时间内原用户按 PTT 键，将保持原来信道，若超过保留时间，该信道将分配给其他用户通话。如图 11-2 所示，这种方式由于在用户双方通话停顿时间仍占用信道，以及通话结束后还要占用 6 ～ 10 s 时间的无线信道，所以造成了无线信道资源的浪费。

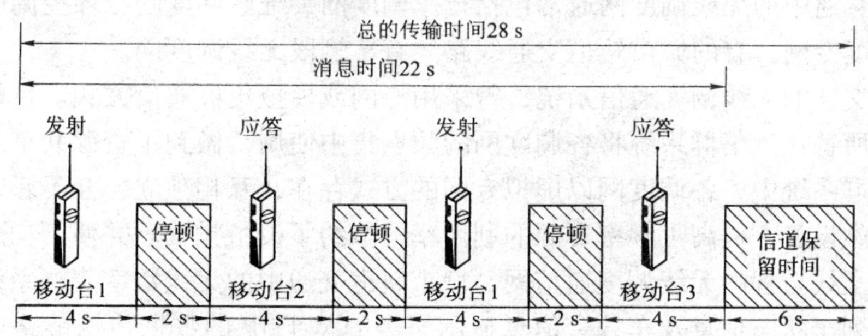

图 11-2　消息集群方式示意图

2）传输集群（Transmission Trunking）方式

传输集群方式又叫发射集群，系指甲、乙双方用户在单工或半双工工作时，甲方按下 PTT 键即占用一个空闲信道工作，当甲方讲完话松开 PTT 键时，该信道空闲即可分配给其他用户使用，若乙方回话按下 PPT 键，需重新占用空闲信道。这样甲、乙双方用户在通话过程中的讲话停顿和讲话结束后均不需占无线信道，提高了无线信道利用率。传输集群的缺点是在通话停顿后需重新排队占用空闲信道，在“高峰”话务量期间会造成通话的不连续。

3）准传输集群（Quasi Transmission Trunking）方式

该方式兼顾了消息集群与传输集群的优点，即在消息集群的基础上缩短了信道保留时间，在用户松开 PTT 键后保留信道的时间约为 0.5 ～ 6 s。准传输集群传输方式是由 MOTOROLA 公司首先采用的，后来很多生产厂商也都采用准传输集群技术，说明了该技术的实用性。

2. 集群通信的信道控制方式

集群通信的信道控制方式有集中式和分散式两种。

1）集中式

集中式控制信道方式，是用专用信道作控制信道，采用中央控制器集中控制和管理系统内信道的方式，它接续快、功能设置多、连续分配信息、遇忙排队、自动呼叫。专用控制信道产生碰撞，定时询问：对每个移动台分配专用时隙；竞争体制：几个信道轮换作专用信道，定期轮换。

2）分散式

分散式控制信道方式，是基站台转发器单独的智能控制器负责信道控制和信号转发，各转发器信息交换通过高速数据总线进行；移动台在任何空闲信道接入，时间短、可靠性高、效率高。

11.2.3 无线集群调度系统的功能需求

1. 城市轨道交通的无线集群调度系统

城市轨道交通中的无线调度网通常包括行车调度网、维修调度网、环控调度网、公安调度网等无线调度专网，有的城市轨道交通线路还有车辆段无线调度网。

城市轨道交通的无线调度通信系统，曾采用专网或模拟集群通信方式。目前，均被数字集群通信方式所替代。集群系统将各调度网的频点集中使用，做到了资源共享。

在数字集群系统中，各调度网以虚拟专网的方式存在，互相独立，互不影响。各调度网共享频点和基站设备，提高了频率资源的利用率，节约了设备投资。并便于构成一个统一的城市轨道交通全线全程的无线调度通信网。城市轨道交通中的无线数字集群系统还为数传调度台提供传递列车状态信息及车载台信息显示所需的基于 IP 的数据传输链路。故在城市轨道交通无线调度通信中，数字集群系统充分地体现了它的特点。

例如，目前城市轨道交通的行车调度广泛使用计算机辅助调度（CAD）子系统，该系统接收来自 ATS 的信息（包括车次号、机车号、位置等信息）自动生成行车控制信息，并将 CAD 功能集成到行车调度台上。CAD 子系统通过应用程序接口（API）接入数字集群系统，通过集群系统实现了将列车运行的状态信息（本次列车位置、速度等信息）显示在被呼司机车载台的屏幕上。除此以外，车载台还可根据位置信息，自动完成基站之间的信道切换功能（指自动完成列车的追踪切换沿线的车站值班员）。

城市轨道交通无线集群通信分机间具有脱机对讲功能（相当于对讲机），故在司机与调度员不能正常通话的紧急情况下，利用该功能，司机可直接呼叫车站值班员，起到应急通信的作用。城市轨道交通无线集群通信系统具有选呼、组呼、列车广播、优先呼叫、强拆、强插、调度通话录音、后台监听等多项功能。

2. 无线集群调度系统的功能需求

根据城市轨道交通运营组织和管理要求，集群调度系统应满足以下用户群的通信需要。

① 控制中心行车调度员与在线司机之间的通话。

② 列车司机之间的通话（通过行车调度员调度操作控制台转接）。

③ 综合控制室值班员与站内移动工作人员之间的通话。

④ 各维修小组移动维修作业人员之间的通话（包括车辆维修小组、机电维修小组、工建维修小组、供电维修小组、生产管理组等）。

⑤ 防灾作业人员之间的通话。

⑥ 车辆段/停车场行调值班员与车辆段/停车场内列车司机之间的通话。

⑦ 车辆段/停车场值班员与车辆段/停车场内持便携台作业人员之间的通话。

⑧ 车辆段/停车场防灾值班员与相关移动人员之间的通话。

⑨ 车辆段/停车场内持便携台作业人员之间的通话。

⑩ 公务电话用户与移动用户之间的通话（经授权）。

⑪ 不同组员之间通过调度操作控制台转接通话。

除了传统的话音通信需求，利用无线系统提供的无线数据传输通道，还可以在地面系统与车载系统之间提供数据传输通道。

11.2.4　无线集群调度系统的结构与运行方式

1. 无线集群调度系统的结构

根据城市轨道交通无线集群调度系统的功能需求，无线集群调度系统主要为下列三种用户提供服务。

（1）无线用户

此等用户可在系统无线覆盖范围内随意漫游，并经过移动台进入并使用系统功能。

（2）调度台用户

此等用户可使用系统之进阶功能，并从而有效地管理，并与不同的无线用户群进行沟通。调度台用户使用调度台进入并使用系统功能。

（3）系统管理员

负责进行日常对系统的管理和维护；系统提供一系列的管理应用以帮助系统管理员完成此职责；使用无线网管进入并使用网管应用系统功能。

按照用户需求，城市轨道交通无线集群调度系统应采用配置多个基站的无线覆盖结构，每一个基站为个别地点提供无线覆盖，每一个车站自成一个小区，无线移动台用户可从一个小区移动到相邻小区。无线用户使用移动台，并通过空中接口协议与各基站连接。此协议提供一个机制，供各无线移动台在无需用户的干预下自动选择一个最合适的基站进行注册。图 11-3 为多个基站同时提供的无线系统覆盖。

由于无线电波在隧道中传输很困难，它被隧道墙壁很快吸收，从而使电波的传输衰耗大大增加，限制了通信距离。据有关试验表明，隧道中传播电波的频率越高，衰耗越小，例如在长 3 000 m、宽 80 m、高 4 m 的隧道中，在 153 MHz 和 300 MHz 的频率上，传播的衰减速度分别为 40 dB/300 m 和 20 dB/300 m。为了解决电磁波在隧道中传输的问题，通常采用沿隧道

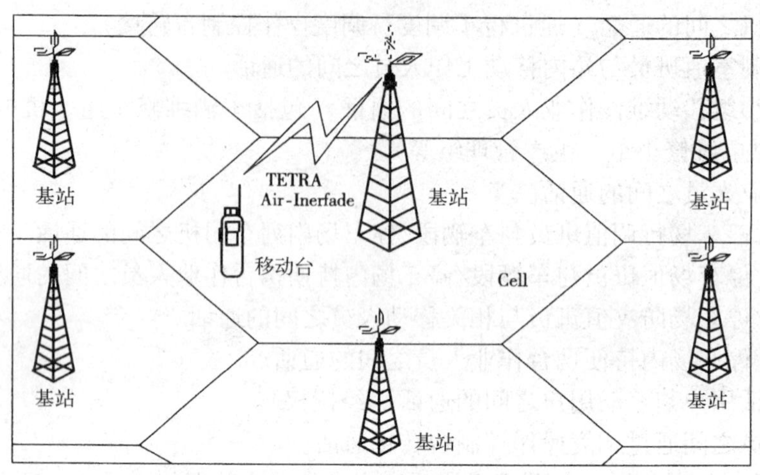

图 11-3　多个基站同时提供的无线系统覆盖

敷设波导线的方法（最常用的波导线是漏泄同轴电缆），使电磁波沿着波导线传播，从而减少传播衰耗。

图 11-4 展示了一个全套配置的无线集群调度系统的构成框图。此系统主要包括下列功能模块：核心子系统、网关路由器、无线基站、调度设备、网管终端等。在此系统内再增配一些选项并自成系统，如核心冗余备份子系统、电话子系统、短数据子系统和分组数据子系统。总的来说，除了分组数据子系统需要短数据子系统的支援，和每一个应用编程界面需要经过边界路由器来实现二次开发应用外，每一个选项子系统为一个独立工作个体。

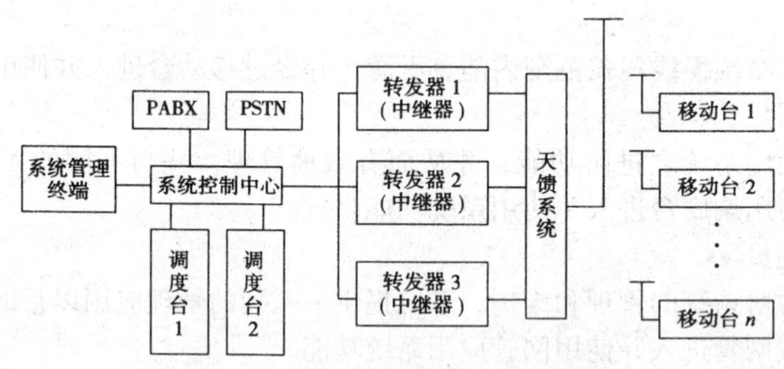

图 11-4　无线集群调度系统构成框图

2. 无线集群调度系统的运行方式

① 调度呼叫下属用户。调度台人机界面选中移动台名称，系统通过 CAD 服务器转变为无线标示号，中央控制设备经处理传输到用户注册基站发送，移动台接收控制信号并比较，证实呼叫。

② 移动台与调度通话。移动台发送呼叫调度请求，调度回呼。

③ 手持电台之间组呼。本组组呼：组选择按钮在本组，按 PTT 通话；呼叫他组用户：组选择按钮到他组，按 PTT；保持在本组号旋钮，监视对方扫描功能呼叫。

④ 移动台单呼另一移动台。拨出对方 ID 号或预编对方名称呼出。

⑤ 车载电台呼叫车站。组选按钮到呼叫车站组，按 PTT 呼叫；车站电台私密呼叫车站台；所有车站设置到同组，不需呼叫车载电台调到自身组，呼叫时到此组。

⑥ 车站呼叫车载电台。所有车站设置到同组，不需呼叫车载电台调到自身组，呼叫时到此组；车载电台设置优先监视功能，所有车载电台统一设扫描功能，车站呼叫选择此按钮，按 PPT 呼叫。

11.3

TETRA 数字集群通信系统

TETRA 是由欧洲电信标准委员会（ETSI）推荐的一个数字集群标准。TETRA 标准采用时分多址技术，将一个载频的 25 kHz 带宽分为 4 个时隙（信道），可采用大、中、小区覆盖方式。TETRA 系统集调度、移动电话、移动数传和短消息业务于一体，非常适合专网无线调度使用。我国信息产业部接纳 TETRA 为我国数字集群系统行业标准，并将 800 M 专网频段（806 ～ 821 MHz/851 ～ 866 MHz）分配给无线数字集群通信使用。

TETRA 系统具有兼容性、开放性好，频谱利用率高和保密功能强等优点，是目前国际上较为先进、参与生产厂商较多的数字集群系统。由于 TETRA 系统具有调度功能完善、产品选择余地大、技术先进等特点，使之非常适用于专业调度通信网。

11.3.1　TETRA 标准及技术特性

1. TETRA 标准

TETRA 标准描述了在一个 TETRA 系统中的各种接口。图 11-5 中标示出了 TETRA 标准中已确定的 9 种接口。

TETRA 网络被称为“交换和管理基础设施（SwMI）”，包含了控制器（含交换功能）、网关、基站之间的内部接口，而这些接口尚未标准化。TETRA 系统标准接口仅限于 TETRA 网络与无线终端及外围设备之间的接口，核心网与基站的接口未统一。为方便描述，将 SwMI 划分为核心网与基站两部分。以下介绍 TETRA 标准中所包括的 9 种接口。

1）系统空中接口

系统空中接口是一条数字无线电路径，具有如下功能：

① 提供组呼、选呼（私密呼叫）和有线电话呼叫的控制和业务信道；

② 能承载高达 256 Byte 的短数据业务；

③ 能承载电路数据与分组数据业务，其范围从 2.4 Kbps 的高保护数据到 28.8 Kbps（一个载波 4 个时隙捆绑）的无保护数据传输速率或吞吐量；

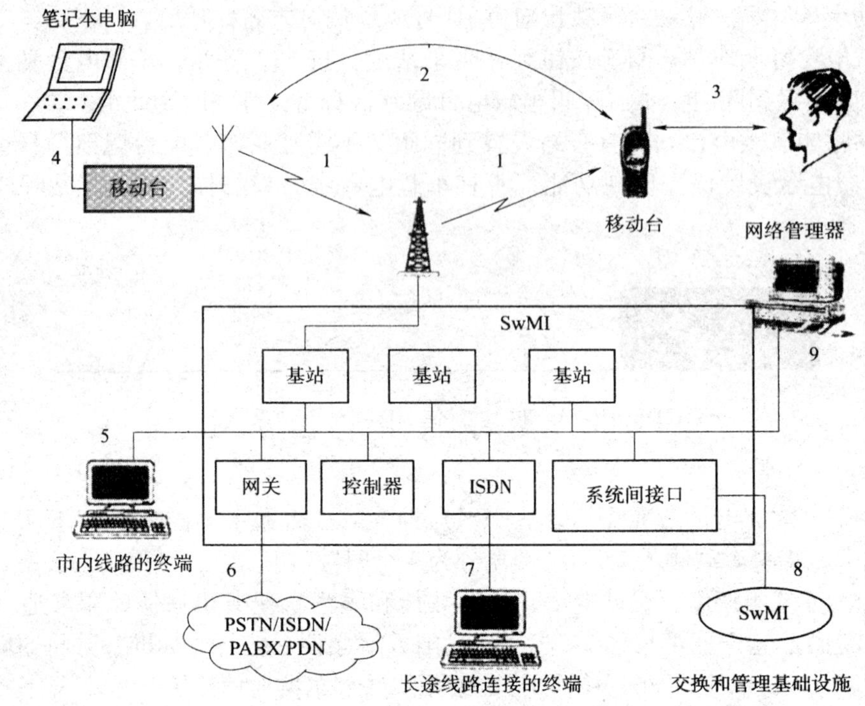

图 11-5　TETRA 标准接口

1—系统空中接口；2—直接模式接口；3—人－机接口；4—终端设备接口；5—本地线路连接的终端；6—网关接口；7—远端线路连接的接口；8—系统间接口；9—网络管理单元接口

④ 位置登记功能，使系统核心网能始终知道移动台所在的基站区域；

⑤ 安全性和对无线终端的鉴权功能。

2）直通模式的空中接口

直通模式的空中接口也是一条数字无线电路径，可以使移动台之间无需经过 SwMI 就能直接进行通信。在以这种模式工作时，可应用的业务有组呼、选呼和短数据业务等。若利用一部无线电台作为移动网关或中继器，还可扩大直通模式工作的覆盖范围。

3）移动台人机接口（MMI）

为了使用户能够更方便地使用不同制造厂商生产的移动台，人机接口规范了一系列标准键盘的用户操作功能。

4）终端设备接口

终端设备接口是移动台和外围数据业务设备（如：PC 机、PDA、打印机、摄像机等）之间的一种接口。

5）网关接口

网关接口能提供与 PABX 网络（不包括 PSTN 和 ISDN 网络）的连接，故可提供网中移动台与 PABX 用户之间的通信。网关接口也包括系统与 IP 内网或互联网的接口。

6）本地线路连接的终端接口和远端线路连接的接口

本地线路连接的终端接口和远端线路连接的接口是 TETRA 系统核心网和本地（市内线

路终端）或远端调度台、网管终端之间的接口。在连接到远端调度台、网管终端时，接口采用 N-ISDN 来完成。

7）系统间接口

系统间接口是 TETRA 系统之间的互联接口，能使不同制造厂商所生产的设备成功地进行连接。此接口将允许在一个网络上的用户漫游到不同网络的覆盖区内。

目前，在两个不同 TETRA 制造厂商设备所组成的网络覆盖范围内的移动台之间，可以互相通话，但除通话功能以外的其他功能不透明。

8）网络管理单元接口

若多个 TETRA 系统采用系统间接口进行互连，则网络管理单元接口只能限定在 ETSI 规定的范围内。

2. TETRA 的技术特性

TETRA 的主要技术特性包括为信道间隔：25 kHz；双工间隔：10 MHz 或 25 MHz；调制方式：π/4DQPSK；调制信道比特率：36 Kbps；语音编码速率：4. 8 Kbps；接入方式：TDMA（4 个时隙）；用户数据速率：7. 2 Kbps（每时隙）；数据速率可变范围：2. 4 ～ 28. 8 Kbps。

11. 3. 2　TETRA 的网络构成及区域划分

1. 网络结构

TETRA 标准定义了一组 TETRA 网络中功能设备之间的接口。这使得 TETRA 网络结构非常简单，规模不限，功能设备的内部结构未作限制。TETRA 网络结构如图 11-6 所示。

TETRA 网络的核心部分称为交换和管理基础设施（SwMI）。在一个大型 TETRA 网络中，SwMI 可以分为核心网与无线接入网两部分，由多个基站、传输链路、交换控制设备、数据库等组成。其核心网部分可以采用电路交换技术，也可以采用 IP 软交换技术。小型 TETRA 网络可以只有一个基站和通过一条链路连接的调度台。

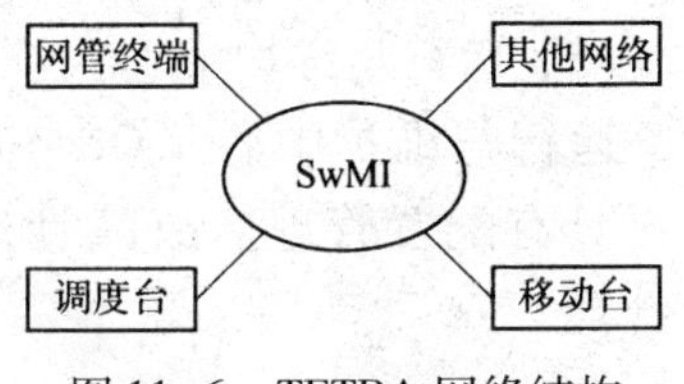

图 11-6　TETRA 网络结构

TETRA 用户通过移动台（MS）或有线台（LS）接入 TETRA 网络。大多数用户使用移动台，而有线台只提供调度功能，故又可称为调度台。此外，移动台可以支持脱网运行的直通模式，在这种操作方式下，移动台之间的通信不经过 SwMI。

网络管理提供控制、配置、告警指示和搜集有关 TETRA 网络设备和单元运行的测试数据与统计资料。

2. 交换和管理基础设施（SwMI）

TETRA 标准未定义 SwMI 内部的设备，以及内部设备之间的接口。然而，根据 SwMI 与外部设备和通信网络之间的接口要求，可以确定需要哪些内部功能单元。一个典型的 TETRA 系统的 SwMI 内部包含核心网与无线接入网两部分。SwMI 内部功能模块如图 11-7 所示。各功能模块介绍如下。

（1）基站（BS）

基站（BS）通常由几个相对独立的设备单元组成，可以包括数台无线电收发信机（BTS），每一台无线电收发信机负责一个无线电载波的接收与发送，以及基带处理等任务。每一个基站需配置基站控制器，用于基站的操作维护和管理，以及通过链路与核心网交换信令。

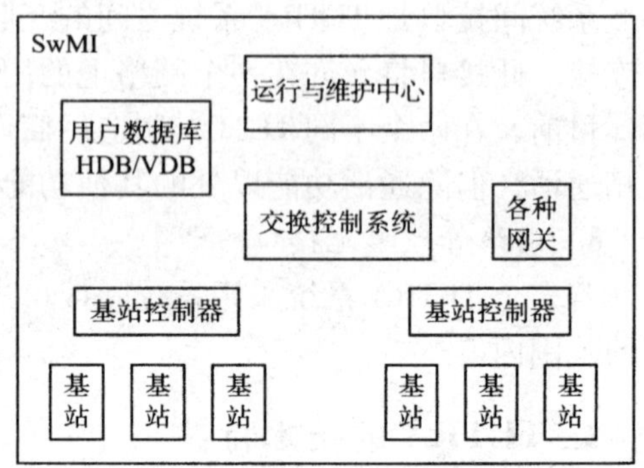

图 11-7　SwMI 内部功能模块

（2）交换控制系统

根据 TETRA 标准的 SwMI 技术规范，允许不同制造厂商采用不同的技术设计交换控制系统。交换控制系统可以是只连接少量基站的小型交换设备，也可以是组建蜂窝移动通信网的大型交换设备。

（3）数据库

在 TETRA 标准中描述了两种类型的数据库（DB），即归属数据库（HDB）和访问数据库（VDB）。HDB 可以是集中或分布式数据库，该数据库存储本网用户的身份码、权限、业务、位置与安全信息；VDB 仅在系统支持漫游时才需要，该数据库存储漫游用户所归属 HDB 中的部分用户信息。

（4）网关（GW）

网关（GW）用于 TETRA 网络与其他通信网络的互联。其中一种网关用于 TETRA 网络之间的互联；另一种网关用于核心网与远端网管终端或调度台的互联；还有一些网关用于与固定电话网、移动电话网、IP 专网、互联网等的连接。

（5）运行与维护中心

运行与维护中心（O&M）也称网络管理单元，它监视和控制整个网络的各组成单元，具有配置管理、故障管理、告警记录、性能分析和安全管理等功能，亦可用于用户管理。

3. TETRA 网络的区域划分

在 TETRA 系统中，规定了几种 TETRA 网络的区域划分方式。每种区域所起的作用是依据信令、路由和网络管理来划分的。

① 小区（Cell），一个基站所覆盖的区域。

② 小区群（Cluster），蜂窝移动通信频率复用方案中，将 n 个小区组成一个小区群。在小区群中每个小区占有不同的频点，一个小区群占有所分配的全部频点，另一个小区群则可重复使用相同的频点。

③ 位置区（Location Area），某个移动台的位置记录，系统可在所记录的区域中找到该移动台。

④ 交换区（Switching Area），连接到同一台移动交换机的所有基站的覆盖区域。

⑤ 搜寻区（Search Area），由所有位置区覆盖的区域，在该区域内移动台可以搜寻服务设施，完成功能的携带。

⑥ 网络区（Network Area），一个运营商的网络覆盖区域。

⑦ 系统区（System Area），通过签约，一个 TETRA 移动台可以漫游的多个运营商的 TETRA 网络。

11.3.3　TETRA 在城市轨道交通中的应用

1. 基站配置方案

根据城市轨道交通线路和车站的分布形状及无线通信系统对整个服务区的覆盖要求，结合 TETRA 数字集群的特点，无线通信系统基站配置可采用以下几种方案。

（1）单基站 + 光纤中继器

单基站 + 光纤中继器组网方式即是在控制中心设置一个集群基站，各车站和车辆段设中继器，集群基站通过光纤与各中继器相连。其特点是没有越区切换问题，工程造价较低。其缺点是频率资源利用率低、可靠性较低，存在多径干扰的可能场点较多，扩容受到限制。

（2）多基站 + 中继器

多基站 + 中继器组网方式即采用多个基站和每个基站链接适量中继器的结构。其特点是频率资源利用率较高，话务分布较为均匀，能较好地满足群组通信的需求，越区切换频次较少，干扰较小，系统可靠性较高，特别是工程造价较低，扩容灵活方便。

多基站方案中链接中继器可采用同轴漏泄电缆或光纤链接（通常利用城市轨道交通光纤传输网）两种方式。同轴漏泄电缆链接方式具有节省设备、降低投资、提高可靠性、传输时延小等优点；但由于采用漏泄电缆即进行基站射频信号的发送，又作为中继器引入信号易受到干扰，故具有信号质量较差、基站与中继器的距离受限制较大等缺点。基站与中继器之间采用光纤链接方式具有信号质量好、距离受限制较小、配置灵活等优点。

（3）全基站

全基站组网方式即在每个车站均设置集群基站。其特点是系统通信质量好、可靠性高、频率资源利用率高（载频可以隔站复用）没有中继器延时及噪声积累的问题、扩容方便。但其工程造价较高，越区切换频次增高。

2. 射频覆盖方案

1）频率配置原则

（1）尽可能降低和减少各种类型的频率干扰

频率干扰的类型有同频干扰、邻道干扰、互调干扰等。频率配置应考虑如何降低和减少这些干扰，特别是三阶互调干扰。有效利用无线频率资源的手段包括：减少射频调制带宽、话音的压缩编码、信道的时分多址复用、多信道共用（集群）、频率的复用等。而频率配置主要考虑频率在地域上的复用。

（2）降低与减少干扰的频率配置

为降低和减少各种频率干扰，特别是三阶互调干扰，频率配置通常采用无三阶互调频率指配或等间隔频率指配法。三阶互调干扰系指，只要二信号或三信号互调所产生的新频率正好落在本系统或其他系统的某个工作频率或其通带内，就构成对它的三阶互调干扰。

（3）提高载频利用率

为提高载频利用率，在移动通信系统中，通常采用多小区频率复用技术，在链状网（如铁路、公路）中，通常采用三频组频率复用方式，以提高频率利用率，并尽可能减小同频干扰的影响。城市轨道交通工程中主要采用漏泄电缆（LCX）进行无线场强的覆盖，因此无线场强可以得到很好的控制。根据 LCX 的特性，远离 LCX 后场强衰减很快，基本上按照 10dB/10m 的斜率衰减，很容易满足 TETRA 标准所规定的共道（同频）干扰≥19dB 的指标，完全可以采用二频组复用方式（隔站载频复用），从而进一步提高载频的利用率。

（4）相邻基站频率之间三阶互调关系

在系统具体配置载频时，还需特别注意的是要避免相邻基站之间任意三对载频构成等间隔关系，以免产生三阶互调干扰。

2）漏泄电缆

漏泄电缆是一种特殊的电缆，电缆铠甲的开孔结构，使得射频信号能够从电缆中均匀地泄漏出来，实现了无线信号沿漏泄电缆的均匀覆盖。漏泄电缆是实现城市轨道交通隧道区间无线信号覆盖的首选。

3）天线

天线的作用是实现高频电能与电磁波的相互转换，即将射频电流发送至天线，转换为空间电磁波；或空间电磁波在接收天线中感应出射频电压。

城市轨道交通无线通信系统主要使用以下几种天线：棒状天线（全向天线），主要用于车辆段等较大范围的地面区域；耦合天线（全向天线），主要用于站厅层或其他面积较小的区域；八木天线（定向天线），主要用于覆盖某些有特殊要求的区域，例如正线上某一段轨道区域；鞭状天线（全向天线），主要用于手持台收发天线；圆盘天线（定向天线），又称吸顶天线，主要用于站厅、出入口及无线车载台的收发天线。

4）无线场覆盖范围

城市轨道交通集群通信系统的无线场强覆盖范围包括：城市轨道交通运行线路全线各车站的站台、站厅、区间隧道或地面及高架线路，以及整个车辆段地面区域（含检修库、运用库等）。可以采用如下方式进行场强覆盖：沿线隧道、地面、高架运行线路及沿线地下车站的站台区主要采用漏泄同轴电缆辐射方式进行场强覆盖；沿线地下车站站厅区（含部分出入口通道）主要采用吸顶低廓天线进行场强覆盖；车辆段、停车场主要采用室外全向天线及低廓天线进行场强覆盖。

5）越区切换

TETRA 标准提供 5 种类型的越区切换，根据 ETSI 标准 ETS300392 - 2，5 种类型的越区切换分别为：非声明型切换；非通知型切换；3 类通知型切换；2 类通知型切换；1 类通知型切换。

3. 系统同步方案

为了保证 TETRA 集群通信网内各用户之间可靠地进行数据交换，还必须实现系统同步，以使得在整个通信网内有一个统一的时间节拍标准。同步方式通常如下。

（1）主从同步方式

在控制中心设置一个高稳定的主时钟，时标（标准时间）信号经传输网络逐站传至各站，去锁定各站的压控振荡器 VCO，从而保证网内各站频率相同。通常 TETRA 系统的交换中心自身具备时钟源，可以产生 10^{-9} 数量级的高稳定时钟信号，网内各个基站都以控制中心发来的时标信号为基准调整各自的压控振荡器 VCO，从而与主时钟保持一致。

主从同步的特点是简单、灵活，但中间某一站点发生故障时，不仅影响本站还要影响后续各站。对于大型网络，失锁后重新同步的时延长，主从同步方式受到制约。

（2）独立同步方式

以全球定位系统（GPS）的信号为基准时钟源，该基准时钟信号的精度为 10^{-10} 数量级。以该时钟源为基准，调整各基站的压控振荡器 VCO，从而使全网保持时钟一致。在独立同步情况下，系统中的每个基站需额外配置 GPS 天线和 GPS 接收机，以获取基准时钟信号。

独立同步的特点是：某一站发生故障时，其他站仍能正常工作，提高了通信网的可靠性，但需增加 GPS 接收机及其与基站的接口，使设备复杂化。同时，因 GPS 是外部时钟源，GPS 信号接收的不准确，同样影响同步的可靠性。

4. 无线集群终端

（1）车载台

城市轨道交通列车前后两端驾驶室各安装一台车载台。该车载台主要由无线收发信机、控制及接口电路、控制面板、话筒、天线等组成。其中无线收发信机、控制和接口电路安装在一个固定的机壳内，控制面板和话筒分别安装在司机座位的左方与右方，天线安装在车顶。司机可以通过操作控制面板的按键，发出通信请求，并通过话筒发话，通过扬声器收听。通过系统与 ATS 的连接，控制面板显示屏上会显示当前列车位置与车次。

（2）车站台

车站台为固定台，配置在每个车站的车控室。车站值班站长可通过车站台与行调进行联系，经行调转接可与司机通话。

（3）手持台

手持台主要配备给站务人员、维修人员、保安等不固定地点的作业人员，使他们可与相关调度员通话或发起组呼。

这些集群终端的通信功能主要有一般呼叫、紧急呼叫、短信收发、组呼以及调度员通过车载台对列车进行广播等。

5. 用户组别的配置

在城市轨道交通集群通信系统中，可以组成行车调度网、车辆段调度网、维修调度网、环控调度网、公安调度网等5个互相独立的调度专网。

在行车调度网中具有行车调度台，以及该调度台所隶属的正线运营列车车载台、车站固定台、车站人员手持台、工程车司机手持台等用户。在车辆段调度网中具有车辆段调度台，以及该调度台所隶属的列车车载台、车辆段人员手持台、工程车司机手持台等用户。在维修调度网中具有维修调度台，以及该调度台所隶属的维修人员手持台用户。在环控调度网中具有环控调度台，以及该调度台所隶属的环控人员手持台用户。在公安调度网中具有公安调度台，以及该调度台所隶属的公安人员手持台用户。

这些用户的配置是针对各个调度的调度指挥对象类别来定义的，只定义了调度台下属用户的类别，实际上调度员与这些用户的通信是通过呼叫这些用户的组别来实现的。

1）按通信对象划分通话组

（1）行车调度网

行车调度网按通信对象可划分为正线运营列车组、站长组、车站组、工程车组、行车安全组。正线运营列车组包括所有在正线的列车车载台，又可划分为上行列车小组和下行列车小组。站长组包括所有的车站台，又可划分为所有联锁站小组、各区间小组。车站组由本车站固定台和车站人员手持台组成，又可划分为所有联锁站小组、各区间小组。工程车组包括所有的工程车司机手持台。行车安全组包括车长手持台、列车备用手持台和安全人员手持台。

（2）车辆段调度网

车辆段调度网可分为车辆段列车组、车辆段管理组和车辆段维修组。车辆段列车组包括所有在车辆段的列车车载台。车辆段管理组包括所有车辆段管理人员的手持台。车辆段维修组包括所有车辆段维修人员的手持台。可根据各维修单位不同，继续划分为各维修小组。例如车辆段信号小组、车辆段线路检修小组、车辆段接触网检修小组、车辆检修小组等。

（3）维修调度网

维修调度网可分为设备抢修组、维修管理组、通号、机电、工建、供电等专业维修部分组。设备抢修组以公司安全部门为大组，下分维修部和车辆部两个小组。其他具体分组和分组下的小组，应根据各运营部门的维修组织架构而定。

（4）环控调度网

环控调度网可按正线区段分组为所有联锁站小组、各区间小组。也可根据集中供冷功能的需要按供冷区段分组。

（5）公安调度网

公安调度网根据公安工作的需要可分为巡查小组和紧急事故处理小组；也可按线路区段分为所有联锁站小组、各区间小组和车辆段小组。

（6）动态分组

以上各调度台下属各小组及用户可根据临时工作需要，由维修调度员操作进行小组的临时派分，临时工作完成后，再由维修调度取消。

以上分组中车站台和手持台的分组都是依靠无线集群系统设备来控制分配，而列车车载台分为正线列车组和车厂列车组，则是依靠列车自动监控子系统（ATS）传送给集群通信系统的控制信息来控制分组。

2）按集群终端用户台类划分通话组

（1）车载台

每个车载台设为一组，每列车的前后驾驶室编在一起。

列车调度台全呼正线列车组可有两种方式的组别，第一种为 ATS 正常时，行调使用调度台用全呼功能键实现正线全呼；第二种为 ATS 不正常时使用，通过将行调台和所有车载台设置一个正线全呼组，并把这组定义为在正线区域的基站为有效站点，车辆段基站为无效站点。

行车调度台群呼正线上行列车组，通过将行调台和每个上行列车驾驶室的车台设置为一个正线上行群呼组，并把这组定义为在正线区域的基站为有效站点，车辆段基站为无效站点。行车调度台群呼正线下行列车组，通过将行调台和每个下行列车驾驶室的车台设置为一个正线下行群呼组，并把这组定义为在正线区域的基站为有效站点，车辆段基站为无效站点。

车辆段调度台群呼车辆段列车组有两种方式的组别。第一种为 ATS 正常时，车辆段调度使用调度台派接功能区的全呼功能键实现全呼；第二种为 ATS 不正常时使用，通过将车辆段调度台和每个车载台设置为一个车辆段全呼组，并把这组定义为在车辆段基站为有效站点，正线区域的基站为无效站点。

行车调度台或车辆段调度台群呼部分列车，通过调度台的派接功能，临时把部分列车编在一组。车载台与车站台之间的呼叫通过组呼实现，系统按基站来设置对应组。

（2）车站台

每个车站台设置为一个单独的组。每个车站台设置一个本站组，同时本站的所有手持台都设置于此组。所有的车站台和行车调度台设置为一个车站台全呼组。所有联锁站的车站台设置一个组。车站台和所有车载台设置一个组。车站台设置一个站务环控内部组。

群呼部分车站台，通过调度台的派接功能，临时把部分车站台编在一组，调度台可通过此派接组发起群呼。

（3）手持台

手持台用户分组情况见表 11－1。

表 11–1　手持台用户分组表

序号	组　　名	用户 1	用户 2	用户 3
1	行调全呼正线列车	行车调度台	车载电台	
2	行调全呼所有车站	行车调度台	车站电台	
3	车辆段调度台全呼车辆段列车	车辆段调度台	车载电台	
4	正线上行列车全呼	行车调度台	车载电台	

续表

序号	组　名	用户 1	用户 2	用户 3
5	正线下行列车全呼	行车调度台	车载电台	
6	调度台与车载通话组	行车调度台	车载电台	车辆段调度台
7	车载与车站通话组	车载电台	车站电台	手持电台
8	车站与调度台通话组	行车调度台	车站电台	手持电台
9	车站本站站务通话组	车站电台	手持电台	
10	调度台与连锁站通话组	行车调度台	车站电台	
11	车站与维修人员通话组	车站电台	手持电台	
12	后备模式与车站通话组	车载电台	车站电台	手持电台
13	各专业内部通话组	手持电台		
14	各专业通播组	手持电台		
15	维调各专业通话组	维修调度台	手持电台	
16	维调部门通播组	维修调度台	手持电台	手持电台
17	车辆段调度台各专业通话组	车辆段调度台	手持电台	
18	临时工作组	所有手持机		
19	行调抢修调度台组	行车调度台	手持电台	
20	车辆段调度台抢修调度台组	车辆段调度台	手持电台	
21	维调抢修调度台组	维修调度台	手持电台	
22	站务环控内部组	手持电台		
23	环控通播组	环控调度台	手持电台	
24	环调站务通话组	环控调度台	手持电台	
25	环控操作车站组	车站电台	手持电台	
26	环调全呼通播组	环控调度台	手持电台	
27	车辆部门内部通话组	手持电台		
28	车辆部通播组	手持电台		
29	行调车辆检修通话组	行车调度台	手持电台	
30	车辆段调度台车辆检修通话组	车厂调度台	车辆检修手持电台	
31	乘务内部通话组	手持电台		
32	行调与列车司机通话组	行车调度台	手持电台	
33	行调全呼正线列车司机	行车调度台	车务乘务室手持电台	
34	车厂调度台全呼车辆段列车司机	车厂调度台	手持电台	
35	行调工程车通话组	行车调度台	手持电台	
36	车辆段调度台工程车通话组	车辆段调度台	手持电台	
37	站务工作组	手持电台		
38	站务事故处理组	手持电台		
39	站务通播组	手持电台		
40	列车广播组	行车调度台	车辆段调度台	车载电台

无线集群通信系统用户的分组方式可按照运营和维修的组织架构与方式来决定。运营和维修的组织架构和方式如变动，其无线通信用户的分组也将变动。总之，所有的分组都是为了运营组织和维修组织更加有序、更加方便、更加直接有效而设置的。

6. 用户组别的转换

城市轨道交通集群通信系统把列车车载台分为正线运营列车车载台和车辆段列车车载台，分别隶属于行车调度台和车辆段调度台。任一列车车载台不是属于行车调度台，就是属于车辆段调度台。即在正线的列车车载台只能呼叫行车调度台；在车辆段的列车车载台只能呼叫车辆段调度台。在列车通过车辆段与正线的分界点进入正线的瞬间，列车车载台必须从车辆段调度台转换到行车调度台，此时对列车的调度指挥权也由车辆段调度台转移给行车调度台。即该车载台应立即从车辆段调度台中删除，并加入到正线调度台中。反之，当列车由正线进入车辆段时，该车载台应立即从正线调度台中删除，并加入到车辆段调度台中。

用户组别的转换有两种方式：一种是手动转换，用户通过操作移动台，手工选择要通信的组别；第二种是列车车载台随着列车进出车厂而在行车调度台与车辆段调度台之间转换。

（1）自动转组

当列车在进出正线与车辆段之间时，列车车载台在行车调度台与车辆段调度台之间转换，其目的是实现调度对列车的指挥权的移交，所以车载台的转换必须与为行车指挥服务的 ATS 系统保持一致。列车在进出正线与车辆段时，通过正线与车辆段的转换轨的同时，ATS 系统发送信息给无线集群通信系统，实现自动触发车载台的动态转组。

当无线集群通信系统收到从 ATS 发送过来的列车由车辆段进入正线的信息时，无线集群通信系统的服务器将处理和记录该信息，实现列车车载台从车辆段调度台转换到行车调度台。这时，在行车调度台的列车短消息信息列表中会显示“添加列车”，而在车辆段调度台的列车短消息信息列表中会显示“删除列车”。与此同时，在行车调度台上的列车列表中显示该列车的车身号码，而在车辆段调度台上的列车列表中则找不到该列车车身号码。

当无线集群通信系统收到从 ATS 发送过来的列车由正线进入车辆段短信息时，自动转组过程正好与前述转组过程相反。

（2）调度人工转组

为了保证列车的调度指挥权的正确移交，防止 ATS 系统向无线集群通信系统发送信息不正常或发送错误信息，必须在设计系统功能中增加调度人工转组的功能。调度人工转组与自动转组无优先级别的限定，可相互修改。调度人工转组分为调度主动转组和司机请求转组两种情况。

调度主动转组：当调度员发现列车当前运行位置与列车车身号码在调度台列车列表中的显示不对应时，通过在调度台上操作，把已离开自身管辖范围内的列车进行转组。即车辆段调度台把离开车辆段进入正线的列车的车载台转组到行车调度台；行车调度台把离开正线进入车辆段的列车的车载台转组到车辆段调度台。

司机请求转组：当司机发现车载台上的组别显示错误时，即当列车在正线管辖范围而车载台显示在车辆段；或列车在车辆段管辖范围而车载台显示在正线时，列车司机可以通过操作车载台向调度台发出请求转组的信息，这样当前显示该列车车载台的调度台将收到该请求转组信息，由使用该调度台的调度进行人工转组。

复习思考题

1. 无线调度通信系统的组成？无线调度通信的通信方式？
2. 专网调度和集群调度方式的区别有哪些？各有何优缺点？
3. 简述 FDMA、TDMA、CDMA 在通信中的使用原理。
4. 无线集群通信的概念及其特点是什么？
5. TETRA 的 9 个标准是什么？TETRA 的网络由哪几部分构成？
6. 按照 TETRA 要求简述在城市轨道交通集群调度通信系统中用户组别的配置。

第12章 闭路电视监控系统

城市轨道交通闭路电视监视系统（CCTV），为控制中心行车调度员和车站值班员等提供有关列车运行、车站客流情况，以及防灾的视觉信息。它是提高行车指挥透明度的辅助通信工具，也是确保城市轨道交通行车组织和安全的重要手段。当车站发生灾情时，闭路电视监视系统可作为防灾调度的指挥工具。

知识点

1. 闭路电视监控系统的功能（作用）；
2. 闭路电视监控系统的构成；
3. 闭路电视监控系统的控制。

技能目标

1. 掌握闭路电视监控系统的构成；
2. 掌握闭路电视监控系统的控制方式。

12.1 闭路电视监控系统的功能

城市轨道交通闭路电视监控系统是城市轨道交通运行、管理、调度的配套设备，使城市轨道交通中各工种的管理和调度人员能实时地看到现场情况，可以根据实际情况进行判断，下达调度指挥命令。

城市轨道交通 CCTV 监控系统可以为车站值班员提供对站厅的售票亭、自动售票机、闸机出入口、自动扶梯出入口、站台、机房等主要区域的监控；可以为列车司机和站台工作人员提供对相应站台的旅客上、下车情况的监控；为控制中心的行车、环控、电力、公安等调度员或值班员提供对各个车站或机房的监控点画面。控制中心调度员可根据其权限选择上调各车站摄像机的监控图像，并能对该摄像机的云台和电动镜头进行控制。控制中心和车站的监控中心应具有录像功能。

城市轨道交通闭路电视监控系统具体应满足的主要功能如下。

（1）系统可实现控制中心、车站和司机的三级监控

三级监控应是自成系统的，控制中心应有权调看车站级的监控点图像或回放历史图像。

（2）图像监控显示功能

车站值班人员、控制中心调度员应能对监控图像进行选择显示，以自动循环显示方式或画面分割方式调看已设置分组的图像，或调看某一监控点的图像。

车站一级的用户包括车站值班员或/和防灾值班员，应能任意地选择、控制本车站中任意一台或是一组摄像机的图像，并切换到相应的监视器上。

控制中心的用户包括行车调度员、环控（防灾）调度员、电力调度员、维修调度员、公安值班人员应能选择、控制全线所有车站（含机房）内的任意一台或一组摄像机的图像，并切换在其相应的监视器上。

通过合理安排 2 ~ 4 台站台定焦摄像机的位置，给列车司机提供能观察到全站台乘客上下列车情况的监控画面，用以控制车门和屏蔽门的开闭，防止夹伤乘客。站台摄像机无控制功能，其输出的视频信号送至列车司机可以看到的站台监视器，或采用无线传输方式传至列车驾驶室的监视器上，供司机监视本侧站台乘客情况。

控制中心和车站的监控画面能进行选择与控制，可采用人工切换或自动扫描方式（根据预先设置程序），在室内监视器上自动顺序循环显示图像或分割画面显示；中心调度室和车站综控室可手动切换，在室内监视器上和大屏幕上固定显示任意一幅图像。

安防、门禁、烟雾等告警可与图像切换功能、摄像头控制进行联动。即报警时，环控（防灾）调度员所监控的画面自动切换至告警点相关的摄像机画面。若采用一体化摄像机，在安防告警时，摄像机的摄像头自动对准报警点并自动监听现场的声音；在门禁告警时，摄像机的摄像头自动对准被非法开启的门；烟雾告警时，摄像头自动对准烟雾告警区域等。若同时出现多处告警，则监视器循环显示事故现场。

（3）硬盘录像功能

各个车站配置有硬盘录像设备，各摄像机的监控画面均需进行自动录像，并能保存一定的时间，以备日后调看。在控制中心亦配置有硬盘录像设备，用以录制切换到中心监视器上的图像。控制中心行车调度员使用的监控设备具有人工/自动录像和放像的功能。

控制中心的数字监控硬盘录像设备，录制电视墙及行车、防灾调度的彩色监视器输出的内容；中心的录像功能有 LONG PLAY（24h）和 NORMAL（3h）两种模式。LONG PLAY 图像是不连续地跳跃的，24 h 不间断录像；NORMAL 连续录取图像。正常时使用 LONG PLAY，有突发情况或需实时录像转到 NORMAL 模式。在无视频信号输入时录像自动停止。

（4）字符叠加编辑功能

各监视器显示的图像上应叠加有车站名称、监控区域名称、摄像机编号以及摄像日期和时间等信息，维护人员可以更改以上信息。

摄像机输出的图像均应叠加上相应位置的中文字符。字符位置可随意调整，各站字符单元应为统一字库，可根据摄像机的不同位置，随意变更位置名称的字符。

（5）网管功能

在控制中心的网络管理中心，设置一套闭路电视系统的网管终端设备。该套设备主要负责对闭路电视监视系统的运行情况进行综合的监视与管理，在必要时对系统数据及配置作及时的修改。

（6）故障管理功能

能识别系统故障，并能对闭路电视系统设备发生的故障进行定位；能报告所有告警信号及其记录的细节；具有告警过滤和遮蔽功能；提供声光告警显示功能。

管理终端具有与调度员相同的监控功能，可对系统信息集中管理，对设备工作状态、图像质量、优先级控制等重要参数进行设置与监控，并具有向上级输出故障告警信息功能。

（7）系统管理功能

设备管理系统，应可以与其选用的切换矩阵控制设备配套使用。所有系统控制功能，均应在该操作平台上点击屏幕即可实现。用户菜单，可以对系统进行快速简单的设置。其具有直观性以及图像标识、全线线路图及各站建筑示意图等功能，使操作和控制过程简化。

12. 2

闭路电视监视系统的构成

闭路电视监控系统由摄像机（含监听头，即话筒）、控制部分、编解码设备（多功能解码器）、传输部分、监视器、报警部分和网管部分等七部分组成，如图 12-1 所示。

1）摄像机设备

摄像机是一种视频输入设备，在视频监控系统中所采用的摄像机分为一体化摄像机和固定摄像机两大类。其中的一体化摄像机是受控摄像机，其摄像头安装在云台上，可以上下左

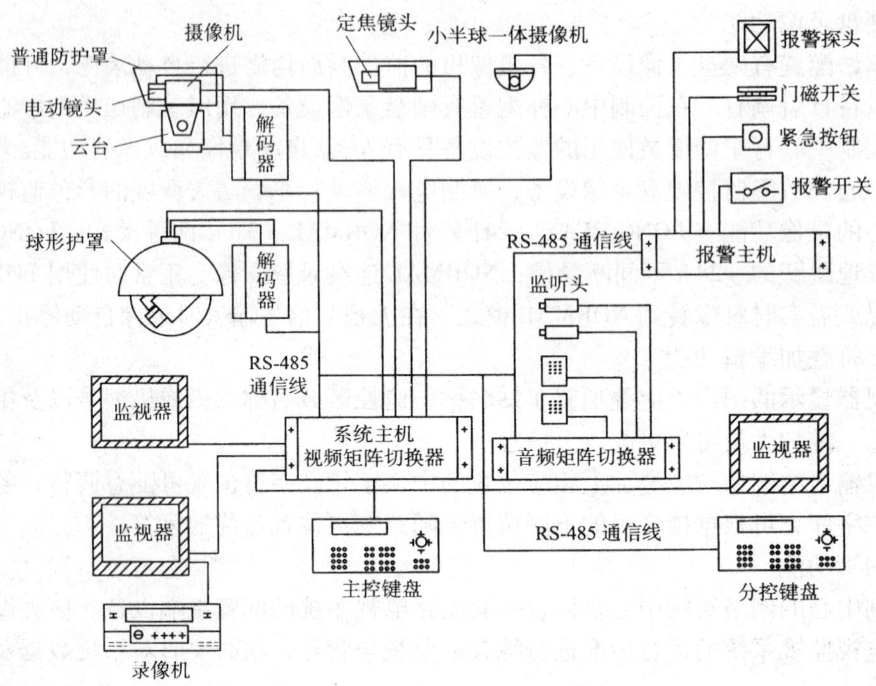

图 12-1　闭路电视监控系统的组成

右四个方向受控移动；另外摄像头上的镜头亦能受控调节焦距与光圈。

摄像机设备主要由摄像头、数字信号处理器、云台和防护罩组成。

摄像头为视频取像装置。目前所使用的摄像头分为模拟摄像头、数字摄像头和网络摄像头。有带夜视（红外线）摄像功能的摄像头，也有不带此功能的摄像头。摄像头的基本工作原理为，景物通过镜头生成的光学图像投射到图像传感器的表面，然后转换为电信号。图像传感器是一种半导体芯片，其主要部分是感光器，表面包含有几十万至几百万个光电二极管。光电二极管在受到光照射时，产生电荷，即将光图像转换为电图像，再通过电子扫描读取各光电二极管所产生的电信号，形成模拟视频信号输出。若是数字摄像头还需经过 A/D 转换和数字信号处理，形成数字视频信号输出。

数字信号处理芯片（DSP），仅用于数字或网络摄像头。该芯片对模拟视频信号进行压缩编码等数字信号处理。

云台是承载一体化摄像机进行水平和垂直方向（左/右、上/下）转动的装置，它可有以下几种选择：室内或室外使用的平台；不同承重的平台，可根据摄像机和防护罩的总重量来选择；几种控制方式的平台，一般有电源端口和控制端口。

防护罩类型有室内防护罩和室外防护罩两种，室内防护罩结构简单、价格低，并具有防尘、防盗、防破坏等防护作用；室外防护罩具有降温、升温和防雨等防护功能，无论何种恶劣天气，防护罩内摄像机均能正常工作。

2）控制部分

闭路电视监控系统分为网络闭路电视监控系统（简称网络 CCTV）和模拟闭路电视监控

系统（简称模拟 CCTV）。控制部分是整个闭路电视监控系统的核心，由主控制台、副控制台与远端解码器组成。

系统主控制台亦称主机，对系统中各个设备进行控制。其主要功能为：视频信号的放大与分配、图像信号的校正和补偿、视频网络控制、图像信号的切换和分割、图像信号的记录、摄像机及其辅助部件的控制。主控制台主要由视频网络控制器、视频切换器（亦称为视频矩阵器或视频交换设备）、画面分割器、帧场切换处理机、视频放大器、视频分配器、时间/日期发生器、字符叠加器、录像机等设备组成。

副控制台只是一个操作键盘，采用 RS－485 总线连接主控制台，和主控制台操作键盘功能相同，可以对整个系统进行各种控制和操作。

远端解码器属于 CCTV 的前端设备，用来对控制台发来的远端摄像机操作的编码控制信号进行解码，形成操作控制信号。

3）编解码设备

视频编解码设备，是闭路电视监视系统重要的组成部分之一，起着极其重要的作用。视频编解码设备的主要功能，是将闭路电视监控系统前端设备的视频矩阵器输出的模拟图像作模/数转换，数字压缩编码处理，形成能在传输网络中传输的数据流；利用传输网络将数据流传送至控制中心，再作相应的数字解压缩和数/模转换，还原成需要的前端模拟图像；再接入控制中心闭路电视监控系统的视频矩阵器，完成前端设备模拟图像的呈现。

要实现视频编解码的上述功能，需要配置相应的视频编码设备、视频解码设备以及视频服务器组成的视频编解码系统。

视频编码设备是将模拟图像作模/数转换，MPEG－2 数字压缩处理，将形成的数据流接入传输系统，完成编码设备的功能。解码设备是将从传输系统接收来的数据流作解压缩和数/模转换，还原成需要的前端模拟图像，完成解码设备的功能。

视频服务器的功能是管理编码设备和解码设备，按照事先定义好的指令来控制和管理系统内的各编码设备和解码设备。视频编解码设备网管功能是对系统内各编解码设备的状态进行查询，参数的配置，并形成日志，方便管理。视频服务器通过指令对各车站编码设备、控制中心解码设备进行控制，完成各车站图像资源的调用和设备管理。

城市轨道交通视频编解码系统如图 12-2 所示。

在各车站，视频编码设备与闭路电视监控系统（矩阵）相连，将闭路电视监控系统输出的模拟图像进行数字转换和数字压缩；编码器与传输系统之间用以太网和光口相连，将编码器处理的图像传送至控制中心。

在控制中心，视频解码器与传输系统之间用以太网和光口相连，接收各车站的数字图像，并完成解压缩和数模转换，将解码出来的图像传送给闭路电视监控系统（矩阵），完成各车站至中心图像的传输。

在控制中心，视频服务器与传输系统之间用以太网相连，视频服务器发出指令控制各车站编码器和控制中心解码器，完成编码器之间的切换功能；视频服务器与闭路电视监控系统有个控制接口，采用以太网接口相连，根据闭路电视监控系统的控制指令完成对编解码器的切换；视频服务器与通信集中告警系统有个告警接口，采用以太网接口相连，完成视频服务器向通信集中告警系统提供视频编解码设备的告警状态信息。

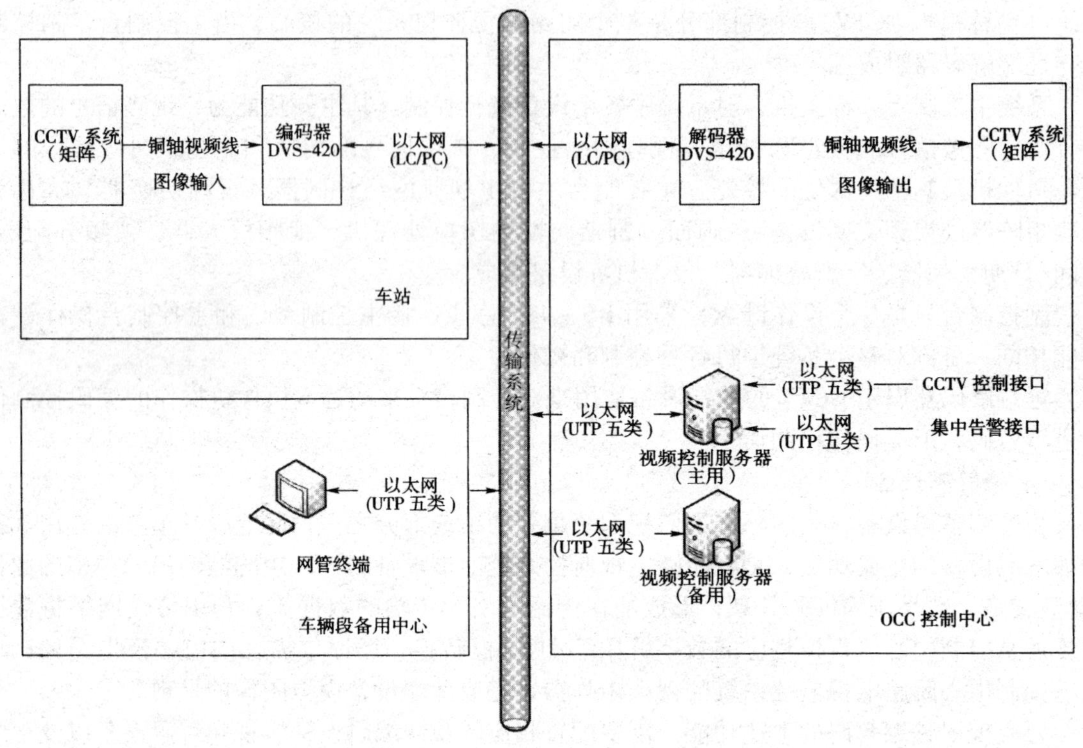

图 12-2　视频编解码系统

在车辆段通信信号维修中心，配置 1 套网管终端，这套网管终端采用以太网接口与传输系统相连，通过传输通道将控制中心视频服务器上的网管信息传输到这套网管终端上，以便查询各车站视频编码设备以及控制中心视频解码设备的工作状态。

4）传输部分

CCTV 系统的前端设备与中心端（主机）设备通过传输系统进行通信。该系统一方面将前端设备（摄像机）获得的音视频信号传送到中心端，另一方面将中心端控制命令传送到前端设备。所以 CCTV 传输系统应该是双向的。城市轨道交通闭路电视监视系统，往往借助于已有的通信传输线路或 IP 网络传输各种 CCTV 监控信号。

目前城市轨道交通闭路电视监控系统可分为模拟视频监控系统、数字视频监控系统和网络视频监控系统三种，不同视频监控系统采用不同的传输技术与组网方案。

（1）模拟视频监控系统的传输技术

在模拟视频监控系统中，控制中心和各车站 CCTV 的组网方式以及控制中心与车站间的视频信号传输均采用模拟方式。摄像头与监视器之间传输的是模拟视频信号，图像的分配、切换和分割等均由硬件设备（视频分配器、视频矩阵和图像分割设备等）来完成。

各车站与控制中心之间的视频信号传送，采用点对点模拟光纤传输方式。各车站与控制中心之间将占用 1 ~ 2 条光纤进行点对点模拟视频信号的传送。车站 CCTV 将控制中心调度员所选择的监控点图像经频分复用和光电转换后，送控制中心；控制中心 CCTV 将收到的视频信号反变换后，送选择该图像调度员的监视器。其复用、传输技术类似于目前所用的模拟有线电视的复用、传输技术。

在模拟视频监控系统中，最主要的设备为视频网络控制设备和视频矩阵设备。其中的视频网络控制设备接收本地控制键盘控制指令和上级控制信号，该设备根据控制信号的优先级（一般控制中心调度员优先级高于车站值班员，行车调度员的优先级高于其他调度员），控制视频矩阵设备选择输出图像；控制一体化摄像机的动作；控制画面分割器的分割画面数以及控制录像机的录、放像。

其中的视频矩阵设备相当于一台由键盘控制的视频交换机，视频切换矩阵根据视频网络控制设备输出的控制信号选择所需的监控点图像进行显示或送上一级视频监控系统。

在车站，各摄像机采集到的视频信号通过视频电缆连接到车站视频矩阵，车站值班员通过键盘控制视频矩阵的输出，选择所需要的监控点图像进行监控。

控制中心调度员操作键盘所产生的控制信号，通过控制中心与车站的视频网络控制设备，可控制分别隶属于控制中心与车站上下两级的视频矩阵设备，从而选择任何车站监控点图像的上调。其过程为：首先通过控制信号的远程传输，控制远端某一车站的视频矩阵设备，选择输出控制中心调度员所需的一路或多路视频信号。所选视频信号经频分复用设备和光端机完成电/光转换，并经点对点光纤传输，由控制中心光端机所接收，再经解复用设备还原出调度员所选的某车站监控点的视频信号，送控制中心的视频矩阵。控制中心调度员通过控制该视频矩阵的输出，选择所需某车站的一幅或多幅监控点图像进行显示。

因控制中心与各车站均采用模拟视频信号组网，若要采用硬盘录像，需要配有相应的压缩编码器进行模/数转换。

模拟视频监控系统方案虽然目前在城市轨道交通还有应用，但占用的光纤资源多，光纤辅助设备复杂，导致管理维护困难，且扩容难度大。同时由于技术传统，不符合监控领域的发展方向。

（2）数字视频监控系统的传输技术

在数字视频监控系统中，控制中心和各车站 CCTV 的组网方式仍采用模拟视频技术，只在硬盘录像以及车站与控制中心的视频传输采用了数字技术。

随着城市轨道交通专用光纤传输网的容量不断提高，目前城市轨道交通中普遍利用城市轨道交通专用数字传输网将模拟视频信号从站点传到控制中心。因数字传输网无法传送模拟视频信号，为了将模拟视频信号从各车站传到控制中心，需要经过压缩编码器进行模/数转换、成帧后，才能通过 PCM 数字链路（点对点方式）或分组虚链路（总线方式）进行传送。

若车站与控制中心之间的数字视频信号采用 E1 通道以电路方式传输，一个 E1 通道仅能传输一路标清电视质量的视频信号。一般车站与控制中心之间提供两个 E1 通道传送视频信号，故控制中心至多上调一个车站的两个监控点画面。

在城市轨道交通专用光纤传输网引入基于 SDH 的 MSTP 技术后，该传输网中可以传送基于统计复用的分组数据流。车站与控制中心之间的模拟视频信号经压缩编码成帧后形成分组数据流，可以以总线方式在城市轨道交通专用传输网中传输。与电路数据通信相比较，分组数据通信的主要优点是可以按需动态分配带宽，即总带宽容量可以分配给多个车站，也可分配给一个车站。一条 100 Mbps 以太网传输通道能传输十几路标清电视质量的视频信号。

故控制中心可以同时上调某一车站的十几个监控点画面，这在某一车站发生灾情、突发事件（恐怖袭击等）时，显得特别重要。

因控制中心与各车站均采用模拟视频信号组网，故控制中心与各车站的硬盘录像设备需要配有相应的压缩编码器。

由上述可见，数字视频监控系统与模拟视频监控系统的区别仅在于：车站与控制中心之间所传送的，前者是数字视频信号，而后者是模拟视频信号。

数字视频监控系统是目前城市轨道交通视频监控系统中用得较多的一种方案，过去普遍使用专用传输网的 TDM（两个 E1 通道）通道以点对点方式上传监控点图像，故控制中心至多只能调看一个车站的两路图像。近年来，车站与控制中心之间的视频信号传输开始采用统计复用总线传输方式，克服了一个车站不能同时大量上调监控点画面的重大缺陷。

（3）网络视频监控系统的传输技术

网络视频监控系统是新近崛起的、以计算机通信与视频压缩技术为核心的新型监控系统。在网络视频监控系统中，控制中心和各车站 CCTV 的组网方式均采用计算机局域网（LAN）组网方式，并通过城市轨道交通专用传输网所提供的分组（Ethernet 或 ATM）传输通道，将城市轨道交通各视频监控系统的局域网连接成为广域网。带有编码器的网络摄像机或连接有多台模拟摄像机的视频网关、带有解码器的数字监视器，以及录像硬盘等均接入控制中心或各车站的 Ethernet 或 ATM 的局域网。各车站 CCTV 局域网与控制中心 CCTV 局域网通过城市轨道交通专用传输系统的分组传输通道直接相连。

在闭路电视监控系统中可以利用摄像头/话筒 + PC 机（或视频网关），通过其内置的音/视频采集卡（或芯片）完成音/视频信号的采集、压缩编码、数字处理、打包（IP 包）与成帧（thernet 帧），形成网络视频流送计算机网络。也可以利用内置压缩编码或数字处理芯片及以太网接口芯片的网络摄像机，将网络视频流直接输出至计算机网络。

处于同一计算机局域网或广域网的任何一台联网的授权 PC 机（视频客户机），用户通过输入 IP 地址就可以浏览任意一台联网摄像机的监控画面；监听该摄像机内置话筒传来的声音，并可以通过键盘控制该摄像机的云台和电动镜头，获取不同角度与距离的监控图像。这样，控制中心的调度员只要输入各车站摄像机的 IP 地址，即可选择调看任何车站监控点的图像，并控制一体化摄像机的动作。各车站值班员可在其控制键盘中输入所选摄像机的 IP 地址调看监控点图像，并可用软件进行图像分配和分割。

基于网络的视频监控系统还可利用网络来传送告警信号，包括：现场的门禁、烟雾等开关信号及各种传感器所采集的模拟信号（经 A/D 转换）。

网络视频监控系统具有扩展灵活、摄像机安装位置随意等特点，可用任意地点联网的 PC 机浏览监控点图像，实现传输和存储全部数字化/网络化，监控功能更加丰富完善和极易安装与使用。网络视频监控系统在建设投资、技术先进性、组网灵活性和可扩展性等方面都优于前两种方案。该方案节约了视频矩阵、放大器、分配器、分割器等硬件设备，易于组网，实现前端与主机之间联动，并易于实现控制中心和换乘站设备的资源共享。故网络视频监控方案是目前在城市轨道交通视频监控系统中，最有前途的一种传输组网系统方案。

5）监视器

监视器用于显示由各监控点摄像机送来的视频信号，是视频监控系统中不可缺少的设备。对于几个摄像机的小系统，有时只需要一个监视器，由人工或自动选择画面，或分割多窗口显示。对于具有数十个或上百个监控点的大型视频监控系统而言，通常需要数个或数十个监视器。在大型视频监控系统的控制中心大厅中，还配置有庞大的电视墙（见图 12-3）。

若根据显示原理分类，监视器可分为阴极射线管（CRT）显示器、液晶（LCD）显示器和等离子（PDP）显示器三类。在出现网络视频监控系统以后，监视器已不再是视频监控系统的必备设备，可直接利用 PC 机的显示器浏览所选择的摄像画面。

6）报警部分

视频监控系统通常还具有环境监控信号的采集、编码、传输与报警功能，并具有报警与视频监控连动的功能。

① 安防报警：系统可配置各种安防报警装置，如红外报警器，超声、次声报警器，微波、激光报警器，双鉴探测器，电子围栏，玻璃破碎探测器，震动报警器，报警开关等，报警信号直接输入前端编码器。

② 消防报警：系统也可配置各种消防报警器，如等离子、光电烟雾探测器，温感报警器等，报警信号可直接输入报警主机，也可先接入专用消防主机，消防主机再通过串行通信口将报警信号传输到报警主机。

图 12-3　闭路电视电视墙

③ 视频报警：包括视频丢失报警和视频运动报警两种。一旦摄像机损坏、被窃或断线等，引起视频信号丢失，就会引起报警；对于设定的视频报警区域，一旦有运动目标进入或图像发生变化，也会引起报警。

④ 警视连动：一旦出现警情，如有非法闯入或发生火灾，则系统立即启动现场警笛，并自动切换到相应摄像机，对有预置功能的摄像机，还能自动转到相应预置监控点。

⑤ 设备连动：系统能与其他城市轨道交通的监控设备连机，接收这些设备的告警、故障等信号。视频监控系统的报警信号也能送给动力监控系统。

7）网管部分

网管部分主要实现以下功能。

① 用户管理：用户的增减、用户的授权、用户优先级等，均由系统管理员完成。

② 系统网管：系统服务器自动完成系统的管理，包括设备在线检测、连接管理、自我诊断、网络诊断等。

③ 系统日志：对于系统中的操作，如系统报警、用户登录和退出、报警布防和撤防、系统运行情况等，都有系统日志记录。

④ 控制权协商：当多个用户同时控制一个前端时，为了避免控制混乱，只能有一个用户对该前端有控制权，这是通过管理员预定的优先等级或网上自动协商完成的。

⑤ 信息查询：登录用户可查询系统的使用和运行情况，如在线用户名单、前端运行状态、报警信息等。

12.3

闭路电视监控系统的控制

车站值班员通过控制键盘可选择显示任意两幅本站图像，两幅图像可自动循环显示。站台监控室监视器显示本站站台图像；站台监视器固定显示本侧站台二合一图像。调度员通过控制键盘可选择调入任意一幅图像至本台监视器，电视监视屏幕墙可人工选择或自动显示同一车站的全部图像，也可同时显示不同车站的任何图像。

控制中心和车站值班员对图像具有不同的显示要求，可人工选择监视，也可按不同的编程规律自动循环显示。控制键盘可控制摄像机云台和镜头动作，可实现调焦、旋转、定点等控制功能。当控制中心和车站同时控制相同的云台、镜头进行选择监视时，环控（防灾）调度员具有最高控制权，向下依次为列车调度员、车站值班员、公安调度员。同一站台的两台摄像机图像合为一幅图像，岛式站的四台摄像机合为一幅图像。指挥中心调度员可通过控制器对图像进行长时间录像。

此外，系统还应具备的控制功能如下。

① OCC 能在任一监视器上，实时显示任一摄像机画面。

② 在一台监视器上能自动（通过时序编程轮循显示）或手动实现任意摄像机及摄像机预置位图像的快速切换。任意设定每幅图像的显示时间。

③ 在监视器显示的图像上，可叠加显示日期、时间、摄像机号、预置位名称、被监视部位中文地址等有关信息。时间和字符能随意修改。中文地址能随图像一同随意切换。

④ 能调整任一摄像机的工作状态：如云台的方位、预置位，镜头的焦距、聚焦、光圈，雨刷，照明等。

⑤ 工作人员通过控制键盘控制视频交换矩阵选择图像，键盘操作控制，查看全站范围图像，每个摄像头单幅图片、分屏单元的站台分屏图像，有单幅切换方式、分组扫描显示方式，单幅切换方式必须具备。

⑥ 循环扫描方式就是按固定顺序固定图像循环显示，不需要操作键盘就可实现全站或所需区域的查看。例如：

第一组——站台、站厅所有单幅图像，站台分屏图像；

第二组——站厅所有单幅图像，站台分屏图像；

第三组——站厅所有单幅图像。

第一组囊括所有本站图像，以下递减，满足不同需要，在不同监视器显示不同站图像。

车站分组显示功能的操作，按车站将图像分组，同时显示同一个车站的所有图像。

⑦ 站台分组显示的选择操作，按站台进行图像分组，图像分为两组 P1 和 P2，P1 组显示站台上行，P2 组显示站台下行。

⑧ 组循环显示的扫描操作、扫描功能，并分组按顺序自动显示。

⑨ 闭路电视 24 小时不间断运行，在运营时间内，提供客流和列车情况；在非运营时间

内，实时不间断提供现场图像并按需要进行实时录像，以保证安全。

复习思考题

1. 城市轨道交通闭路电视监控系统具体功能是什么？

2. 闭路电视监控系统有哪几部分构成？

3. 视频编解码设备的主要功能是什么？

4. 什么是模拟视频监控系统、数字视频监控系统、网络视频监控系统？三种视频监控系统的传输技术有什么区别？

5. 简述闭路电视常用的控制方式。

13 第13章 广播系统

广播系统是城市轨道交通运营行车组织的必要手段，它的主要作用有：对乘客广播，通知列车到站、离站、线路换乘、时间表变更、列车误点、安全状况，播放音乐改善候车环境；防灾广播，在突发紧急情况时，组织指挥事故抢险，提高应急响应能力；对运营人员广播，发布有关通知信息，协同配合工作。

知识点

1. 广播系统的作用及组成；
2. 广播系统的功能和控制；
3. 广播词及其使用。

技能目标

1. 掌握各种不同类型广播系统的使用方法；
2. 掌握中央广播和车站广播的使用方法；
3. 熟悉广播的控制及广播优先级；
4. 熟悉广播词及其使用。

13.1 广播系统的构成

广播系统主要由中央控制处理器（CPU）、电子矩阵（MX）、数字传输模块、广播台、音频监听模块和扬声器等组成，如图 13-1 所示。

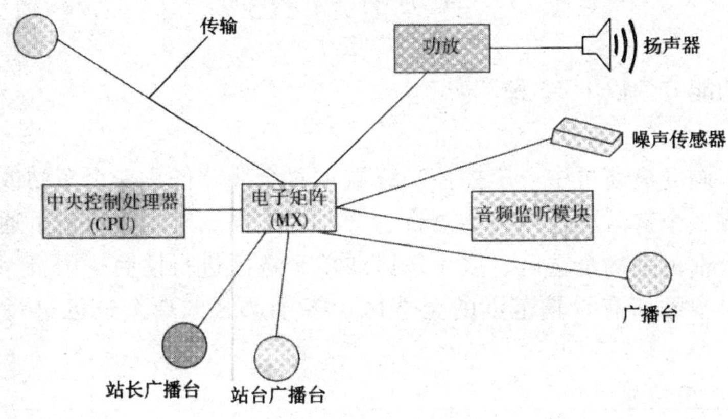

图 13-1　广播系统的构成

1. 中央控制处理器（CPU）

中央控制处理器是广播系统的核心设备，通过 I^2C 总线控制设备，实现系统监听、自检、音频控制、功放控制、远程控制、故障诊断。

2. 电子矩阵（MX）

8 输入/8 输出路由模块，可扩展，级联最大 128 输入/128 输出，输入输出模块（I/O），双向输入输出询问控制。

3. 数字传输模块

网络存储器和接口模块，通过 RS-422 与传输系统相连，形成广播系统环形网络，实现系统语音和控制信息传递。

4. 广播台

广播台包括智能（中心）广播台、站长广播台、站台（轨旁）广播台、桌面广播台。

5. 音频监听模块

音频监听模块是通过利用系统各放大器、信号发生器的作用，在线监听各广播区广播内容。

6. 扬声器

在站厅、站台采用的是吸顶式扬声器，露天环境采用全天候号角扬声器。

13.2 广播系统的功能

广播系统的功能分为以下 13 种。

1）操作功能

控制中心行车调度员通过中心广播控制终端可对全线、任意一个车站或多个车站、任意车站的任一选区或多个选区进行话筒、语音、线路等广播。车站值班员可通过车站广播控制终端对本站所有管辖范围的全选区、多个选区或单个选区进行话筒、语音、线路广播，通过车站广播控制台对本站所有管辖范围的全选区、多个选区或单个选区进行话筒、背景音乐广播。

2）多级优先广播功能

本系统的优先级可根据用户需求灵活设置，包括现场广播、选择广播、紧急广播、最后班车广播、服务中止广播、站台自动广播、背景音乐广播。以上除现场广播外，其他广播内容均为系统预先录制的语句。若在同一广播区（群）需要进行不同的广播时，系统按表 13-1 所示的广播优先权处理。

表 13-1 广播优先权处理

<table>
<tr><th colspan="2" rowspan="2">广播语句类型</th><th colspan="4">广播优先权</th></tr>
<tr><th>车站综控室值班员</th><th>站台值班员</th><th>无线广播</th><th>控制中心调度员</th></tr>
<tr><td colspan="2">现场广播</td><td>1</td><td>3</td><td>3</td><td rowspan="9">2</td></tr>
<tr><td rowspan="8">预先录制语句</td><td>紧急广播</td><td>2</td><td>×</td><td>×</td></tr>
<tr><td>服务中止广播</td><td>3</td><td>4</td><td>×</td></tr>
<tr><td>现场录制广播</td><td>4</td><td>4</td><td>×</td></tr>
<tr><td>车站控制广播</td><td>5</td><td>×</td><td>×</td></tr>
<tr><td>选择广播</td><td>5</td><td>×</td><td>×</td></tr>
<tr><td>最后班车广播</td><td>6</td><td>×</td><td>×</td></tr>
<tr><td>站台自动广播</td><td>6</td><td>×</td><td>×</td></tr>
<tr><td rowspan="2">其他</td><td>测试口</td><td>×</td><td>×</td><td>×</td><td>×</td></tr>
<tr><td>背景音乐</td><td>7</td><td>×</td><td>×</td><td>×</td></tr>
</table>

注：① 表中“1”表示最高广播优先权，而“7”表示最低广播优先权。“×”表示不适用；

② 如广播优先权相同时，以先来先处理的原则处理或排队。

车站广播设备能处理多个语句同时在相同或不同的广播区（群）作广播。如广播区正在广播时，后来广播的语句可排队广播。

广播语句排队的位置以提出广播的时间及广播语句的广播优先权决定（见13-1）。若广播语句有时间性要求（如站台自动广播）而在相同的广播区正在广播时，系统应自行忽略有时间性的广播要求，以避免造成时间性误播。

广播操作控制终端能显示所有广播区的广播情况，包括占用情况、现正在广播及正在排队广播的文字内容。值班员可通过广播控制台内的迷你型扬声器监听任何广播区的广播情况。

3）预示音功能

本系统在每次开始广播前均有标准的预示音发出。车站广播控制单元的语音合成模块（YH—MP）内设有预示音电路，在每次广播时，自动触发预示音电路，向选通的广播区播预示音。广播预示音的开启和关闭，可通过车站广播控制终端进行控制。

4）广播编组及设定功能

中心、车站广播控制终端及中心广播控制台均可设置8个编组，用户可按编组操作程序对任意站、任意广播区选择组合编组，广播时仅按编组序号图标（按键），即可对已存编组内的各广播区进行广播。本功能设定后，可以简化操作，实现快速地向多个广播区同时广播。

5）平行广播功能

本系统具有平行广播功能，可将不同的信源通过不同的通道同时播向不同的广播区，即中心广播、行车广播、站台广播、列车到发自动广播等不同的信源，均可通过不同的通道将各音频信号同时连接到不同的广播区。

6）应急广播功能

车站广播控制台设有“应急”广播按键，当车站广播控制单元出现故障时，可按下“应急”广播按键，可将车站广播控制台的话筒广播音频通过应急通道直接送与功率放大器，对所有广播区进行应急广播。

7）监听功能

在中心广播控制台、车站广播控制台内均具有监听电路和迷你型监听扬声器。车站值班员可通过车站广播控制终端及车站广播控制台选择监听本站任一广播区的广播内容。

8）一键取消功能

在中心及车站的广播控制终端及控制台上均设有一键取消按键，当本地操作员误播或发现其他操作者误播，均可按一键取消键，可立即切断所有正在进行的广播。

9）集中录音功能

中心广播控制台、车站广播控制台及站台广播控制终端控制台均具有录音输出接口，所有现场人工话筒广播内容送往中心通信集中录音系统进行自动录音，中心、车站广播控制终端、站台监察亭广播控制终端能记录通话日期、起止时间等管理信息。预先录制的语句、现场录制的语句及线路输入的广播内容不送往集中录音系统。

10）列车到发自动广播功能

车站广播机柜内的系统交换控制工控机设有与PIS系统的接口，系统交换控制工控机配置相应的语音存储器，通过PIS系统接收列车信息（包括列车接近、列车到达、列车离站等)，当收到列车某一信息时，自动启动并播放相应的广播内容。

11）无线广播功能

本系统在中心和车站均具有与无线系统的广播接口，控制中心调度员可使用广播控制终端（通过无线通信系统）对指定的列车进行广播；车站值班员可通过无线移动台（无线通信系统）对站内进行广播。

12）广播与旅客信息系统联动功能

本系统具有与PIS系统接口（系统交换控制工控机，形式为每站一个RS－422接口)，用于接收PIS系统提供的列车在车站运行的旅客服务信息，包括站台自动广播及列车服务信息（列车接近、列车到达、列车离站)、最后班车广播及站务信息、服务中止广播及站务信息、车站控制广播及站务信息等。当收到上述信息后，自动启动广播系统，播放相应的广播内容。

13）双语广播功能

操作员在中心广播控制终端选取中文预制录音语句对车站进行广播时，系统能自动使用普通话及英语的相应录音语句进行广播。

13.3 广播系统的控制

广播系统由控制中心和车站两级控制，正常情况下以车站广播为主，事故抢险、组织指挥，以控制中心防灾广播为主。为了运营防灾的需要，控制中心环控调度员有最高优先级。在优先级上，环调高于行调，行调高于维调，控制中心调度员高于车站值班员，站长广播台高于站台广播员。同一广播优先级是，预存语音信息高于人工广播，通常在预存信息中防灾广播优先级最高。当多等级信息相继触发时，正在播放广播中断，自动进入按序等待状态。

广播系统主要由中央智能广播台、站长广播台、站台（轨旁）广播台、桌面广播台、车站广播和车辆段广播组成。

1）中央智能广播台

中央智能广播台设置在控制中心，具有语音、信号等控制能力，供环调、行调、维调使用，紧急情况时，调度人员可对中心和车站任何区域广播。

2）站长广播台

站长广播台设于车站控制室，具有语音、信号及各种控制功能，包括人工广播、线路广播、预存广播，车站值班员可对站台、站厅、办公区广播。

3）站台（轨旁）广播台

站台广播台为全天候、有防护门的对讲台，可以防水并在恶劣环境下使用，站台广播设于站台中部的墙上，每站台一个，对站台定向广播，轨旁广播设于车辆段及地面站轨道沿线，对检修区域定向广播。

4）桌面广播台

桌面广播台为车辆段范围的通号楼、检修楼、运用库，对车辆段道岔群、检修主厂房、运用库定向广播。

13.4 广播的类型及广播词

地铁列车的广播分为常规广播、特殊广播、紧急广播、人工广播、列车服务广播和推广广播六种。每种广播都会罗列出是在何种状况、时机中的广播。其中列车服务广播和推广信息广播能够为乘客需求提供更好的帮助和遏制乘客乘车时的非正常行为。

1）常规广播

常规广播是在列车的正常运营过程中所使用的广播，分离开广播和到达广播。

① 离开广播。广播词用语是：列车前方到站是××站，下车的乘客请提前做好准备。如为换乘站则为：列车前方到站××站，××站是换乘站，下车后请乘客按标识牌的提示换乘到×号线地铁，去往沿途各站。谢谢。

② 到达广播。广播词用语是：××站到了。

2）特殊广播

特殊广播是在列车运营过程中出现特殊问题时进行的广播。特殊广播有运营延误、列车故障慢行、故障延误、退出服务到站清客、区段运行和紧急停车等情况的广播。

① 运营延误。广播词用语是：乘客请注意，本次列车的运营将稍微延迟。敬请原谅。

② 列车故障慢行。广播词用语是：各位乘客，因××原因，本次列车将以慢速行驶。敬请原谅。

③ 故障延误。广播词用语是：由于设备故障，本次列车的运营将受到延误。敬请原谅。

④ 退出服务到站清客。广播词用语是：各位乘客，本次列车将停止运营服务。请您携带好随身物品，在站台等候下次列车。

⑤ 区段运行。广播词用语是：各位乘客，本次列车的终点站是××站。给您的出行带来不便，敬请谅解。

⑥ 紧急停车。广播词用语是：各位乘客，列车现在是紧急停车，请您握紧扶手，防止滑倒、碰伤。谢谢您的配合。

3）紧急广播

紧急广播为在运营中出现紧急情况时列车使用的广播信息。紧急广播有区间清客、疏散乘客（区间）、紧急撤离（列车在站台）等情况的广播。

① 区间清客。广播词用语是：请注意！列车无法继续运行，请乘客前行到车头方向，按照工作人员的引导去往下一站。请您注意安全，不要拥挤，避免发生损伤。

② 疏散乘客（区间）。广播词用语是：请注意！因发生紧急情况，请乘客前往就近的驾驶室按指示标志放下紧急踏板离开列车。请您注意安全，不要拥挤，避免发生损伤。

③ 紧急撤离（列车在站台）。广播词用语是：请注意！因发生紧急情况，请乘客立即离开车厢。请您注意安全，不要拥挤，避免发生损伤。

4）人工广播

人工广播适用于列车在运营中所接到需发布实时信息的时候。人工广播有乘客报警、列车通过、车门故障、封站等情况的广播。

① 乘客报警。广播词用语是：乘客请注意！现在列车 × 号车厢上有乘客需要协助，前方站的工作人员已收到通知并准备好提供协助。列车到站之前，请附近的乘客帮忙照顾，谢谢配合。

② 列车通过。广播词用语是：本次列车将在 × × 站通过不停车，去往 × × 站的乘客请在站台等候后续列车。由此给您带来的不便，敬请谅解。

③ 车门故障。广播词用语是：乘客请注意！现在列车 × 号车厢的 × 号车门不能开启，下车的乘客请从其他车门下车，由此带来的不便，请您谅解。

④ 封站。广播词用语是：各位乘客请注意！奉上级指示，现在 × 线 × × 站至 × × 站列车的运营服务将暂停。去往受影响车站的乘客，请按照指示标志在（ + 位置）转乘 × × 公司提供的免费接驳专车。给您带来的不便，敬请谅解。

5）列车服务广播

列车服务广播是在列车运行前进行的广播。广播词内容如下：列车关门时，请不要靠近车门；请小心列车与站台之间的空隙；请紧握扶手，谢谢配合；列车运行中，请不要倚靠车门，谢谢配合。

6）推广广播

推广广播指在地铁运营过程中，提醒乘客注意的广播。广播词内容如下：乘车时，请不要倚靠或手扶车门，以免发生危险；请小心列车与站台之间的空隙；各位乘客，乘车时请先下后上，有序乘车；乘客您好，乘车时请将座位让给有需要的人士，谢谢配合；各位乘客请注意！地铁车厢内严禁饮食、吸烟、乱扔杂物，共同协助保持好车厢环境，谢谢配合；各位乘客，乘车时请不要携带易燃、易爆等各种危险品进站乘车，谢谢配合。

复习思考题

1. 简述广播系统的控制级别。
2. 简述广播系统的优先级。

14 第14章 时钟系统

时钟系统是为城市轨道交通其他子系统的中心设备提供统一时间信号的系统。包括为控制中心调度员、车站值班员、列车驾驶员、各部门工作人员及乘客提供统一的标准时间信息。时钟系统的设置对保证地铁运行计时准确、提高运营服务质量起到了重要的作用。

时钟系统采用 GPS（Global Position System）标准时间信息。GPS 是全球卫星定位系统，GPS 的空间部分是由 24 颗工作卫星组成，它位于距地表 20 200 km 的上空，均匀分布在 6 个轨道面上（每个轨道面 4 颗），轨道倾角为 55°。此外，还有 4 颗有源备份卫星在轨运行。卫星的分布使得在全球任何地方、任何时间都可观测到 4 颗以上的卫星，并能保持良好定位解算精度的几何图像。这就提供了在时间上连续的全球导航能力。GPS 接收器捕获到按一定卫星截止角所选择的待测卫星，并跟踪这些卫星的运行。当接收机捕获到跟踪的卫星信号后，就可测量出接收天线至卫星的伪距离和几何距离的变化率，解调出卫星轨道参数等数据。根据这些数据，接收机中的微处理计算机就可按定位解算方法进行定位计算，计算出用户所在地理位置的经纬度、高度、速度、时间等信息。

知识点

1. 时钟系统的构成；
2. 时钟系统的运行；
3. 时钟系统的控制模式。

技能目标

1. 掌握时钟系统的作用；
2. 掌握时钟系统的运行方式；
3. 掌握时钟系统的控制模式。

14.1

时钟系统的构成

时钟系统采用控制中心与车站/车辆段/停车场两级组网方式。由中心一级母钟、车站/车辆段/停车场母钟（二级母钟）、时间显示单元（子钟）及传输通道、接口设备、电源和时钟系统网管设备组成。如图 14-1 所示。

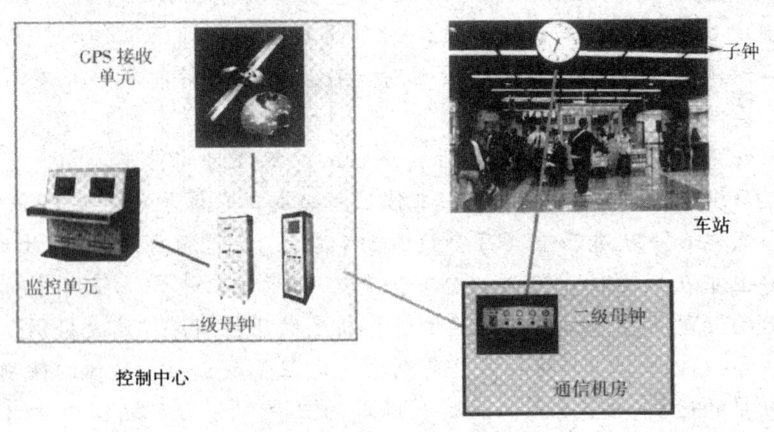

图 14-1　时钟系统的构成

一级母钟设于控制中心综合设备室，其中高稳晶振工作钟采用主备用方式，主备工作钟能自动和手动倒换且可人工调整时间。

二级母钟设于各车站/车辆段/停车场通信设备室内，二级母钟采用一主一备工作方式，接收一级母钟的校时信号，并向子钟发送标准时间信号校准子钟。

子钟设于控制中心调度大厅和各车站的站厅（部分车站）、车站控制室、公安安全室、AFC 票务室、站台监察亭、问询处、交接班室、站长室、站区长室及其他与行车有关的处所，并在车辆段/停车场信号楼运转室、值班员室、停车列检库、联合检修库等有关地点设置子钟。

时钟系统网管设备设于控制中心通信网管中心，用于管理时钟系统，实时监测一级母钟、二级母钟的工作状态，当某个时钟设备产生故障时，一级母钟、二级母钟可实时将告警信号发送到控制中心时钟系统网管设备。在车辆段通号车间设置维护管理终端，通过传输通道与控制中心的网管设备相连，在车辆段实现对全线时钟的监控。

传输通道服务于一级母钟与二级母钟之间的时钟信号和故障告警信号的发送和接收。传输系统控制中心、各车站、车辆段、停车场分别为时钟系统提供点对点 RS－422 数据通道，用于传送自控制中心至各车站、车辆段、停车场的校时信号，同时传送各车站、车辆段、停车场至控制中心的网络管理信号，由时钟系统一级母钟负责实现由各车站、车辆段、停车场至控制中心信息的汇聚功能。另在控制中心与车辆段通信信号车间之间提供 10/100 Mbps 以太网通道，用于维护管理终端接入时钟系统网管设备。时钟系统的网络构成框图如图 14-2 所示。

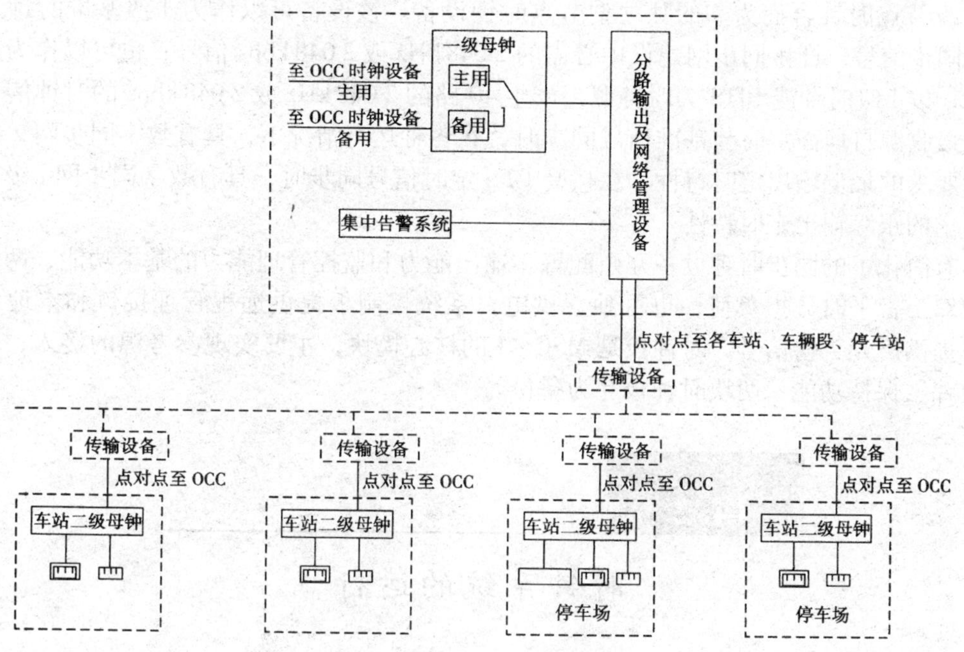

图 14-2　时钟系统的构成框图

如图 14-3 所示是一套兼备时钟和时间功能的同步设备，可以有效地降低用户在同步设备投资上的重复性，减少网络上的设备单元，提高全网运行的可靠性。

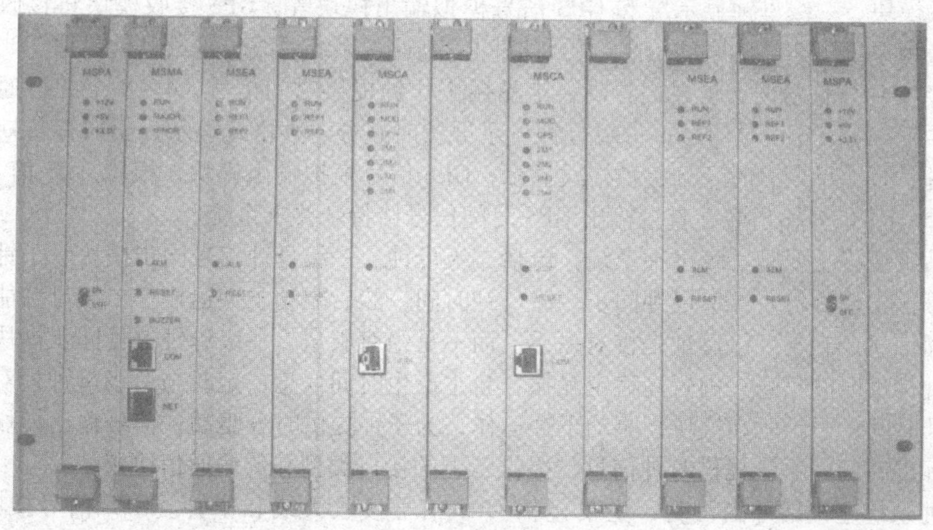

图 14-3　时钟同步设备

数字同步网节点时钟设备整机配置为主从热备的工作方式，该设备有完善的系统告警功能、网络管理功能和系统配置功能。设备自身有声光告警，通过标准 RS－232 串口和以太网口对系统实现配置管理和告警管理。

为了满足通信网建设同步时钟的需要，开发了基于数字同步网建设需要的Ⅰ级基准时钟源和Ⅱ级节点时钟合而为一的独立型节点时钟设备。该设备可以作为Ⅰ级基准时钟，接收GPS的同步信号，产生同步网建设中必需的2 048 kHz或2 048 kbps信号；也可以作为Ⅱ级节点时钟，以Ⅰ级时钟或BITS为时钟源，产生40路的2 048 kHz或2 048 kbps的时钟信号。

在接收源自地面定时与基准信号同步时，在各种运行情况下，具有数字同步网2级节点时钟所要求的最低输出定时特性。在接受GPS定时信号同步时，具有数字同步网1级节点时钟所要求的跟踪输出定时特性。

具有简化了的同步时钟设备冗余配置、输出能力和监控管理能力的基本功能，两块电源板互为双工，平时分担负荷，也可独立供电，系统控制板提供远程管理接口和本地维护接口，并提供声光告警信号，时钟板是MSC－I的核心模块，主要实现参考源的接入，以及时钟的跟踪、保持功能；两块时钟板互为备份。

14.2 时钟系统的运行

时钟系统的设备主要由中央级设备和车站级设备组成。

中央级设备主要是一级母钟系统，包括一级母钟和GPS接收单元。一级母钟自动接收GPS标准时间信号，校准自身的时间精度，并分配精确时间给二级母钟。中央级设备还包括GPS接收模块、一级母钟显示屏和GPS信号模拟输出模块等。GPS接收模块将接收的GPS信号转换为系统可辨认的时间信息，再将时间信息通过系统总线传送给其他模块。当模块无法正常接收GPS信号时，通过内置高稳定晶振工作钟提供时间信号，4～8个并行通道同时间接收4～8个GPS卫星信号；一级母钟显示屏按时、分、秒格式显示，全时标日期显示屏按年、月、日、星期、时、分、秒格式显示；GPS信号模拟输出模块，模拟GPS信号输出，设计多个GPS信号输出端，直接输出GPS时间信号给特殊要求系统。

车站级设备主要是二级母钟系统，包括二级母钟、一级母钟信号同步模块、子钟驱动模块和信号输出模块等。二级母钟同步一级母钟时间，然后驱动子钟运作。二级母钟能够自主产生时间信息，它与一级母钟是校对关系，而不是绝对服从。一级母钟信号同步模块，接收一级母钟标准时间信息，内置高稳定晶振，自主产生时间信息，定时与一级母钟校对，同步GPS标准时间；子钟驱动模块，驱动子钟运作，为子钟提供时分驱动；信号输出模块，为其他需要标准时间的系统提供时钟信息，提供匹配的接口类型和传输通信协议。

时钟系统还包括外围设备，主要包括GPS信号接收天线和子钟。GPS信号接收天线，一般采用全向天线，并采用全天候保护措施，以保证能同时接收4颗卫星的信号。子钟，在站台、站厅，使用直径600～800 mm的子钟，双面显示且带背光照明，供乘客、工作人员使用，在办公区，采用300 mm单面无背光照明子钟，供站内工作人员使用。

14.3 时钟系统的控制模式

1. 中央控制运行模式

时钟系统正常状况的控制模式，此时一级母钟系统正常接收 GPS 信号，传送标准时间给二级母钟及其他需要时间信号的设备，当一级母钟不能正常接收 GPS 信号时，则通过自身高稳晶振运作提供时间信号给二级母钟等终端用户，以满足地铁运营的要求。此时各设备所接收的信号仍然来自于一级母钟，只是这个时间信号并不是来自 GPS，而是来自于一级母钟的晶振。

2. 车站降级控制模式

当一级母钟不能正常接收 GPS 信号且一级母钟故障不能向二级母钟传送时间信号时使用车站降级控制模式。此时二级母钟自身高稳晶振运作提供子钟时间信号，但不给其他系统提供时间信号，当二级母钟故障时，子钟自行运作，继续向乘客提供时间显示。

复习思考题

1. 简述时钟系统的组成部分及其作用。
2. 简述时钟系统的运行。
3. 时钟系统中央级和车站级控制的特点有哪些?

15 第15章 商用通信系统

城市轨道交通的移动通信系统分为专用移动通信系统与公用（商用或民用）移动通信系统。专用移动通信系统为城市轨道交通内部的运行、调度和管理服务，一般是指城市轨道交通中的无线集群系统。公用移动通信系统即公众网电信运营商的GSM、CDMA或3G移动通信系统。

对城市轨道交通地面和高架部分，车站与列车中的乘客可利用公众移动通信网的地面覆盖进行通信；而移动通信的地面电磁波不可能直接进入地下部分，故需要在地下部分中建设公众移动通信网的覆盖系统，即城市轨道交通地下部分的公共覆盖系统，也称为商用通信系统。因为在地下部分站厅、站台与隧道中电磁波的传播特征与自由空间传播特征相比较有其特殊性。故在地下部分中，公共覆盖的天馈（天线、馈线）系统部分，需针对地下部分的特殊环境进行设计与施工。

知 识 点

1. 商用通信系统的需求；
2. 商用通信系统的构成。

技能目标

1. 掌握商用通信系统的组成结构及其功能；
2. 掌握多系统接入平台的使用。

15.1

商用通信系统的需求

近年，移动电话以极高的速度发展，我国的移动电话用户近年成倍增长，用户对移动通信的要求也越来越高，但是作为日流量达几十万甚至上百万人次的城市轨道交通，移动通信不可能直接进入到地下部分，移动通信到此往往不通，变成信号盲区，众多用户深表不满，甚至难以容忍，地铁"扫盲"已成为广大用户的共同心声，迫切要求改变地铁不通移动电话的不合理现状。

在地铁建设中，地铁公司起初只考虑到地铁自身的无线调度通信系统，对公众移动通信系统并无明文要求。世界上许多国家和地区以往也只是在地铁开通运营后，才陆续建设地铁移动通信系统，以致许多运营公司各自为政，形成地铁内有多个网络系统设备、传输天线和传输电缆，不仅增加了施工难度，而且由于重复建设，费用巨大。而现有的商用移动通信网络繁多，有 GSM900、DCS1800、CDMA800 和 PHS，还有 TD－SCDMA、WCDMA、DMA2000 等 3 G 网络，不可能允许每个电信运营商都在城市轨道的地下铺设相应的电缆等，同时由于地铁移动通信系统造价高昂，除地铁本身的无线调度系统和公众寻呼系统外，非地铁公司一家所能承受。因此，需要地铁公司、移动运营公司共同研究协商，形成联建移动电话系统的协议。这样在地铁建设过程中，地铁移动通信系统建设也同步进行，地铁通车之日，移动电话在地铁全线也同时开通，这样也避免了日后设计施工的不便和浪费。联建地铁移动通信，将取得"双赢"或者"多赢"。

由于目前我国的移动通信运营商有中国移动、中国联通和中国电信三家，为保证各运营商顺利接入无线信号，需要对各运营商的信号源进行统一建设。城市轨道交通商用通信系统的覆盖，需要考虑特殊环境的特点，尤其是在隧道中的覆盖。站厅、站台的覆盖已非常成熟，但在隧道中的覆盖就要十分注意。由于列车速度较快，PHS 在地下的车厢中根本无法使用，只在站厅站台内实现了覆盖，而对于 GSM、CDMA 和未来 3G 的覆盖就要求做到均匀覆盖。

15.2

城市轨道交通商用通信系统的构成

1. 商用通信系统的基本组成

城市轨道交通商用通信系统包括：电源配电系统、传输系统和无线覆盖系统。

① 电源配电系统为无线覆盖系统设备及传输系统设备等提供可靠的工作电源。

② 传输系统是一个基于光纤的宽带综合业务数字传输网络，主要为商用通信运营商提

供传输服务，在移动通信系统基站至信号引入站之间提供传输通道，同时可为无线覆盖系统网管监控提供传输通道。

③ 无线覆盖系统是城市轨道交通商用通信系统最重要的部分，它为各移动通信运营商提供地铁内的良好覆盖。目前，主要采用多系统接入平台（POI）实现整合，频率范围为 80 MHz ~ 2.5 GHz，主要满足数字音频广播、GSM（中国移动、中国联通或其他运营商），DCS（中国移动、中国联通或其他运营商），CDMA（中国电信或其他运营商）以及 3G（CDMA2000、WCDMA、TD SCDMA）在地下车站和区间的延伸和覆盖，并预留未来数字电视引入地下的条件。

2. 天馈系统的组成

基于 POI 的天馈系统包括多系统接入平台 POI、漏泄电缆、全向吸顶天线。为使射频信号的场强分布均匀，完成以上各部件的射频连接，还配置了定向耦合器、功分器及各种规格的射频馈线电缆和馈线接头。

多系统接入平台（POI）是公用移动（商用）通信系统的前端设备，也是整个系统的关键设备，它将不同运营商的多个通信系统的信号耦合进入同一套天馈系统。

如图 15-1 所示，在系统设计中分为下行 POI（合路单元）和上行 POI（分路单元）。下行 POI 的主要功能是将各运营商基站发出的不同频段的载波信号，合成后送至共用的天馈分布系统；上行 POI 的主要功能是将不同制式的移动台所发出的信号经过天线的收集及馈线的传输至上行 POI，经 POI 检出不同频段的信号后送往不同的运营商基站。

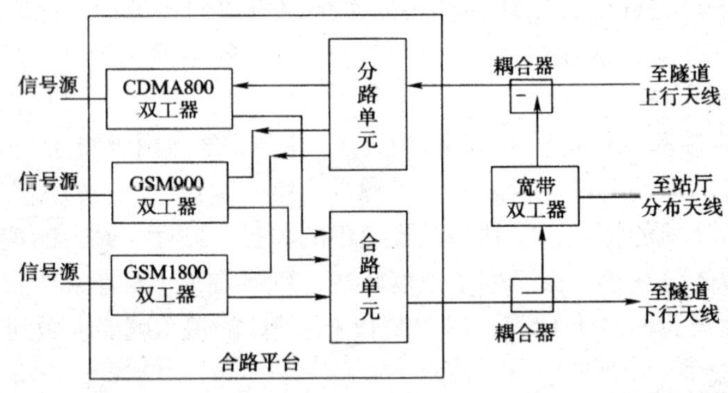

图 15-1　多系统接入平台（POI）

在每个地下车站商用通信机房各设置 1 套 POI 平台，移动通信基站的下行信号经由 POI 合路后，再分别传送至站台层、上下行隧道区间、站厅层、出入口通道、商业区及换乘通道，完成射频信号的下行覆盖；反之来自站台层、上下行隧道区间、站厅层、出入口通道、商业区及换乘通道的上行信号，通过 POI 合路后，再分别送到各移动通信运营商基站的上行信号接收端，完成射频信号的上行传输。

数字音频广播经二功分器，一路采用低频接入器将信号接入 POI 隧道覆盖输出，在隧道区间共享漏泄同轴电缆实现覆盖，一路在站厅、站台、设备层采用低频天线实现覆盖。PHS 信号主要考虑站厅、站台和设备层的覆盖，隧道区间的覆盖不作要求。PHS 信号采用耦合器接入 POI 站厅/站台/设备层输出，实现在站厅、站台和设备层的覆盖。

上下行区间隧道采用漏泄同轴电缆进行覆盖，隧道内漏泄同轴电缆采用上下行信号分缆辐射。自 POI 下行输出端/上行输入端在站台两侧采用射频同轴电缆，将无线信号引至隧道口；地下车站站厅层、地下车站站台层、设备层、公共区域、出入口通道、商业区及换乘通道，采用全向吸顶小天线进行覆盖；在较长隧道区间，为实现无线信号覆盖，需设置光纤直放站，光纤直放站前后端应设置多频段分合路器，将漏缆中的多系统、宽频信号按系统制式分路出来，并采用不同系统的光纤直放站分别放大。

这种在隧道采用无线基站接入、泄漏电缆传输实现地铁内移动通信覆盖的方案较以往采用直放站接入或基站接入、地铁站厅站台（不包括隧道）使用分布式天线的无线传输效果好，技术先进，施工简便，尽管投资大大高于后者但这种系统能够包含多种无线体制，如 GSM、CDMA 以及未来的 3G 通信方式，甚至还包括 FM 广播频段和视频信号等在内，地铁公司自行引进或建设的数字集群系统亦可包括在内。让城市轨道交通商用通信系统的网络组建更加灵活。

3. 分布式天馈系统的构成

图 15-2 所示为一种较为典型的分布式天馈系统的示例，由上行 POI、下行 POI、天线阵、漏泄电缆、传输电缆、功分器、耦合器等构成。

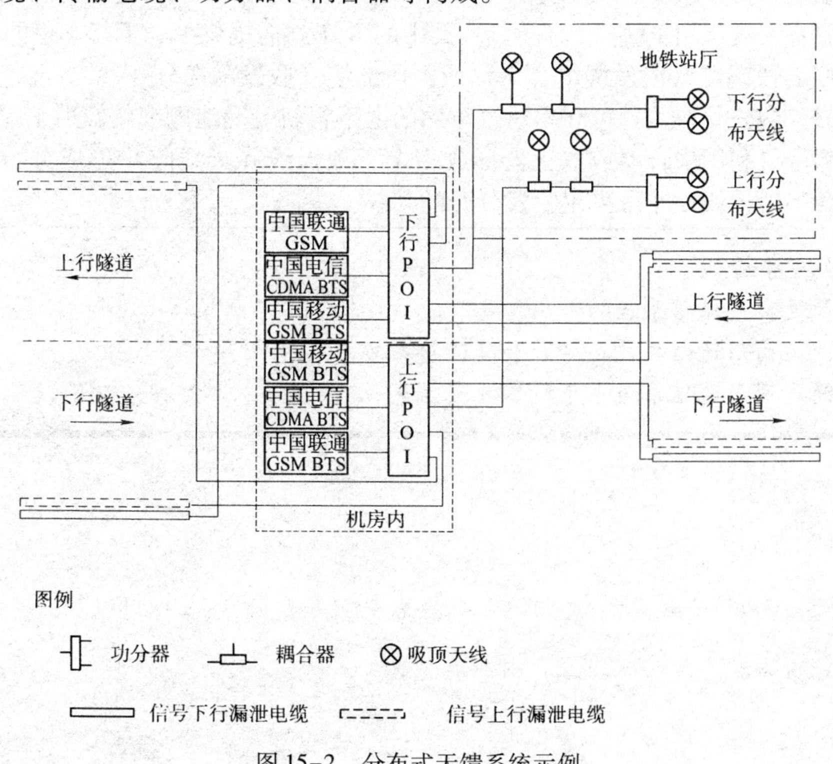

图 15-2　分布式天馈系统示例

定向耦合器，是为了在城市轨道交通地下部分实现多天线覆盖的分布天馈方案，需要从主干线路中提取部分信号完成功率分配功能。例如采用 6 dB 和 10 dB 耦合器进行功率能量的分配。为实现分布天馈方案需要有功分器，功分器将一路输入信号能量分成两路或多路相等输出能量，也可以反过来将多路信号能量合成一路输出。

在本例中，为保证多系统、多频段信号集中传输的需要，采用在城市轨道交通地下部分的沿线地下车站通信设备用房内，由各运营商放置信号源设备（基站）的方式，将各运营商的信源信号（不同制式、不同频段的载频信号）经多系统接入合路平台（POI）合路后，再经过天馈分布系统将能量传播出去，完成对地下站厅、站台、商业街及隧道的覆盖。其中，站台、隧道利用漏泄电缆覆盖，站厅采用全向天线分布覆盖。

由于系统需将多个运营商基站载频信号进行多个频段信号的集中传输与辐射，为避免多频段系统之间的频率干扰，增加收、发信隔离度，在本例中采用收、发天馈系统（包括天线与漏泄电缆）分开的方式。

在站台中，各运营商的基站发射机所发射的信号，经下行 POI 合路后，分别送入上行与下行车道（包括站台与隧道）的左右两侧的共四段发送漏缆，其中的两段漏缆还提供站台部分的下行公共覆盖；在上行方向，将来自上行与下行车道（包括站台与隧道）的左右两侧的共四段接收漏缆，送入上行 POI 将射频信号分路后，分别送各电信运营商基站的接收机，其中的两段漏缆还提供站台部分的上行公共覆盖。

若有 A、B、C 三个车站，其中 A、B（或 B、C）车站之间隧道由两个车站 POI 所连接的漏缆共同覆盖。为了解决手机在隧道中平滑切换的问题，A 车站所连接的漏缆与 B 车站所连接的漏缆需有一段互相重叠（或直通）。其中的 B 车站需提供上、下行车道的 A 车站方向和 C 车站方向四段漏缆（收发漏缆合一）或八段漏缆（收发漏缆分开）。

在站台部分的公共覆盖，可利用通过车站的上下行轨旁漏泄电缆的辐射来完成。

在站厅部分可利用耦合器或双工器形成多个吸顶天线（天线阵）形成分布式覆盖，可以采用收发合一的天线，亦可采用收发分开的天线。

复习思考题

1. 简述商用通信系统的作用。
2. 简述商用通信系统在站台和隧道接入方式的特点。
3. 简述商用通信系统上下行信号覆盖。

16 第 16 章 旅客信息系统

城市轨道交通正在从以车辆为中心的运营模式发展为以乘客服务为中心的运营模式，十分重视旅客信息系统，尤其是乘客导乘信息系统（PIS）的建设。特别是 2003 年韩国大邱市轨道交通发生的火灾惨剧震惊世界，因此与乘客息息相关的旅客信息系统被摆到了重要的位置。

旅客信息系统指的是城市轨道交通采用成熟、可靠的网络技术和多媒体传输、显示技术，在指定的时间将指定的信息显示给指定的人群的系统。

旅客信息系统在正常情况下，可提供列车时间信息、政府公告、出行参考、广告等实时多媒体信息；在火灾及阻塞、恐怖袭击等非常情况下，提供动态紧急疏散指示。PIS 为乘客提供了上述各类信息，使乘客安全、高效地乘坐城市轨道交通，也使城市轨道交通高效、安全地运营。

知 识 点

1. 旅客信息系统的构成；
2. 旅客信息系统的功能。

技能目标

1. 掌握旅客信息系统的作用；
2. 掌握旅客信息系统各部分的功能。

16.1

旅客信息系统的构成

旅客信息系统的设置，是为了方便乘客的候车、乘车，让乘客通过显示屏及时了解车站和列车的运行状态及注意事项，从容候车和上车。旅客信息显示屏如图 16–1 所示。

旅客信息系统是依托多媒体网络技术，以计算机系统为核心，通过车站和车载显示终端向旅客提供信息服务的系统。旅客信息系统在正常情况下，提供乘车须知、服务时间、列车到发时间、列车时刻表、管理者公告、政府公告、出行参考、股票信息、媒体新闻、赛事直播、广告等实时动态的多媒体信息；在火灾、阻塞及恐怖袭击等非正常情况下，提供动态紧急疏散提示。车载设备通过接收无线传输的信息经处理后实时在列车车厢 LCD 显示屏进行音视频播放，使旅客通过正确的服务信息引导，安全便捷地乘坐轨道交通。

图 16–1　旅客信息显示屏

1. 旅客信息系统按控制功能划分

旅客信息系统按控制功能划分为四个层次：信息源、中心播出控制层、车站车载播出控制层和车站车载播出显示终端设备。

（1）信息源

主要设备为视频流和数据服务器，向整个系统发放网络视频和数据，能够同时提供多种视频标准的视频。

（2）中心播出控制层

主要负责信息的采集、编辑和播出及对系统内的播出设备进行集中的播出控制管理。通过对各个车站的播出设备进行集中控制，各个车站旅客信息系统实现无人值守的运行，降低了人为操作带来的故障。

（3）车站车载播出控制层

可以即时编辑指定的信息，并发布到指定的终端显示屏，提示乘客注意，可以进行整个车站的某一/某组的工作状态切换，对车站的所有播放设备进行操作控制。

（4）车站车载播出显示终端设备

包括站台显示器、车厢显示器、旅客紧急报警通信装置和扬声器。站台显示器，显示即将进站的列车信息及车站状况的信息；车厢显示器，显示列车车厢状况，播放新闻、注意事项等，同时提供广播、磁带、CD、小影碟播放娱乐服务；旅客紧急报警通信装置，在旅客遇到紧急情况时，给旅客系统产生报警信息，有防止误操作功能；扬声器，提供车内广播，为旅客提供语音信息。

2. 旅客信息系统按结构划分

旅客信息系统按结构划分为四部分：中心子系统、车站子系统、网络子系统和车载子系统。中心子系统、车站子系统通过网络子系统进行连接。

（1）中心子系统

中心子系统在整个系统中主要负责外部信息流的采集、播出版式的编辑、视频流的转换、播出控制和对整个系统设备工作状态的监控以及网络的管理。控制中心子系统主要有：中心服务器、中心播出服务器、中心操作员工作站、中心网络管理/系统监控工作站、网络视频、DVB 数字电视设备等。整个控制中心设备构成了一个完整的播出和集中控制系统。同时，控制中心子系统还将提供多种与其他系统的接口。

（2）车站子系统

车站子系统的主要构成为：车站服务器、车站操作员工作站、流解码器、信息播放控制器、分屏器、车站网络系统和现场显示设备等，车站子系统通过传输通道转播来自控制中心的实时信息，并在其基础上叠加本站的信息，如列车运行信息、公告信息和各类个性化信息等。

（3）网络子系统

网络子系统是基于通信系统的传输网实现具体功能的。通过在骨干传输网上组建成一个典型的 IP 网络来传输从控制中心到各车站的各种数据信号和控制信号。

（4）车载子系统

传统的旅客信息系统只有车站的信息向导，无全网概念，系统功能较弱，随着无线传输的成熟，很多的城市轨道交通旅客信息系统设置了车载的旅客信息系统。中心子系统与各车站子系统通过传输系统相连，车载子系统与各车站子系统通过无线网络相连，接收相关的信息并在列车的显示屏上显示。车载信息显示系统的建设是为了更好地提高对乘客的服务质量，通过此系统，中心能快捷、方便地将一些热点新闻、资讯信息、交通状况、体育赛况、天气预报、时政要闻、股票、广告和公告等信息，通过视频、音频或文字的方式传播到车上，供乘客消遣、娱乐，并及时了解到对自己有用的信息。车载子系统最核心的问题是无线传输，目前用于车地通信的无线网络有无线局域网（WLAN）、WinMAX、数字电视地面广播、地铁专用无线通信（数字集群 TETRA），采用 TETRA 提供的传输通道不需另建无线网络，但采用此方式时，传输带宽较低，车地间信息传输内容和类型有局限性，目前通常采用 WLAN 方式。

另外，为实现大量数据向列车的传输，可在车辆段设置系统节点，通过无线方式向列车传输部分大容量数据。

16.2

旅客信息系统的功能

旅客信息系统的主要目的是通过控制中心对通道子系统进行控制，在指定的时间，将指定的信息显示给旅客。其功能如下。

① 系统具备紧急疏散程序。当事故发生时，操作员通过操作工作站操控紧急程序，将指定的信息显示给旅客。

② 多媒体动态广告、静态广告、网络广告，多种广告相结合的方式，为地铁带来更多广告收入。同时为广告主提供多种广告形式。

③ 实时信息显示。播放实时视频信号（如电视台模拟或数字节目）及其他监控视频信号，在所有 PDP 及 LED 全彩屏上显示。实时信息能够通过控制中心操控包括周时间表、日时间表、节日时间表、季度时间表等。每个显示终端将根据控制中心发过来的时间表及相关文件，根据预先编辑设定的时间表自动播放多种文件格式、日常信息，包括广告信息、定时的欢迎信息、紧急信息等。

④ 多语言支持。地铁常有来自不同国家、不同民族的旅客，因此要求旅客信息系统在旅客资讯这方面有多语言版本。可以播放预定义的简体中文、繁体中文以及英文信息，紧急信息可以优先覆盖预定义的播放信息。紧急信息可以手动清除。

⑤ 网络传输。基于 TCP/IP 通信网络，无论是在网络设计还是系统设计方面要充分考虑到系统将来的扩展性。例如，控制器与 PDP 的接口方面尽量采用通用接口，尽量采用软件解决办法去解决分辨率、压缩、解压等问题。

⑥ 显示系统可与系统时钟同步（针对所有终端），在没有时钟的地方，显示屏幕提供显时服务，时钟的显示可以为数字显示或模拟时钟方式。

⑦ 多媒体显示控制软件支持显示屏幕多区域分割功能（包括 PDP 及全彩屏），视频显示支持多样的播出功能：同屏幕显示多个子窗口，各个子窗口可支持不同的播出方式，信息播出版面效果根据需要随时更新，针对所有 PDP 及全彩屏。

16.3

旅客信息系统的显示优先级

旅客信息系统主要是确保旅客安全到达目的地，在此基础上给旅客提供更多的信息和商业广告等，因此在旅客信息系统中必须考虑信息显示的优先级。高优先级的先显示，相同优先级的按先后顺序显示。

紧急灾难信息的优先级最高，然后依次是列车服务信息、旅客导向信息、站务信息、公共信息和商业信息。

高优先级的信息可中断低优先级信息的播出，低优先级的信息不能中断高优先级信息的播出。当高优先级信息被触发时，低优先级信息被中断停止播出，如果发生紧急情况，自动进入紧急信息播出状态，其他信息播放终止，系统以醒目的方式提示乘客紧急疏散，直到警告解除。

复习思考题

1. 简述旅客信息系统按控制功能的分类及各部分的功能。
2. 简述旅客信息系统的功能。
3. 简述旅客信息系统的显示优先级及其播放方式。

附录 A　英文缩略词对照表

缩　略　词	中　文　含　义	缩　略　词	中　文　含　义
ADM	系统管理服务器	GSM	全球移动通信
ADSL	非对称数字用户线路	HMI	人机交互
AP	接入点	ID	身份识别
ATC	列车自动控制	LAN	局域网
ATM	异步传输模式	LED	发光二极管
ATP	列车自动防护	LOW	现场操作工作站
ATPM	有 ATP 监督的列车控制	MMI	人机交互
ATO	列车自动驾驶	NRM	非限制人工驾驶
ATS	列车自动监控	OCC	控制中心
AU	管理单元	OTN	开放式传输网络
BSS	基站	PABX	用户交换机
CBI	计算机联锁	PB	停车制动
CBTC	基于通信的列车控制	PCM	脉冲调制
CCTV	闭路电视	PID	乘客向导系统
CDMA	码分多址复用	PIIS	旅客信息与向导系统
CI	计算机联锁	PIS	旅客向导系统
COM	通信服务器	PSD	安全门
CPU	主处理器	PTT	按键通话
CS	中央处理器	RM	限制式人工驾驶
DCS	数据通信系统	SDH	同步数字序列
DTI	发车计时器	STBY	自动折返
EB	紧急制动	TDMA	时分多址复用
EU	电子单元	TD－SCDMA	时分复用码分多址
FAS	火灾自动报警系统	TOD	列车显示屏
FDM	频分复用	VOBC	车载控制器
FDMA	频分多址	WLAN	无线局域网
GPS	全球定位系统	ZC	区域控制器
GPRS	通用分组无线业务		

参 考 文 献

[1] 林瑜筠．城市轨道交通信号.2 版．北京:中国铁道出版社,2010.
[2] 李伟章．城市轨道交通通信．北京:中国铁道出版社,2009.
[3] 张利彪．城市轨道交通信号与通信系统．北京:人民交通出版社,2010.
[4] 吴汶麒．城市轨道交通信号与通信系统．北京:中国铁道出版社,2005.
[5] 何宗华,汪松滋,何其光．城市轨道交通通信信号系统运行与维修．北京:中国建筑工业出版社,2007.
[6] 刘金虎．铁路专用通信．北京:中国铁道出版社,2005.
[7] 孙章．城市轨道交通概论．北京:中国铁道出版社,2000.
[8] 王钰．城市轨道交通概论．北京:中国铁道出版社,2008.
[9] 汪希时．智能铁路运输系统 ITS – R. 北京:中国铁道出版社,2004.